教育部高等学校材料类专业教学指导委员会规划教材

国家级一流本科专业建设成果教材

薄膜物理与技术

沈 杰 梅永丰 等编著

THIN FILM PHYSICS AND TECHNOLOGY

化学工业出版社

·北 京·

内容简介

《薄膜物理与技术》主要阐述了薄膜物理与薄膜技术的基础理论知识，重点讲述了薄膜生长基础，薄膜生长技术，包括蒸发、溅射、离子镀、化学气相沉积、原子层沉积、化学溶液沉积以及纳米薄膜组装等，并对薄膜的基本性质及与光、电相关的一些薄膜材料进行了介绍。

本书可作为高等学校材料科学与工程、电子科学与技术、微电子、光学等专业的本科生或研究生的教材或教学参考书，也可供从事相关行业的工程技术人员参考使用。

图书在版编目（CIP）数据

薄膜物理与技术/沈杰等编著.—北京：化学工业出版社，2024.3（2025.5重印）
ISBN 978-7-122-44676-3

Ⅰ.①薄… Ⅱ.①沈… Ⅲ.①薄膜-表面物理学-高等学校-教材②薄膜技术-高等学校-教材 Ⅳ.①O484②TB43

中国国家版本馆 CIP 数据核字（2024）第 058926 号

责任编辑：陶艳玲 文字编辑：葛文文
责任校对：杜杏然 装帧设计：史利平

出版发行：化学工业出版社
　　　　　（北京市东城区青年湖南街 13 号　邮政编码 100011）
印　　装：北京捷迅佳彩印刷有限公司
787mm×1092mm　1/16　印张 15¾　字数 366 千字
2025 年 5 月北京第 1 版第 2 次印刷

购书咨询：010-64518888　　　　售后服务：010-64518899
网　　址：http://www.cip.com.cn
凡购买本书，如有缺损质量问题，本社销售中心负责调换。

定　　价：66.00 元

薄膜是一种在一个维度上的尺寸（通常小于 1μm）远远小于另外两个不受限制的维度尺寸的材料，当薄膜厚度减薄到一定尺寸后其物理性质（如电阻率、电阻温度系数等）随厚度的变化而发生改变，因而成为一种在电子、光学、光电、能源、建筑、机械等行业中获得广泛应用的重要材料。

薄膜技术的历史可追溯到 19 世纪，工业化大规模生产则始于 20 世纪 50 年代，随着真空镀膜技术兴起而得到发展和完善。到 20 世纪 80 年代，薄膜科学已发展成一门相对独立的学科。促使薄膜科学迅速发展的重要原因是薄膜材料强大的应用背景、低维凝聚态理论的不断发展和现代分析技术与分析能力的不断提高。时至今日，各种不同功能的薄膜得到了广泛应用，薄膜在材料领域占据着越来越重要的地位，各种材料的薄膜化已经成为一种普遍趋势。这其中包括纳米薄膜等低维材料、高介电常数和低介电常数介质薄膜、大规模集成电路用铜布线薄膜、巨磁电阻与庞磁电阻等磁致电阻薄膜、大禁带宽度的半导体薄膜、发蓝光的光电半导体薄膜、高透明性低电阻率的透明导电薄膜和以金刚石薄膜为代表的各类超硬薄膜等。对这些新型薄膜材料的研究，为探索材料在纳米尺度内的新现象、新规律，开发材料的新特性、新功能，提高超大规模集成电路的集成度，提高信息存储记录密度，扩大半导体材料的应用范围，提高电子元器件的可靠性，提高材料的耐磨抗蚀性等，提供了技术基础。因此，薄膜材料与薄膜技术已被视为 21 世纪材料科学与技术领域的重要发展方向之一。

本书来源于复旦大学材料科学系电子科学与技术专业的必修课程"薄膜技术"讲义，此讲义始于 20 世纪 80 年代，由电子物理教研室编写，教学课时为 54 课时。经过历届师生的使用，内容逐步得到完善。然而随着时代的发展、科技的进步以及学生知识结构和综合素质的提高，原有的讲义已难以适应新形势下的本科教学要求，因此我们对原讲义进行了增补删改，对原有的一些章节予以简化，增加了原子层沉积、纳米薄膜组装等新内容，并适量补充了一些薄膜材料的内容。此外，真空技术、薄膜的表征分析由于已有相关课程和教材，不再列入。现今，本书也同时为复旦大学材料物理国家级一流本科专业的课程教材。

全书分为 10 章，由沈杰、梅永丰统稿。其中第 1、2 章由沈杰、蒋益明编写，第 3、4 章由沈杰、莫晓亮编写，第 5 章由沈杰编写，第 6、8 章由梅永丰编写，第 7 章由吕银祥编写，第 9、10 章由沈杰、朱国栋编写。

本书在编写过程中，参考了国内外薄膜材料与薄膜技术的大量相关文献，在此一并致谢。本书编写也得到复旦大学、复旦大学材料科学系的大力支持，对众多参与教材编写讨论并提出宝贵意见的教师、学生表示诚挚的感谢。

由于薄膜技术涉及的学科众多，而作者的知识水平有限，书中不妥之处在所难免，恳请广大读者批评指正。

编著者

2024 年 2 月于复旦大学

目　录

第 1 章　薄膜生长基础

第 2 章　蒸发镀膜

第3章　溅射镀膜

第4章　离子镀与离子束沉积

第8章　纳米薄膜组装

第9章　薄膜的物理性质

第10章　薄膜材料及应用

参考文献

薄膜生长基础

1.1 概述

　　薄膜有液态和固态之分，本书讨论的是固态薄膜（thin solid films），这是一种在一个维度上的尺寸（称为厚度 d，一般小于 $1\mu m$）远远小于另外两个不受限制的维度尺寸的类似于二维的材料，如图 1-1 所示。一般情况下，由于薄膜的张力很大，因此薄膜都要附着在一种固体材料的表面，这种供薄膜附着的固体常称为基片（substrate），又称为基板、基体或衬底，基片的厚度尺寸要比薄膜大得多，一般至少在毫米量级，材料可以是金属、陶瓷、玻璃、半导体（如硅片）、塑料等。

　　薄膜材料不同于一般的体材料，原因在于其厚度所带来的尺寸效应。通常的体材料，其物理性质假定是与体积无关的，实际上只要在宏观范围内所研究的物体尺寸不是太小，这一假定是完全成立的，但是，当物体的某一维度的尺寸变得很小时，其表面积与体积之比大大增加，上述假定就不再成立了。因此我们把由于薄膜厚度

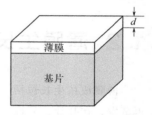

图 1-1　薄膜与基片示意

减薄到一定尺寸后其物理性质（如电阻率、电阻温度系数、磁阻、霍尔系数、热电系数、光学反射率等）随厚度的改变而改变的现象，统称为尺寸效应。例如，体材料 Ag 的熔点为 960℃，而一旦变成 Ag 纳米薄膜，其熔点可降低到约 100℃；又如，金属薄膜的电阻率会随着薄膜厚度的减小而增大。而对光学薄膜来说，其透射率和反射率是由薄膜材料的折射率与厚度决定的，会随着厚度的改变而产生明显变化。我们可以通过改变薄膜厚度来操控薄膜材料与薄膜器件的性能。

　　薄膜可以根据不同的材料、形态、功能及应用来进行分类。按照材料来分，一般可分为：①金属薄膜，包括铝、铜、银等金属材料，具有高导电性、高导热性、高反射率等特点，常用于电子器件和光学涂层。②半导体与介质薄膜，包括硅、锗、砷化镓等半导体以及各种氧化物、氮化物、碳化物等介质薄膜，常用于各类电子器件和光电器件。③其他薄膜，包括一些有机小分子与聚合物薄膜，通常具有良好的柔韧性、透明性和可塑性，可用于存储、电致变色、薄膜太阳电池等。按照功能和应用来分，常分为电学薄膜（包括集成电路和各种电子器件等）、光学薄膜、光电薄膜（包括薄膜太阳电池、显示与发光薄膜、透明导电薄膜等）、

磁性薄膜、硬质膜与超硬薄膜、传感器薄膜、能量存储与转换薄膜、铁电薄膜、压电薄膜、热电薄膜以及其他功能薄膜（如光催化薄膜等）。按照形态来分，除了常见的平面或曲面薄膜（如一些大曲率半径的光学器件表面薄膜）外，一些具有特殊纳米结构的功能薄膜不断地被研发出来，并向超薄（单原子层）、三维立体结构等方向发展，具有独特的光学、电学、磁学性质，被广泛应用于光电、能源等领域（详见第8章）。

薄膜的制备方法主要有液相沉积和气相沉积两大类。液相沉积是在液体中制备薄膜，主要包括电镀与化学镀、LB薄膜和溶胶-凝胶技术等。气相沉积是将气态材料沉积在基片上成为固态薄膜，根据成膜机理的不同又分为物理气相沉积和化学气相沉积。物理气相沉积（physical vapor deposition，PVD）通过某种物理方式（高温蒸发、溅射、等离子体、电子束、离子束、激光束、电弧等），将固态或液态的成膜材料转变为气相原子、分子、离子，再经由输运沉积在基片表面，或与其它活性气体反应生成反应产物在基片上沉积为固相薄膜。化学气相沉积（chemical vapor deposition，CVD）则是利用气态或蒸气态的物质在气相或气固界面上发生反应生成固态沉积物的过程。随着半导体等领域对纳米厚度薄膜的性能提出更高要求，又发展出了一种特殊的化学气相沉积方法，即原子层沉积（atomic layer depositon，ALD）。

随着科技和社会的发展，薄膜制备方法不断更新完善，越来越多性能更加优异的薄膜材料被应用于微电子、生物医药、能源催化、光学等多个领域，薄膜技术和薄膜材料也成为新材料发展的重要方向之一。

1.2 薄膜生长过程

薄膜成核生长包括一系列热力学与动力学过程，具体包括：原子沉积到基片上，从基片再蒸发，在基片、晶核上进行表面扩散和在界面处扩散，成核（包括形成各种不同大小、数量不断增多的亚稳定晶核、临界晶核和稳定晶核），长大等过程，如图1-2所示。这些过程都是随机过程，需要用热力学、统计物理和动力学知识来描述。

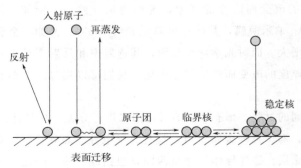

图 1-2　薄膜生长过程

真空镀膜是薄膜生长的重要方式，通过蒸发粒子（原子、分子或原子团）在基片上凝聚形成薄膜。如果薄膜的形成是一种简单的堆积过程，那么形成薄膜的原子排列将完全是无规则的，薄膜的结构也将是非晶态的。虽然实际上确实有一部分的薄膜呈非晶态结构，但在多数情况下会形成多晶薄膜，在某些特定情况下也能形成单晶薄膜。这种薄膜中的原子的排列取决于蒸发原子之间、蒸发原子与基片之间的相互作用，也取决于蒸发原子在基片表面的迁移（surface migration）。

如果薄膜材料在基片表面的扩散迁移率很低，则这些粒子抵达基片表面时立即被冻结而无法到达形成单晶应该停留的位置（如空位、台阶等），从而形成杂乱无章的非晶态结构，如 C、Si、Ge、Te 等元素，Se、Te 的某些化合物和某些氧化物等（基片为室温时）。一般情况下，形成的薄膜多数是多晶膜，只是晶粒的大小可能各不相同。晶粒的大小受基片温度、厚度、退火温度、动能和沉积速率等因素的影响。当晶粒小于 2nm 时很难区分多晶态和非晶态，称为微晶。单晶薄膜只有在一些特定条件下才可能获得。如果薄膜生长时粒子在基片表面有足够的迁移率和迁移时间，即制备时有足够高的基片温度和比较低的蒸发速率，那么粒子抵达基片后就会遵循结晶学规律就位于能量最小的位置，通常是空位、台阶等位置，可以形成非常有序的无限周期排列的单晶薄膜。

从热力学角度看，物质由气相或液相粒子凝结成固相的薄膜是一个相变的过程。对于真空蒸发镀膜，假设压强为 p，温度为 T，体积为 V 的蒸气凝聚成凝聚体，由气相变为固相，并设这一过程为等温过程，若凝聚体的饱和蒸气压为 p_s，体积为 V_s，摩尔气体常数 $R = 8.314 \text{J}/(\text{mol} \cdot \text{K})$，那么这一相变过程引起的自由能变化 ΔF 为

$$\Delta F = -RT \ln \frac{V_s}{V} = -RT \ln \frac{p}{p_s} \tag{1-1}$$

对于一个分子来说，平均自由能的变化为

$$\Delta F = -\frac{kT}{V_m} \ln \frac{p}{p_s} \tag{1-2}$$

式中，V_m 为一个分子的体积；玻尔兹曼常数 $k = 1.380649 \times 10^{-23} \text{J/K}$。

1.2.1 薄膜生长的类型

1.2.1.1 吸附

当粒子到达基片表面并停留在基片表面上时称为"吸附"。实际上只当当几个吸附粒子相互联合形成了所谓小的凝聚体（cluster，又称聚集体、团簇）以后，凝结才算开始，这些小的凝聚体称为"核"，该过程为成核过程。

粒子吸附根据作用力的不同分为两类：物理吸附（范德瓦耳斯力，Van der Waals 力）和化学吸附（化学键）。

（1）物理吸附

范德瓦耳斯力在远距离时为偶极矩吸引力，近距离时为反抗穿透电子云的排斥力。吸引力包括静电力、诱导力和色散力。静电力来自偶极矩或四极矩相互作用；诱导力来自极性分子与非极性分子间的相互作用，起因是非极性分子被极性分子的电场静电感应极化而产生诱导偶极矩，从而产生诱导力，这种力与温度无关；如果原子或分子中的电子云分布是中心对

称的，正电荷分布也是中心对称的，则偶极矩为零，它们之间没有静电力和诱导力。而且对极性分子计算出的分子间引力要比实验值小得多，说明存在第三种力。这是由于在某一瞬间，电子总是处在一定位置上，因此多少会产生一个瞬时偶极矩，这种瞬时偶极矩也会产生相互作用，称为色散力。色散力来源于偶极矩的涨落，而且存在于任何分子之间。因此无论什么分子之间总是有吸引力存在，且与 r^6 成反比（r 为分子间距）。当分子靠得很近，由于内层电子云交叠，排斥力起主要作用。范德瓦耳斯力存在于任何原子之间。物理吸附是指原子之间由于范德瓦耳斯力的作用而发生的吸附。

范德瓦耳斯力的特征总结如下：

① 是永远存在于分子或原子之间的作用力；

② 远距离是吸引力（作用范围为几埃，$1\mathring{A}=1\times10^{-10}\,\text{m}$），比化学键小 1~2 个数量级，近距离内（3~5Å）为排斥力；

③ 无方向性，无饱和性；

④ 主要是色散力，其大小与极化率平方成正比。

两个分子之间的势能 E（图 1-3）常用伦纳德-琼斯（Lennard-Jones）公式表示

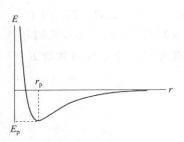

图 1-3　分子势能曲线

$$E=E_p\left[\left(\frac{r_p}{r}\right)^{12}-2\left(\frac{r_p}{r}\right)^{6}\right] \tag{1-3}$$

式中，r_p 为吸附平衡位置；E_p 为物理吸附能；r 为两个分子间的距离。

物理吸附的吸附热比较小，一般为 10kcal/mol（1kcal/mol=4.187J/mol）左右。

（2）化学吸附

化学吸附是吸附原子和固体表面原子之间由成键作用形成的吸附，其特征是吸附原子与固体表面原子之间有电子转移或电子云重叠。化学键包括离子键、共价键和金属键。

化学吸附势能曲线如图 1-4 所示，当膜材原子到达基片表面时，首先发生的是物理吸附过程（物理吸附能 E_p），如果原子经过物理吸附后仍然具有较大的能量，能够越过化学吸附势垒（激活能 E_A），就能够进入更加稳定的化学吸附状态，同时放出化学吸附热 H_c。化学吸附热通常在 418.7kJ/mol 左右，所以化学吸附相当牢固。要使化学吸附的原子发生脱附，提供的能量必须大于或等于化学脱附能 E_c，$E_c=H_c+E_A$，指吸附原子发生化学脱附所需的最低能量。

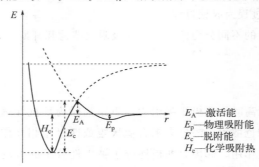

E_A—激活能
E_p—物理吸附能
E_c—脱附能
H_c—化学吸附热

图 1-4　化学吸附势能曲线

1.2.1.2 凝聚与扩散

（1）凝聚

粒子入射到基片后，会有三种情况：①永久吸附；②吸附后再蒸发（脱附）；③发生弹性碰撞。所谓凝聚就是吸附和脱附两个过程达到平衡，表征达到平衡程度的参数称为适应系数。

定义适应系数

$$\alpha_T = \frac{E_0 - E_d}{E_0 - E_s} = \frac{T_0 - T_d}{T_0 - T_s} \tag{1-4}$$

式中，E_0 为入射粒子动能；E_d 为脱附粒子动能；E_s 为处于基片温度的粒子能量；T_0、T_d、T_s 为上述能量 E 对应的温度 T（按 E 对应的 kT 换算，k 为玻尔兹曼常数）。显然 $0 \leqslant \alpha_T \leqslant 1$，$\alpha_T = 0$ 说明粒子发生弹性散射，$\alpha_T = 1$ 说明入射粒子失去全部能量（对应吸附后再蒸发）。通过研究粒子入射到一维粒子链上的简单情况，发现如果入射粒子的能量不超过在该温度下的基片粒子脱附能 Q_{des} 的 25 倍，则适应系数为 1。一般 Q_{des} 为 $1 \sim 4 \, eV$，蒸发粒子的能量远小于 $25 \sim 100 \, eV$，因此入射的粒子会因物理吸附而停留在基片表面。上述结论对三维情况也适用。

即使 $\alpha_T = 1$，粒子被吸附在基片表面，由于热运动的影响，被吸附的粒子过一段时间后会因脱附而返回空间。单位时间 dt 内脱附离开表面的粒子数 dn_d 称为脱附速率 $\frac{dn_d}{dt}$，影响脱附速率的因素如下。

① 脱附速率 $\frac{dn_d}{dt}$ 与吸附浓度 n 成正比，即 $\frac{dn_d}{dt} \propto n$。

② 只有能量 E 超过脱附能 Q_{des} 的粒子才有可能脱附，即 $E > Q_{des}$。

脱附速率可表示为

$$\frac{dn_d}{dt} = v_1 n \exp\left(-\frac{Q_{des}}{kT}\right) \tag{1-5}$$

式中，v_1 为一级脱附速率常数；k 为玻尔兹曼常数，$k = 1.380649 \times 10^{-23} \, J/K$；$T$ 为温度。

假设单位时间内到达基片表面的粒子数为 N_1，从基片再蒸发的粒子数为 N_2，则 $\frac{N_1}{N_2}$ 称为过饱和度，这是薄膜形成过程的一个重要参量。由于气压 p 正比于粒子数 N，则

$$\frac{N_1}{N_2} = \frac{p}{p_s} \tag{1-6}$$

式中，p 为成膜时气压；p_s 为成膜材料的饱和蒸气压。

从动态平衡角度看，吸附量与单位时间内到达基片表面的粒子数 N_1 及分子在表面的平均停留时间 τ 有关，$\tau = \frac{1}{\nu} \exp\left(\frac{Q_{des}}{kT}\right)$，$\nu$ 为原子在基片表面的振动频率。达到平衡状态时脱附

速率等于到达的粒子速率。

如果单单考虑这一平衡过程，那么就不可能发生薄膜的沉积，但实际上只要到达基片的粒子通量足够高，就会形成永久性的沉积，这是因为：

① 吸附粒子之间的相互作用不可忽略。

② 吸附粒子在基片表面上不是静止不动的，会沿着表面迁移。一旦表面吸附粒子在迁移过程中与另一吸附粒子相遇就会聚合在一起形成聚集体，聚集体比单个吸附粒子要稳定得多。

（2）扩散

根据扩散理论，吸附粒子在表面运动（迁移，表面扩散），在表面停留时间 τ 内所移动的距离 $\overline{X}$ 为：

$$\overline{X} = \sqrt{2D_d \tau} = \sqrt{\frac{2D_d}{\nu}} \exp\left(\frac{Q_{des}}{2kT}\right) \tag{1-7}$$

D_d 为表面扩散系数

$$D_d = a^2 \nu \exp\left(-\frac{Q_{dif}}{kT}\right) \tag{1-8}$$

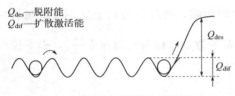

Q_{des}—脱附能
Q_{dif}—扩散激活能

图 1-5　原子表面扩散和脱附能量

式中，Q_{dif} 为表面扩散激活能；a 为晶格常数；ν 为晶格原子振动频率。原子表面扩散和脱附能量示意图如图 1-5 所示。

表面各点的结合能并不都一样，吸附粒子总是趋向于占据能量最小的能态，因此总是局限于某一吸附位置，如果要进入相邻的位置一定要克服一定的势垒（即表面扩散激活能 Q_{dif}）。因此 $\overline{X}$ 为

$$\overline{X} = \sqrt{2}\, a \exp\left(\frac{Q_{des} - Q_{dif}}{2kT}\right) \tag{1-9}$$

1.2.2　薄膜生长的三种机制

用电子显微镜观察薄膜的形成过程，从形态学角度来看，可分为三种模式，如图 1-6 所示。

① 岛状生长（Volmer-Weber 机制）。当被沉积的原子或分子之间的结合能大于其与基片原子的结合能时，薄膜容易按岛状生长。金属在非金属基片上生长大多是这种模式。原子在基片表面先生成三维的核，形成一个个孤立的岛，随后这些岛不断长大、合并，最终形成连续的薄膜。

② 层状生长（Frank-van der Merwe 机制）。在合适的条件下，薄膜从形核阶段开始即采取二维扩展模式，原子沿基片表面铺开，一层生长完成后，再生长第二层，且一直保持这种层状生长模式。

③ 先层状生长，再岛状生长（Stranski-Krastanov 机制）。在初期生长阶段，原子按照层

状生长，然而因为薄膜与基片之间晶格常数不匹配，薄膜应变能（应力）随着沉积的原子层数的增加而逐渐增加。为了松弛这部分能量，薄膜在生长到一定厚度之后，转化为岛状生长模式，如 Ge 基片上生长 Cd 膜。

核与核的合并过程中，核的性质有一些像液体，这是因为在核的半径很小时，其熔点 T_r 低于相应体材料的熔点 T_M，核会像液体一样凝聚。

如果相邻的两个晶核彼此靠得很近，则实际上就不会再形成新的晶核，这些晶核会因俘获新的吸附粒子或相互合并而长大。为了确保凝聚晶核的形成，蒸发速率要足够快，否则在形成晶核前，吸附粒子会再蒸发。

不断长大的核之间会通过奥斯瓦尔多（Ostwald）合并、熔接和原子团迁移三种方式不断长大，并形成连续薄膜，如图 1-7 所示。

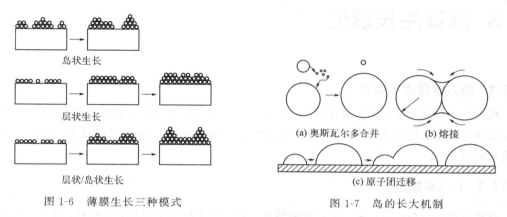

岛状生长

层状生长

层状/岛状生长

图 1-6　薄膜生长三种模式

(a) 奥斯瓦尔多合并　　(b) 熔接

(c) 原子团迁移

图 1-7　岛的长大机制

（1）奥斯瓦尔多合并过程

合并过程常发生在沉积速率很小的场合或沉积停止以后的退火过程中，稳定晶核尺寸变大、密度下降。考虑 2 个表面张力为 γ 的半径为 r_1 和 r_2 的球（岛），自由能 F 为 $4\pi r_i^2 \gamma$，每个球包含 n_i 个原子，设原子体积为 Ω，$n_i = 4\pi r_i^3/3\Omega$，定义原子的平均自由能为 μ_i（化学势能）

$$\mu_i = \frac{\mathrm{d}F}{\mathrm{d}n_i} = \frac{\mathrm{d}(4\pi r_i^2 \gamma)}{\mathrm{d}\left(\frac{4\pi r_i^3}{3\Omega}\right)} = \frac{8\pi r_i \gamma \mathrm{d}r_i}{\frac{4\pi r_i^2 \mathrm{d}r_i}{\Omega}} = \frac{2\Omega\gamma}{r_i} \tag{1-10}$$

当 $r_1 > r_2$ 时，$\mu_1 < \mu_2$。

化学动力学中化学势能与原子的逃离趋势有关，化学势能 μ 越大，有效原子浓度也越大，原子则向化学势能 μ 小的地方逃逸，因此该过程发生在粒子非常小的场合。设想在成核过程中已经形成了各种不同大小的许多核。随着时间的推移，较大的核依靠吸收较小的核长大，如图 1-7（a）所示。在这个过程中，小核的原子不断扩散加入大核中，这个过程称为奥斯瓦尔多合并。奥斯瓦尔多合并驱动力来自岛状结构的薄膜自动降低表面自由能的趋势。

（2）熔接过程

当两个岛相互接触时会发生熔接过程，如图 1-7（b）所示。其机制类似于烧结过程中两个球状晶粒的合并。当两个球在某一点接触时，在接触点形成一个瓶颈，使球中的材料转移到瓶颈中，其驱动力来自表面能的减少。

（3）原子团迁移

原子团可以通过表面迁移，当两个随机运动的原子团碰撞时会合并成一个大原子团，如图 1-7（c）所示。场离子显微镜已经观察到含有两三个原子的原子团的迁移现象，电子显微镜也观察到在基片温度不是很低的情况下，50～100 个原子组成的原子团在表面发生自由平移、转动和跳跃。原子团在迁移的过程中，遇到其它原子团，就可能加入其中或与之合并，促使核长大。原子团迁移是由热激活驱动的，激活能与原子团半径 r 有关，r 越小激活能越低，原子团迁移越容易。

1.3 薄膜生长理论

1.3.1 热力学界面能理论

热力学界面能理论又称毛细作用理论，是建立在热力学概念上来描述岛状结构的三维核的形成及其成长的核生成理论。由 Volmer、Weber、Becker 和 Döry 等发展起来，实际上应理解为自由能模型。

1.3.1.1 自由能模型

成核过程是一个相变过程，最简单的情况是假定凝聚核是半径为 r 的圆球，如图 1-8（a）所示，S 代表基片。在凝聚核通过结合其它粒子而长大的过程中，凝聚核的形状不变，吉布斯（Gibbs）自由能由表面能和体积能组成，随着核的生长发生改变。

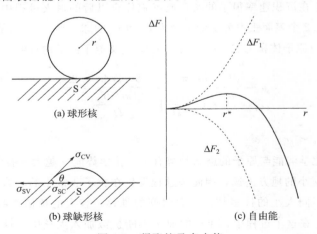

图 1-8 凝聚核及自由能

对球形核，自由能 ΔF 可表示为

$$\Delta F = 4\pi r^2 \sigma_{\mathrm{CV}} + \frac{4}{3}\pi r^3 \Delta F_{\mathrm{V}}$$

(1-11)

式中，σ_{CV} 为凝聚物-蒸气界面的自由能；r 为凝聚核半径；ΔF_V 为单位体积自由能。$\Delta F_V = -\dfrac{kT}{V_m} \ln \dfrac{p}{p_s}$，$p_s$ 为饱和蒸气压，k 为玻尔兹曼常数，T 为温度，V_m 为一个分子的体积。如图 1-8（c）所示，ΔF 会随 r 的变化而变化，而且存在一个极大值。

$$\frac{\mathrm{d}(\Delta F)}{\mathrm{d}r}\Big|_{r=r^*} = 0$$

此时半径 r 称为临界半径 r^*

$$r^* = -\frac{2\sigma_{CV}}{\Delta F_V} = \frac{2\sigma_{CV} V_m}{kT \ln p/p_s} \tag{1-12}$$

能量称为临界自由能 ΔF^*

$$\Delta F^* = \frac{16\pi}{3} \times \frac{\sigma_{CV}^3}{\Delta F_V^2} \tag{1-13}$$

从上述 r^* 的表达式中可以很容易地理解，要使核长大到 r^*，p 的值一定要大于 p_s，即过饱和度要大于 1。

如果凝聚核的半径小于 r^*，则它是不稳定的，有着很高的分解概率，如果凝聚核的半径大于 r^*，则自由能会随半径的增大而逐渐减小，凝聚核趋向于稳定。因此凝聚核的体积就会不断增大，直到形成一层连续的薄膜。由此也可以看出过饱和度 p/p_s 对于薄膜的生长有着非常重要的作用。

在实际薄膜的形成过程中，凝聚核常常不是球形的，而是有一定接触角的球缺，如图 1-8（b）所示。接触角 θ 的数值由表面力的平衡条件所决定。σ 代表单位面积的表面自由能，在数值上等于作用在单位长度上的表面张力，其下标 S、C、V 分别代表基片、凝聚核和蒸气，则有：

$$\sigma_{SV} = \sigma_{SC} + \sigma_{CV} \cos\theta \tag{1-14}$$

当 $\sigma_{SC} + \sigma_{CV} = \sigma_{SV}$ 时，$\theta = 0$，表示为单原子层生长。

总的能量

$$\Delta F = \Delta F_1 + \Delta F_2 \tag{1-15}$$

式中，ΔF_1 为表面自由能；ΔF_2 为体积自由能。

在核生长过程中，总的表面能变化可表示为

$$\Delta F_1 = \Delta F_{1CV} + \Delta F_{1SC} - \Delta F_{1SV} \tag{1-16}$$

$\Delta F_{1CV} = 2\pi r^2 \sigma_{CV}(1 - \cos\theta)$ 为凝聚核与蒸气接触部分表面能，$\Delta F_{1SC} = \pi r^2 \sin^2\theta \sigma_{SC}$ 为凝聚核与基片表面接触部分表面能，在未成核时 $\pi (r\sin\theta)^2$ 这部分面积本来具有的自由能为对应于基片与蒸气的表面能 $\Delta F_{1SV} = \pi r^2 \sin^2\theta \sigma_{SV}$，在成核过程中应予扣除。

综合起来，成核前后表面能量的改变为

$$\Delta F_1 = \Delta F_{1CV} + \Delta F_{1SC} - \Delta F_{1SV}$$

$$=2\pi r^2 \sigma_{CV}(1-\cos\theta)+\pi r^2 \sin^2\theta(\sigma_{SC}-\sigma_{SV})$$

由式（1-14）可知

$$\Delta F_1 = 2\pi r^2 \sigma_{CV}(1-\cos\theta)+\pi r^2 \sin^2\theta(-\sigma_{CV}\cos\theta)$$

$$\Delta F_1 = \pi r^2 (2-3\cos\theta+\cos^3\theta)\sigma_{CV} \tag{1-17}$$

令 ΔF_V 代表成核前后单位体积自由能的变化，则体积自由能 ΔF_2 的变化为核的体积 V 与 ΔF_V 的乘积，体积 $V=\frac{1}{3}\pi r^3(2-3\cos\theta+\cos^3\theta)$。

$$\Delta F_2 = \frac{1}{3}\pi r^3(2-3\cos\theta+\cos^3\theta)\Delta F_V \tag{1-18}$$

因此成核过程中总的自由能变化为

$$\Delta F = \Delta F_1 + \Delta F_2 = \left(4\pi r^2 \sigma_{CV}+\frac{4}{3}\pi r^3 \Delta F_V\right)\frac{2-3\cos\theta+\cos^3\theta}{4}$$

$$\Delta F = \left(4\pi r^2 \sigma_{CV}+\frac{4}{3}\pi r^3 \Delta F_V\right)\varphi_3(\theta) \tag{1-19}$$

其中

$$\varphi_3(\theta)=\frac{2-3\cos\theta+\cos^3\theta}{4} \tag{1-20}$$

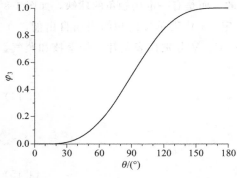

图 1-9　$\varphi_3(\theta)$ 函数

由图 1-9 可以看出 $\varphi_3(\theta)\leqslant 1$，对于球形核 $\varphi_3(\theta)=1$。

在临界核的情况下

$$r^* = -\frac{2\sigma_{CV}}{\Delta F_V} \tag{1-21}$$

$$\Delta F^* = \frac{16\pi}{3}\times\frac{\sigma_{CV}^3}{\Delta F_V^2}\varphi_3(\theta) \tag{1-22}$$

更精确的理论还要加上一项表示凝聚核在晶体点阵表面上 n_0 个可能位置之间分布的熵有关的量。n 为表面凝聚核浓度，记为 $\Delta F_0^* = kT\ln(n_0/n)$，因此

$$\Delta F = \left(4\pi r^2 \sigma_{CV}+\frac{4}{3}\pi r^3 \Delta F_V\right)\varphi_3(\theta)-kT\ln\left(\frac{n_0}{n}\right) \tag{1-23}$$

同样可以求出临界核的半径和临界自由能，式中 n^* 为临界凝聚核数。

$$r^* = -\frac{2\sigma_{CV}}{\Delta F_V}$$

$$\Delta F^* = \frac{16\pi}{3}\times\frac{\sigma_{CV}^3}{\Delta F_V^2}\varphi_3(\theta)-kT\ln\left(\frac{n_0}{n^*}\right) \tag{1-24}$$

从 ΔF 的表达式可以看出基片性质对成核的作用，在 $\theta=0$ 即凝聚核完全浸润基片时，$\varphi_3(\theta)=0$，ΔF 的表达式中只留下一项，且是负值，这种情况有利于成核，而在凝聚核完全不浸润基片时 $\theta=180°$，$\varphi_3(\theta)=1$，这就简化为球形核的情况，相当于基片对成核完全无促进作用。

由 ΔF^* 可得临界凝聚核数 n^*，由

$$kT\ln\left(\frac{n_0}{n^*}\right)=\frac{16\pi}{3}\times\frac{\sigma_{cv}^3}{\Delta F_V^2}\varphi_3(\theta)-\Delta F^*=\Delta F_0^* \tag{1-25}$$

$$n^*=n_0\exp\left(-\frac{\Delta F_0^*}{kT}\right) \tag{1-26}$$

薄膜生长的另一个重要参数是成核速率。

在薄膜沉积过程中，成核速率 J 应正比于：①临界凝聚核数 n^*；②表面吸附粒子浓度 n_1；③表面扩散系数 D_d（$\Gamma=n_1D_d$ 表示进入临界凝聚核的速率）；④临界凝聚核周长 l。即 $J\propto n^*\Gamma l=n^*n_1D_dl$。

因此可得

$$J=Zn_0\exp\left(-\frac{\Delta F_0^*}{kT}\right)N_1\frac{1}{\nu}\exp\left(\frac{Q_{des}}{kT}\right)a^2\nu\exp\left(-\frac{Q_{dif}}{kT}\right)\cdot2\pi r^*\sin\theta$$

$$J=Z\cdot2\pi r^*n_0a^2\sin\theta N_1\exp\left(\frac{Q_{des}-Q_{dif}-\Delta F_0^*}{kT}\right) \tag{1-27}$$

Z 表示实际情况与平衡态的偏离。

1.3.1.2　薄膜形成过程中对其结构的影响因素

在薄膜形成过程中，影响其结构的因素如下。

（1）过饱和度 $\dfrac{p}{p_s}=\dfrac{N_1}{N_2}$ 对成核速率的影响

由 J 的表达式可知 ΔF_0^* 对 J 有很大影响，在晶核形成的临界能量中 ΔF_0^* 已包含了 $\Delta F_V=-\dfrac{kT}{V_m}\ln\dfrac{p}{p_s}$，因此成核速率非常强烈地依赖于过饱和度，$p/p_s$ 增加，r^*、ΔF_0^* 减小。当过饱和度低于临界值时，J 实际上等于 0，而在过饱和度高于临界值时，J 十分迅速地增加。

（2）薄膜材料性质对成膜的影响

如果临界核至少由两个原子组成，且从蒸气相形成临界核的自由能是正的，那么就存在着阻止形成连续膜的一定的势垒（三维核——岛的趋势），这样就形成了岛状结构。如果势垒很高则临界核半径很大，只形成数目很少的大凝聚核。另外，如果势垒很低（ΔF_0^* 很小），会形成数目很多的小凝聚核，在此情况下，即使薄膜的平均厚度很薄，也会是连续的。所以薄膜材料的各种性质都会明显地影响最终的薄膜结构。

例如，Ag 原子半径为 1.445Å，W 原子半径为 1.371Å，Ag 的 σ_{cv} 约为 W 的一半，但二

者的饱和蒸气压相差很大，在 300K 时，Ag 的饱和蒸气压 $p_s = 1.33 \times 10^{-38}$ Pa，W 的饱和蒸气压 $p_s = 1.33 \times 10^{-110}$ Pa。假设蒸发时的蒸气压为 1.33×10^{-4} Pa，则 Ag 的过饱和度 $N_1/N_2 = 10^{34}$，W 的过饱和度 $N_1/N_2 = 10^{106}$，由此可以估算 Ag 的临界半径 r^* 比 W 的临界半径大得多。由于 r^*_{Ag} 较大，蒸 Ag 时不会立即形成连续薄膜，而是首先形成岛状结构。然而在蒸 W 时由于 r^*_W 较小所以很快就会形成连续薄膜，这说明临界半径与材料的性质有很大关系。

在 r^* 的表达式中，$r^* = -2\sigma_{CV}/\Delta F_V$，$r^*$ 反比于 ΔF_V。一方面，一般高沸点金属都具有大的 ΔF_V，所以像 W、Mo、Ta、Pt、Ni 等都会有很小的 r^*，在凝聚核很小时就达到稳定，分解和重蒸发都不大可能；另一方面，一些低熔点金属如 Cd、Mg、Zn 等的 r^* 就比较大，所以凝聚核在刚生长时是不稳定的，容易分解和重蒸发。

（3）基片性质的影响

基片对薄膜开始生长阶段的影响主要由粒子脱附能 Q_{des} 和扩散激活能 Q_{dif} 决定。r^* 值与 Q_{dif} 无关，但根据成核速率 $J \propto \exp\left(-\dfrac{Q_{dif}}{kT}\right)$，超临界凝聚核的生长随 Q_{dif} 的增大而指数衰减，若扩散激活能太大，扩散就慢，凝聚核的生长主要靠直接吸收入射的蒸气粒子。Q_{dif} 的数值大概为 $Q_{des}/4$。

Q_{des} 对 r^* 也很重要，Q_{des} 大表示基片和粒子相互作用强烈，即 $\varphi_3(\theta)$ 值小，在极限情况下，$\theta = 0°$，$\varphi_3(\theta) = 0$，很容易成核（即很少数量的粒子就会形成稳定的核）。完全不浸润时 $\theta = 180°$，$\varphi_3(\theta) = 1$，基片和蒸气粒子完全没有作用，凝固成球形。Q_{des} 大，J 也大（成核速率高也意味着临界核与超临界核的尺寸小）。如果基片表面不均匀，那么粒子将首先在 Q_{des} 大的地方凝聚成核，形成半径小、密度高的成核区。一般来讲，有表面缺陷的地方（如台阶、位错等）Q_{des} 大、$\varphi_3(\theta)$ 小，相应的 ΔF^* 也小一些。这正是表面染色效应的基础，利用这种效应，能使基片表面的这种台阶变得目视可见。其方法是在某种基片上镀一种超薄的金属膜，在台阶处首先凝聚成核，从而使表面晶体变得可见（如 NaCl 单晶面上镀 Au），这种方法在电子显微学中称为缀饰法（decoration）。

（4）基片温度的影响

在沉积速率 N_1 不变的情况下将 r^* 对 T 求导

$$\left(\frac{\partial r^*}{\partial T}\right)_{N_1} = -2\left(\frac{1}{\Delta F_V} \times \frac{\partial \sigma_{CV}}{\partial T} - \frac{\sigma_{CV}}{\Delta F_V^2} \times \frac{\partial \Delta F_V}{\partial T}\right)$$

将典型数据代入，$\left(\dfrac{\partial r^*}{\partial T}\right)_{N_1} > 0$，即温度 T 升高，临界半径 r^* 增大，容易形成岛状结构。

表达式

$$r^* = -\frac{2\sigma_{CV}}{\Delta F_V} = \frac{2\sigma_{CV}V_m}{kT\ln p/p_s}$$

粗看起来，温度 T 升高时临界半径 r^* 应该减小，但温度 T 升高时，再蒸发速率 N_2（对应 p_s）增加，且 N_2 与 T 是指数关系，由此温度 T 升高，过饱和度减小，从而 r^* 增大。

另外由 r^* 和 ΔF^* 公式可知，二者都强烈依赖于 ΔF_V：

$$\frac{\partial r^*}{\partial N_1} = \frac{2\sigma_{cv}}{\Delta F_v^2} \times \frac{\partial \Delta F_v}{\partial N_1} < 0$$

即 N_1 增大，r^* 减小。

当然 r^* 与 N_1 是对数关系，故 r^* 随 N_1 变化很慢，欲使 r^* 有明显变化，就要使 N_1 有几个数量级的增加。

综上所述，能增强薄膜岛结构的条件为：①高基片温度；②低沸点薄膜材料；③低沉积速率；④薄膜材料与基片材料结合力小；⑤薄膜材料有高的扩散激活能。

1.3.2　原子聚集理论

在热力学界面能理论中用了两个关键假设：①凝聚核大小变化时其形状不变（θ 不变）；②凝聚核表面和体积自由能均采用了其相应块材料的数值。因此这种假设只适用于比较大的由 100 个以上原子组成的凝聚核。

对于小的原子团，不但不能用宏观表面能计算其自由能，而且连表面的概念也成了问题。除此之外，也不能用宏观体积的自由能，因为在这样小的原子团中，每个原子的最邻近数通常比块材料少，并且几乎没有或很少有次近邻。

Walton 和 Rhodin 提出了成核的原子聚集理论（统计理论），又称原子论模型，把核看作是小的聚集体，并考虑了个别粒子和基片之间键的作用。

由统计方法得到临界核密度 n_i^* 的表达式为

$$n_i^* = n_0 \left(\frac{n_1}{n_0}\right)^i \exp\left(\frac{E_i^*}{kT}\right) \tag{1-28}$$

式中，n_0、n_1 分别为基片表面的吸附点密度和吸附的单原子密度；E_i^* 为温度为热力学零度时含有 i 个原子的临界核的分解能；k 为玻尔兹曼常数；T 为温度。

吸附分子通过表面扩散进入临界凝聚核的速率

$$\Gamma = n_1 D_d = n_1 a^2 \nu \exp\left(-\frac{Q_{dif}}{kT}\right)$$

吸附浓度

$$n_1 = N_1 \frac{1}{\nu} \exp\left(\frac{Q_{des}}{kT}\right)$$

临界核周长

$$l = 2\pi r^* \sin\theta$$

由此可得成核速率 J

$$J = n_i^* \Gamma l = n_0 \left(\frac{n_1}{n_0}\right)^i \exp\left(\frac{E_i^*}{kT}\right) N_1 \frac{1}{\nu} \exp\left(\frac{Q_{des}}{kT}\right) a^2 \nu \exp\left(-\frac{Q_{dif}}{kT}\right) l$$

$$J = n_0 N_1 a^2 l \left(\frac{N_1}{n_0 \nu}\right)^i \exp\left[\frac{(i+1)Q_{des} + E_i^* - Q_{dif}}{kT}\right] \tag{1-29}$$

可以用 $\ln J$ 和 $1/T$ 的变化曲线来进行理论和实验的比较，因为它涉及的都是可测量。

虽然统计理论没有给出 i 和 E_i^* 的表达式，然而对不同的 i 和 E_i^* 将实验结果与理论进行比较，便可以确定这两个分量。

通常用这种理论都是处理尺寸很小的聚合体。如果薄膜沉积时的过饱和度很高，临界核可能只有一个原子，于是两个原子所组成的聚集体就是一个最小的稳定聚集体，如果过饱和度低一些，则 $i=2$ 或 $i=3$ 等。

当 $n^*=1$，$i=1$，此时临界核为单个原子，不存在聚集体的分解能 E_1^*，因此

$$J_1 = n_0 N_1 a^2 l \left(\frac{N_1}{n_0 \nu} \right) \exp \left(\frac{2Q_{des} - Q_{dif}}{kT} \right)$$

当 $n^*=2$，$i=2$

$$J_2 = n_0 N_1 a^2 l \left(\frac{N_1}{n_0 \nu} \right)^2 \exp \left(\frac{3Q_{des} + E_2^* - Q_{dif}}{kT} \right)$$

当 $n^*=3$，$i=3$

$$J_3 = n_0 N_1 a^2 l \left(\frac{N_1}{n_0 \nu} \right)^3 \exp \left(\frac{4Q_{des} + E_3^* - Q_{dif}}{kT} \right)$$

在超高真空条件下，将 Ag 蒸发到 NaCl 单晶上，在基片温度很低时（过饱和度很高），单个原子就是临界核，再结合上去另外一个原子便形成了稳定的聚集体（超临界凝聚核），然后这些聚集体再继续长大。即在结合能上，一个单键都是稳定的，由于在这个吸附原子周围的任何地方都可以与另一个原子相结合，所以原子对的结构是单个原子无规则地与另一个原子相结合的结构。因此基片上的原子对将不具有单一定向的性质（无定形）。

在温度略微升高以后，临界核是原子对，因为这时每个原子若只受单键约束是不稳定的，必须具有双键才能稳定，从而形成稳定核。从这里可以看出在此情况下最小的稳定核是三原子团，这时稳定核将以（111）面平行于基片而定向。

另一种可能的稳定核是四原子的方形结构，但是出现这种结构的概率较小，这是因为在平衡状态下（N_1，N_2 不变），随着原子团限度的增大，它的密度显著变小。然而当基片表面吸附能力较弱，三原子团被吸附得不牢，动态平衡却有利于四原子结构，这种情况下，稳定核将以（100）面平行于基片。

将温度继续升高，临界核是三原子团或四原子团，这时双键已不能使原子稳定在核中，要形成稳定核，它的每个原子至少具有三个键，所以这时稳定核是四原子团和五原子团。

将基片温度再进一步升高，临界核显然是四原子团或五原子团，有可能原子数目还要高。

当稳定原子团达到四原子以后，它的结构可能有两种，即平面结构和角锥结构，究竟是何种结构要取决于基片表面吸附能和原子团内部结合能的相对变化情况。例如原子团是四原子时，平面结构的吸附能为 $4Q_{des}$，原子团的结合能为 $4E_2$；角锥结构的吸附能为 $3Q_{des}$，原子团的结合能为 $6E_2$。因而当 $2E_2 > Q_{des}$ 时才可能形成三角锥结构。

对在基片为同样金属的（111）面上生长密堆积金属晶体情况，研究结果得到 $Q_{des} \approx 3E_2$，因此在此情况下，其临界核通常是平面结构，并且沉积速率为每秒 1 个单原子左右条件下，临界核大概不会超过 7 个原子。

这种理论考虑了基片上个别原子排列状况，所以它会提供正在生长的原子团聚集体结构和取向信息。

如果在蒸发过程中改变其过饱和度（如改变基片温度 T_s），将会发生从一种临界核到另一种临界核的转变，如根据 J_1、J_2、J_3 表达式将 $\ln J$ 对 $1/T$ 作图，可清楚地看到临界核大小变化时曲线斜率的变化。

由此可得临界核大小变化时转变温度 $T_{1\to 2}$ 和 $T_{2\to 3}$。

当 $i=1 \to i=2$ 时，$J_1 = J_2$

$$n_0 N_1 a^2 l \left(\frac{N_1}{n_0 \nu}\right) \exp\left(\frac{2Q_{des} - Q_{dif}}{kT}\right) = n_0 N_1 a^2 l \left(\frac{N_1}{n_0 \nu}\right)^2 \exp\left(\frac{3Q_{des} + E_2^* - Q_{dif}}{kT}\right)$$

$$\frac{N_1}{n_0 \nu} \exp\left(\frac{Q_{des} + E_2^*}{kT}\right) = 1$$

$$\ln \frac{N_1}{n_0 \nu} + \frac{Q_{des} + E_2^*}{kT} = 0$$

$$T_{1\to 2} = -\frac{Q_{des} + E_2^*}{k \ln\left(\dfrac{N_1}{n_0 \nu}\right)} \tag{1-30}$$

同理，当 $i=2 \to i=3$ 时，$J_2 = J_3$

$$T_{2\to 3} = -\frac{Q_{des} + E_3^* - E_2^*}{k \ln\left(\dfrac{N_1}{n_0 \nu}\right)} \tag{1-31}$$

毛细作用理论与原子理论这两种理论所依据的基本概念相同，因此所求得的成核速率公式的形式相同，所不同的是它们所用的能量。在毛细作用理论中用自由能 ΔF，在原子理论中用结合能 E_i^*。此外这两种理论所用的模型不同，前一理论所用的是一个简单的理想化的几何模型，而后者所用的原子组合模型是一个分立原子的组合，显然用这种分立原子组合模型所得的结合能 E_i 是随临界核线度和构型变化作不连续变化的，而毛细作用理论用连续变化的表面能和体积自由能，这就预示着临界核的线度作连续变化。

由于这两种理论所用的模型有本质区别，所以毛细作用理论公式中临界核尺寸和成核速率随过饱和度变化而连续变化。而原子模型中为不连续变化。

因此原子理论模型适用于很小的临界核，对于这种小的核，原子模型的不连续性非常逼真，而且对核的结构进行了真实描述。毛细作用理论从概念上容易理解，特别适合描述大的临界核，因此在凝聚自由能高或过饱和度小的情形下比较适用。

1.4 薄膜结构

1.4.1 薄膜结构与缺陷

不同条件下生长的薄膜有不同的结构，分别是非晶薄膜、多晶薄膜和单晶薄膜。

如果薄膜材料在基片表面扩散迁移率很低，则这些粒子抵达基片表面时，立即被冻结而无法到达形成单晶应该停留的位置，以致形成杂乱无章的状态，即非晶态。碳、硅、锗、碲等元素，硒、碲的一些化合物和氧化物在基片为室温时，通常形成非晶薄膜。也可以人工采取一些措施来降低表面迁移率，从而得到非晶膜。例如：①降低基片温度，但这种方法制备金属膜时有时得到的是晶粒很微小的多晶膜；②引入杂质，如当真空系统内存在 $10^{-2} \sim 10^{-3}$Pa 的氧时，可能形成的氧化物会阻止岛的聚集而无法形成晶粒。又如溅射镀膜时，1% 原子浓度的氮的存在就足以使钨、钼、钽、锆等形成非晶膜，但它们并非稳定态，在 $0.3 \sim 0.35 T_M$（T_M 为薄膜材料熔点）的温度下会出现结晶态。

普通情况下制备的大多是多晶膜。在给定的沉积条件下，晶粒大小随膜厚的增加而增大，但当膜厚超过某一数值时，晶粒大小就会保持不变，这种现象在基片温度高时尤为突出。

单晶薄膜只有在特定条件下才可能获得。如果薄膜生长时粒子在基片表面有足够的迁移率和迁移时间，这时就要求足够高的基片温度和比较低的蒸发速率。粒子到达基片后就可以按结晶学的要求就位于能量最小的位置，形成非常有序的无限周期排列的单晶薄膜。

单晶薄膜存在着各种缺陷，包括点缺陷、位错、孪晶界、堆垛层错。点缺陷有空位、填隙和杂质。杂质也可能以替位或填隙方式存在。位错是在薄膜生长过程中结晶岛凝聚时产生的，包括刃型位错和螺旋位错。堆垛层错和孪晶界都是在薄膜生长时堆垛次序发生错乱引起的。

1.4.2　结构区域模型

金属、半导体和陶瓷薄膜从结构形态学上近似地看都有相似的特征，可以用同一类的方法处理。在物理方法沉积薄膜中，沉积参量对结构特征的影响可以用结构区域图来描述。

气相粒子沉积到基片表面形成薄膜包括四个过程：①阴影效应（shadowing）；②表面扩散；③体扩散；④吸附。后面三项都和凝聚材料的熔点 T_M 有关。阴影效应来自薄膜表面的粗糙度以及入射粒子的直线入射特性所造成的几何效应。在这些过程中基片温度 T_s 对薄膜结构具有明显的甚至决定性的作用。这些也是结构区域模型的基础，由此出发可以通过改变沉积参量来改变薄膜的结构。

（1）蒸发薄膜结构区域模型

最早的区域结构模型来自 Movchan 和 Demchishim。他们通过观察非常厚的蒸发金属膜（0.3～2mm，1200～1800nm/min，Ti、Ni、W、Fe）和氧化物（ZrO_2、Al_2O_3）提出这种模型。如图 1-10（a）所示，按 T_s/T_M 主要可以分成 4 个区域。区域 1（相对温度 $T_s/T_M <$ 0.15）为细等轴晶，沉积过程同时不断形核，晶粒尺寸小于 20nm，孔洞较多，组织较疏松。区域 T（$0.15 < T_s/T_M < 0.3$）出现了晶粒尺寸大于 50nm 的晶粒，且被细小的晶粒包围。区域 2（$0.3 < T_s/T_M < 0.5$）出现柱状晶结构，说明随着 T_s/T_M 的增大，表面和晶界扩散对形成这种结构起了相当的作用。区域 3（$T_s/T_M > 0.5$）为体扩散和重结晶形成的各种不同取向长大的粗大等轴晶（equiaxed grains）。

（2）溅射薄膜结构区域模型

Thornton 提出通过观察溅射金属膜（Ti、Cr、Fe、Cu、Mo、Al，20～250μm，5～2000nm/min）得到一个简单的由 4 个区域（1、T、2、3）组成的结构区域图。如图 1-10（b）

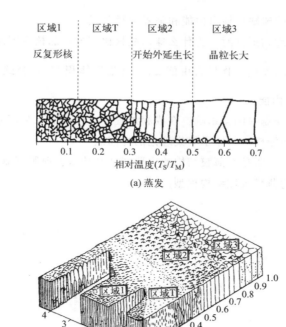

区域1　区域T　区域2　区域3

反复形核　　　开始外延生长　晶粒长大

0.1 0.2 0.3 0.4 0.5 0.6 0.7
相对温度(T_S/T_M)

(a) 蒸发

1.0
0.9
0.8
0.7
0.6
0.5
0.4
0.3
0.2
0.1
0

区域1　区域T　区域2　区域3

惰性气体压强/Pa
4 3 2 1 0

相对温度(T_S/T_M)

(b) 溅射

图 1-10　区域结构模型

所示,该结构区域依赖于溅射气压 p 和基片温度 T_S。溅射气压 p 增加使溅射粒子的平均自由程减小,斜入射的粒子流量由于气体散射而增加,这将导致区域1结构更加开放。此外增加气压也会使原子的迁移率降低。

类似于蒸发薄膜,区域1为由阴影效应和有限的吸附粒子扩散迁移率形成的柱状晶结构,区域2为可控制的表面扩散生长,而更高基片温度下晶格与晶界扩散形成了等方向生长的重结晶区域3。值得注意的是区域 T,由紧密排列的纤维状晶粒组成,可看作区域1与区域2之间的过渡区。在基片温度的作用上,蒸发薄膜与溅射薄膜没有什么差别。相对于金属,在低的 T_S/T_M 值时,陶瓷薄膜的硬度更低,这意味着晶格和晶界不完整。而在区域2和3,陶瓷薄膜变得更硬。

思考题

1. 简述表面吸附的种类和机理。

2. 解释以下基本概念:适应系数、过饱和度、脱附速率、脱附能、粒子表面平均停留时间、扩散系数、表面扩散激活能。

3. 简述薄膜生长的形核过程。

4. 画图示意薄膜生长的三种基本模式。

5. 薄膜形核生长中核的合并方式有哪几种?

6. 推导接触角为 θ 的球缺形核自由能和临界半径公式。

7. 同样过饱和度下均匀形核时，为什么球形晶核比正方形晶核更容易形成？

8. 证明：对任意形状晶核，临界自由能 ΔF^* 与临界体积 V^*，公式 $\Delta F^* = -\dfrac{V^*}{2}\Delta F_V$ 成立，ΔF_V 为单位体积自由能。

9. 薄膜的成核速率受哪些因素影响？在成膜过程中，什么情况会使薄膜岛结构增强？

10. 比较热力学界面能理论与原子聚集理论的异同点。

11. 薄膜结构有哪些？非晶态薄膜结构的主要特征是什么？薄膜有哪些缺陷？

12. 解释溅射镀膜的薄膜区域结构模型。

第 2 章

蒸发镀膜

蒸发镀膜属于物理气相沉积方法，是制作薄膜最常用的方法之一。这种方法是把装有基片的真空室抽成真空，使气体压强达到 10^{-2} Pa 以下，然后加热镀料，使其原子或分子从表面气化逸出，形成蒸气流，入射到基片表面，凝结形成固态薄膜。蒸发镀膜形成的具体过程为：①产生蒸气分子（原子）；②将蒸气分子（原子）输运到基片；③蒸气分子（原子）在基片上吸附；④吸附分子（原子）重新排列成核，成膜。

真空蒸发技术包括电阻加热蒸发、电子束蒸发、激光蒸发等，原则上讲，只要能将能量提供给蒸发源使源材料分子或原子气体逸出形成蒸气都可以算作蒸发，因此加热方式不局限于电阻加热，电子束、激光等都是优质的加热源。当然，离子或离子束也具有很强的加热能力，但离子质量较大，撞击表面会引起复杂的物理或化学作用，因此通常不算作蒸发过程。蒸发技术的发展也随着对薄膜的不同需求而逐渐细化，如为了蒸发低饱和蒸气压物质，采用电子束蒸发或激光蒸发；为了制造成分复杂或多层复合薄膜，发展了多源共蒸发或顺序蒸发；为了制备合金、化合物薄膜或抑制薄膜成分对原材料的偏离，出现了闪蒸、激光蒸发、反应蒸发等。此外，半导体材料外延技术中的分子束外延也可看作一种特殊的蒸发技术。

2.1 蒸发原理

2.1.1 蒸发特性

真空蒸发镀设备主要由真空镀膜室和真空抽气系统两大部分组成。真空镀膜室内装有蒸发源、被蒸发材料、基片支架及基片等。真空蒸发不仅需要可用各种形式进行加热的蒸发源、供蒸气分子（原子）冷却、凝聚、成核、成膜的基片，还需要一个特殊的环境，即真空环境。

2.1.1.1 真空环境

真空蒸发必须在真空环境中进行，原因如下。

（1）防止蒸发源与气体的相互作用

防止在高温下空气分子和蒸发源发生反应，生成化合物，从而导致蒸发源劣化。

（2）分子平均自由程的要求

防止蒸发物质的分子或原子（以下统称为蒸发粒子）直接到达基片表面的过程因在镀膜室内与空气分子碰撞而受阻，以及在途中生成化合物或蒸发粒子间的相互碰撞导致其在到达基片之前就凝聚等。

常温下空气分子的平均自由程可表示为

$$\lambda \approx \frac{0.667}{p} \tag{2-1}$$

式中，λ 为平均自由程，cm；p 为蒸气压强，Pa。

若从蒸发源到基片间的距离为 h，那么为使从蒸发源出来的蒸发粒子大部分不与残余气体分子发生碰撞而直接到达基片表面，一般可取 $\lambda \geqslant 10h$，代入式（2-1）可估算蒸发镀膜的工作压强，若 $h = 10 \sim 50$cm，则 $p \leqslant 1 \times 10^{-3} \sim 6 \times 10^{-3}$Pa，此即为所需要的真空度。

（3）保持膜层清洁

在基片上形成薄膜的过程中，防止空气分子混入膜内成为杂质或者在薄膜中形成化合物。

由此可见，在高真空条件下，蒸发粒子几乎不与气体分子发生碰撞，不损失能量。因此，蒸发粒子到达基片表面后有一定的能量进行扩散、迁移，可以形成致密的高纯度膜。随着真空度的下降，蒸发粒子与气体分子碰撞概率提高，产生散射效应，增加镀膜的绕射性，但降低了沉积速率。此外，镀层中将会含有气体分子，影响镀层的纯度和致密度。因此，真空蒸发多在 $10^{-3} \sim 10^{-5}$Pa 的高真空条件下进行。蒸发粒子直接到达基片表面，故镀膜的绕射性差，只有面向蒸发源的部位才能得到镀层。

2.1.1.2　饱和蒸气压

蒸发材料在真空中被加热时，其原子或分子就会从表面逸出，这种现象叫热蒸发。在一定温度下，真空室中蒸发材料的蒸气在与固体或液体平衡过程中所表现出的压强称为该温度下的饱和蒸气压。饱和蒸气压 p 与温度 T 之间有经验公式

$$\lg p = A - \frac{B}{T} \tag{2-2}$$

式中，A、B 均为与材料有关的常数，可由实验确定。式（2-2）说明，饱和蒸气压基本上随温度升高而指数地上升。通常常数 B 越大，饱和蒸气压越大，蒸发温度越高。图 2-1 为常见金属在不同温度下的饱和蒸气压曲线。

2.1.1.3　蒸发速率

蒸发是在高真空环境中进行的，为了实现薄膜的沉积，要求蒸发源的蒸发速度远远超过凝结速度。蒸发源温度越高，源材料蒸发的速度就越快。当温度不够高时蒸发速度太慢，便不能实现蒸发粒子在基片上的凝结与成核，以及最终沉积为薄膜。而在基片表面，其温度较低，蒸发粒子凝结与成核的数目超过了再蒸发离开基片的粒子数目，便以凝结过程为主。

如果认为蒸发物质与沉积的基片表面附近，均达到与加热温度相应的饱和蒸气压，则单

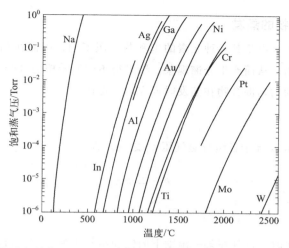

图 2-1 常见金属在不同温度下的饱和蒸气压曲线（1Torr=133.3224Pa）

位时间入射到基片单位面积的原子或分子数 N 为

$$N = \frac{p}{\sqrt{2\pi mkT}} \tag{2-3}$$

式中，N 正比于基片表面附近的压强 p（近似为加热温度下的饱和蒸气压）；m 为气体分子的质量；k 为玻尔兹曼常数；T 为热力学温度。

成膜速率也可表示为单位时间基片单位面积上沉积薄膜的质量。

$$R = p\sqrt{\frac{m}{2\pi kT}} = 4.375 \times 10^{-3} p\sqrt{\frac{\mu}{T}} \tag{2-4}$$

式中，R 为成膜速率，kg/(m² · s)；p 为沉积物质的饱和蒸气压，Pa；μ 为沉积物质的摩尔质量，g/mol；T 为蒸发温度，K。

2.1.1.4 蒸发粒子的速度和能量

蒸发材料蒸气粒子的速率分布可根据麦克斯韦速率分布函数给出，按照麦克斯韦速率分布曲线，温度越高，曲线越平缓，蒸发粒子按速率分布越分散，因此采用均方根速率

$$\sqrt{\overline{v^2}} = \sqrt{\frac{3kT}{m}} \tag{2-5}$$

并由此得到蒸发粒子的平均动能

$$\overline{E} = \frac{3}{2}kT \tag{2-6}$$

对绝大部分可以热蒸发的薄膜材料，蒸发温度在 1000～2500℃ 范围内，蒸发粒子的平均速度约为 10^3 m/s，对应的平均动能为 0.1～0.2eV。实际上，此数值只占汽化热的很小一部分，可见大部分汽化热是用来克服固体或液体中原子间的吸引力。

2.1.2 合金与化合物的蒸发

对于合金或化合物，由于其各种元素的饱和蒸气压不同，因而在相同的温度下，各元素的蒸发速率是不一样的，从而产生分馏现象，结果得不到所希望的合金或化合物的比例成分。两种或两种以上物质的均匀混合物在蒸发时遵守以下定律：

（1）分压定律

混合物的总蒸气压 p 等于各组分蒸气压 p_i 之和，即

$$p = \sum_i p_i \tag{2-7}$$

（2）拉乌尔定律

某成分 i 单独存在时，设其在某一温度下的饱和蒸气压为 p_{iT}，若该成分在混合物中的摩尔分数为 C_i，在混合物状态下成分 i 的饱和蒸气压为 p_i，则近似有

$$p_i = C_i p_{iT} \tag{2-8}$$

如果材料是由 A 和 B 两种成分组成，摩尔质量分别为 μ_A、μ_B，饱和蒸气压为 p_A、p_B，C_A、C_B 为这两种成分的摩尔分数。则两种成分沉积的粒子数之比

$$\frac{N_A}{N_B} = \frac{C_A}{C_B} \times \frac{p_A}{p_B} \sqrt{\frac{\mu_B}{\mu_A}} \tag{2-9}$$

2.1.2.1 合金的蒸发

以常用的 Ni80%-Cr20%合金的电阻薄膜材料为例讨论合金的分馏现象。在 1550K 时蒸发，Cr 与 Ni 的饱和蒸气压之比 $p_{Cr}/p_{Ni} \approx 10$，而 Cr 的摩尔分数

$$C_{Cr} = \frac{W_{Cr}/\mu_{Cr}}{W_{Cr}/\mu_{Cr} + (1-W_{Cr})/\mu_{Ni}} = \frac{0.2/52}{0.2/52 + 0.8/58.7} = 0.22$$

式中，W_{Cr} 为铬的质量分数；μ_{Cr}、μ_{Ni} 分别为 Cr、Ni 的摩尔质量。Ni 的摩尔分数 $C_{Ni} = 0.78$。因此蒸发速率之比（等同于沉积粒子数之比）

$$\frac{N_{Cr}}{N_{Ni}} = \frac{C_{Cr}}{C_{Ni}} \times \frac{p_{Cr}}{p_{Ni}} \sqrt{\frac{\mu_{Ni}}{\mu_{Cr}}} = \frac{0.22}{0.78} \times \frac{10}{1} \times \sqrt{\frac{58.7}{52}} \approx 3.0$$

这说明，该合金在 1550K 开始蒸发时，铬的初始蒸发速率为镍的 3.0 倍。随着铬的迅速蒸发，蒸发速率之比会逐渐减小，最终会小于 1。结果，蒸发的膜层在不同的厚度具有不同的化学组分。顺便指出，这种分馏现象使得靠近基片处的膜是富铬的，这也是 Ni-Cr 合金薄膜具有良好附着性的原因。

因此采用真空蒸发法制作预定组分的合金薄膜，经常采用闪蒸法、多蒸发源蒸发法等方法。

2.1.2.2 化合物的蒸发

化合物蒸发的情况更复杂。一些简单的卤化物可以无任何解离地蒸发。如 MgF_2、CaF_2、AlF_3、LaF_3、CeF_3、NdF_3、PbF_2、ThF_4 等，而复杂氟化物如冰晶石在加热时全分解并出现分馏现象（$Na_3AlF_6 \longrightarrow 3NaF + AlF_3$），因此膜不再具有化学计量比组成。

低价氧化物会有分子蒸发，这些分子与原材料的分子相同，如 SiO、CeO、SnO、PbO 等，这些材料可用电阻加热蒸发舟来蒸发。而 SiO_2、Al_2O_3、BeO、ZrO 等蒸发温度高，不能用电阻加热蒸发，用电子束蒸发时会发生解离。

蒸发硫化物分解已很明显，然而在凝结期间一种强的复合也很明显。例如据质谱分析，ZnS 完全分解成锌和硫，尽管如此通常仍可得到化学计量比的薄膜。而 Cd 和 Sb 的硫化物薄膜化学计量比方面的较大偏差总是由金属原子的过剩引起的。

贵金属、碱金属、过渡金属为单原子蒸发。对半导体或半金属而言，情况较复杂，在固体 Sb 中四个原子几乎以相连的共价键相结合，所以发射时 Sb_4 最多，还混入 Sb_2 和 Sb。类似的还有 As、P。

2.1.2.3 闪蒸

在制备容易产生部分分馏的多元合金或化合物薄膜时，所得的薄膜化学组分经常偏离蒸发物原有组分。应用闪蒸技术可以克服这一困难。在闪蒸技术中，少量待蒸发材料以粉末的形式输送到足够热的蒸发盘上，从而保证蒸发在瞬间发生，因此闪蒸技术也被称为瞬间蒸发技术。要保证蒸发盘的温度足够高，使不容易挥发的材料快速蒸发。当小颗粒的蒸发物质蒸发时，具有高蒸气压的组分比低蒸气压组分先蒸发，但如果蒸发物颗粒够小的话，这些组分都在一瞬间全部蒸发完，因此得到的薄膜组分不变。实际上由于送料是连续的，在不同的分馏阶段蒸发盘上总是有一些颗粒，但在蒸发时不会有蒸发物聚集在蒸发盘上的情况。如果基片温度不太高，允许再蒸发现象发生，则可以获得理想配比化合物或合金薄膜。可以通过不同的装置将粉料输送到加热装置中（机械、电磁、振动、旋转等）。

最早的闪蒸采用传送带作为输运装置，后来改进为电磁振动输运装置。如图 2-2 所示，管式玻璃管起到将粉料输送到蒸发盘上的作用。可通过在轴上的螺旋调节低碳钢盘，保证电磁铁不通电时粉料刚好不掉落。当电磁铁通上电流时，低碳钢盘即会被电磁铁吸引，玻璃管倾斜角度变大，粉料掉落。通过调整电流的周期可以获得理想的低碳钢盘振动频率，达到以均匀可控速度不断加料的效果。整个装置封到内部为真空的铝罩中。采用闪蒸技术可以制备合金薄膜（Ni-Cr、非晶 GeBiSe）、Ⅱ-Ⅵ 族化合物薄膜（PbS、PbS-Ag、Sb_2S_3、$CuInSe_2$）、Ⅲ-Ⅴ 族化合物薄膜（GaP、GaSb）、金属陶瓷薄膜（Cr-SiO）、高温超导薄膜（$YBa_2Cu_3O_{7-x}$）等薄膜材料。

闪蒸技术的一个严重缺陷是待蒸发粉末的预排气较为困难。沉积前需抽真空 24~36h。在蒸发

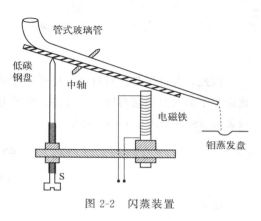

图 2-2 闪蒸装置

过程中可能会产生大量的气体，膨胀的气体可能导致飞溅现象发生。

2.1.3 薄膜厚度的均匀性

基片上任何一点的膜层厚度都取决于蒸发源的发射特性，基片和蒸发源的几何形状、相对位置以及材料的蒸发量。当系统的真空度较高时，这种现象更为明显。

为了对膜厚进行理论计算，明确其分布规律，首先对蒸发过程作如下几点假设：①蒸发原子或分子不与残余气体分子发生碰撞；②位于蒸发源附近的蒸发原子或分子之间也不发生碰撞；③蒸发沉积到基片上的原子第一次碰撞就凝结于基片表面上，无再蒸发现象发生。

上述假设的实质就是每一个蒸发原子或分子，在入射到基片表面上的过程中均不发生任何碰撞，而且到达基片后又全部凝结。这些假设对于在 10^{-3} Pa 或更低的压强下所进行的蒸发过程来说，与实际情况是非常接近的。通常的蒸发装置一般都能满足上述条件。下面分别介绍点源、面源和一般情况下的膜厚均匀度。

2.1.3.1 点源

通常将点蒸发源定义为能够从各个方向蒸发等量材料的微小球状蒸发源［简称点源，图 2-3 （a）］。设点蒸发源以每秒 m 克的蒸发速率向各个方向蒸发，则在单位时间内，在任何方向上，通过图中所示立体角 $\mathrm{d}\Omega$ 的蒸发量为 $\mathrm{d}m$，则有

$$\mathrm{d}m = \frac{m\,\mathrm{d}\Omega}{4\pi} \tag{2-10}$$

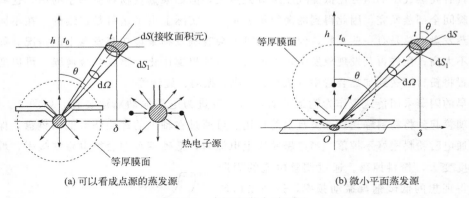

(a) 可以看成点源的蒸发源   (b) 微小平面蒸发源

图 2-3 点源和微小平面源

因此，若已知蒸发材料到达与蒸发方向成 θ 角的小面积 $\mathrm{d}S$ 的几何尺寸，即可求得沉积在此面积上的膜材质量与厚度，设以蒸发源为球心，半径为 r 的球面上，对应 $\mathrm{d}\Omega$ 立体角 $\mathrm{d}S$ 的投影为 $\mathrm{d}S_1$。由图 2-3 （a）可知

$$\mathrm{d}S_1 = \mathrm{d}S\cos\theta$$

$$\mathrm{d}S_1 = r^2\,\mathrm{d}\Omega$$

则有

$$\mathrm{d}\Omega = \frac{\mathrm{d}S\cos\theta}{r^2} \tag{2-11}$$

所以，蒸发材料到达 $\mathrm{d}S$ 上的蒸发量 $\mathrm{d}m$ 可写成

$$\mathrm{d}m = \frac{m\,\mathrm{d}\Omega}{4\pi} = \frac{m\,\mathrm{d}S\cos\theta}{4\pi r^2} \tag{2-12}$$

设薄膜材料密度为 ρ，单位时间内沉积在 $\mathrm{d}S$ 上的膜厚度为 t

$$\mathrm{d}m = \rho t\,\mathrm{d}S \tag{2-13}$$

则可得基片上任意一点的膜厚

$$t = \frac{m\cos\theta}{4\pi\rho r^2} \tag{2-14}$$

设 r 是点源与基片上被观察膜厚点的距离，点源正上方基片点到蒸发源与观察点的垂直距离和水平距离分别是 h 和 δ。

$$\cos\theta = \frac{h}{r} = \frac{h}{\sqrt{h^2+\delta^2}} \tag{2-15}$$

整理后得

$$t = \frac{mh}{4\pi\rho} \times \frac{1}{(h^2+\delta^2)^{\frac{3}{2}}} \tag{2-16}$$

当 $\mathrm{d}S$ 位于点源正上方，即 $\theta=0$（$\delta=0$）时，$\cos\theta=1$，用 t_0 表示点源正上方基片处的膜厚，即有

$$t_0 = \frac{m}{4\pi\rho} \times \frac{1}{h^2} \tag{2-17}$$

显然 t_0 是在基片平面内所能得到的最大膜厚。则在基片架平面内膜厚分布状况可用下式表示

$$\frac{t}{t_0} = \frac{1}{\left[1+(\delta/h)^2\right]^{\frac{3}{2}}} \tag{2-18}$$

2.1.3.2 面源

如图 2-3（b）所示，以小平面蒸发源代替点源。小平面源的蒸发范围局限在半球形空间，其发射特性具有方向性，遵从余弦角度分布规律，即在 θ 角方向蒸发的材料质量与 $\cos\theta$ 成正比。θ 是平面蒸发源法线与接收平面 $\mathrm{d}S$ 中心和平面源中心连线之间的夹角。当膜材从小平面源上以每秒 m 克的速率进行蒸发时，膜材在单位时间内通过与该小平面的法线成 θ 角度方向的立体角 $\mathrm{d}\Omega$ 的蒸发量 $\mathrm{d}m$ 为

$$dm = \frac{m \cos\theta \, d\Omega}{\pi} \qquad (2\text{-}19)$$

式中，$1/\pi$ 正是因为小平面源的蒸发范围局限在半球形空间。如图 2-3（b）所示，已知蒸发材料到达与蒸发方向成 θ 角的小平面 dS 几何面积时，沉积在该小平面薄膜的蒸发速率可表示为

$$dm = \frac{m \cos^2\theta \, dS}{\pi r^2} \qquad (2\text{-}20)$$

同理，将 $dm = \rho t \, dS$ 代入式（2-20），ρ 为蒸发材料密度，则可得到小平面源蒸发时，沉积在基片上任意一点的膜厚 t 为

$$t = \frac{m}{\pi\rho} \times \frac{\cos^2\theta}{r^2} = \frac{m}{\pi\rho} \times \frac{h^2}{(h^2 + \delta^2)^2} \qquad (2\text{-}21)$$

当 dS 在小平面源正上方时即 $\theta = 0$（$\delta = 0$）时，用 t_0 表示该点的膜厚为

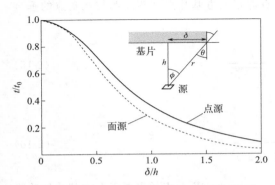

$$t_0 = \frac{m}{\pi\rho} \times \frac{1}{h^2} \qquad (2\text{-}22)$$

同理 t_0 是基片平面内所得到的最大蒸发膜厚。基片平面内其它各处的膜厚分布，即 t 与 t_0 之比为

$$\frac{t}{t_0} = \frac{1}{\left[1 + (\delta/h)^2\right]^2} \qquad (2\text{-}23)$$

点源与面源蒸发膜厚均匀性的比较见图 2-4。

图 2-4　点源与面源蒸发膜厚均匀性比较

2.1.3.3　一般情况

一般情况下在立体角 $d\Omega$ 内薄膜材料的质量 dm 为

$$dm = Am \cos^n\theta \, d\Omega \qquad (2\text{-}24)$$

式中，A 为与实际蒸发设备有关的常数；幂指数 n 决定了蒸气云的精确形状，n 值的增加使在较大发射角时的发射量减小。根据 Deppisch 的计算结果，各种 n 指数的蒸气云的质量分布具有图 2-5 的形状，图中 $n = 0$ 相当于点源，$n = 1$ 相当于面源。实际的情况中，蒸发源的几何位置很容易确定，但描写蒸气云分布的指数 n 必须用实验确定，可以先测量样品架上各位置的厚度，将厚度分布与理论计算比较，n 值由最好的拟合结果来决定。

在实际工作中基片绕转轴旋转以获得最好的膜厚均匀性，设 h 为蒸发源到基片距离，R 为蒸发源到转轴距离，结果如图 2-6 所示，选取参量满足 $R/h = 3/4$ 能达到最佳膜厚均匀性。如果用球面样品架，能得到更好的厚度均匀性。

对于调节 R/h 数值还不能达到厚度均匀性要求的，可在镀膜机内加一个挡板，其形状应根据实际厚度分布进行调节。但为保证 n、A 不变，蒸发时功率应维持恒定（要注意蒸发源上方挡板位置，确定预熔时不会蒸至基片）。

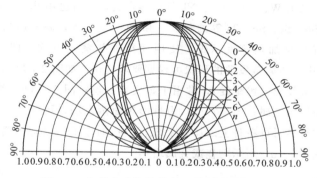

图 2-5　各种余弦指数蒸气云分布的计算结果

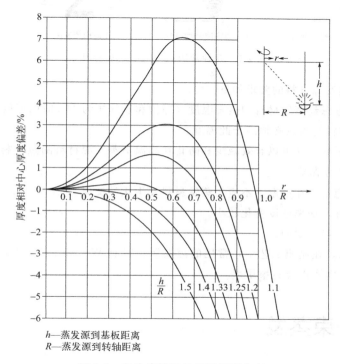

h—蒸发源到基板距离
R—蒸发源到转轴距离

图 2-6　基片旋转时的相对厚度分布

2.1.4　蒸发源与电阻蒸发

　　一般来说，蒸发低熔点材料采用电阻蒸发法；蒸发高熔点材料，特别是在纯度要求很高的情况下，则选用能量密度高的电子束法，即电子束蒸发法；当蒸发速率大时，可以考虑采用高频法，即利用高频螺旋线圈对材料进行加热蒸发。此外，近年来还开发出一些新的加热方法，如激光蒸发中发展出脉冲激光烧蚀法，电子束蒸发中发展出空心阴极电子束法等。

　　电阻蒸发源一般适用于熔点低于 1500℃ 的镀料。灯丝和蒸发舟等加热体所需电功率通常为 （150～500)A×10V，采用低电压大电流供电方式。通过电流的焦耳热实现镀料的熔化、蒸发或升华。蒸发源采用 W、Ta、Mo、Nb 等难熔金属，有时也用 Fe、Ni、镍铬合金（用于 Bi、Cd、Mg、Pb、Sb、Se、Sn、Ti 等的蒸发）和 Pt（Cu）等，制成适当的形状，装上镀料后通电，对镀料进行直接加热蒸发；或者使用间接加热蒸发方式，即把待蒸发材料放入 Al_2O_3、BeO 等坩埚中。电阻蒸发源的形状可根据要求变化，如图 2-7 所示。图 2-7（a）为多股钨丝绞线的螺旋状蒸发丝（钨螺旋），常用于蒸发金属丝；图 2-7（b）为圆锥筐形加热丝，可蒸发丸状或压结粉块的金属；图 2-7（c）为舟形表面蒸发源，可蒸发丝、块、粉末等形式的源材料，蒸发粉末材料时可在舟上面加一个带有小孔的盖子，以防止蒸发时粉末飞溅；在电子束蒸发中多用图 2-7（d）所示陶瓷或金属坩埚。

(a) 螺旋状多股绞线加热丝　　(b) 圆锥筐形加热丝　　(c) 舟形蒸发源　　(d) 坩埚

图 2-7　几种常用的电阻加热蒸发源

通常对电阻蒸发源材料的要求如下。

① 熔点高。考虑到蒸发材料的蒸发温度（即饱和蒸气压为 1Pa 时的温度）多数为 1000～2000℃，蒸发源材料的熔点必须高于此温度。

② 饱和蒸气压低。这可以有效减少和防止在高温下蒸发源材料随蒸发材料蒸发而成为杂质进入蒸发膜层中的情况。

③ 化学性能稳定，在高温下不应与蒸发材料发生化学反应。

④ 耐热性良好，功率密度变化较小。

⑤ 原料丰富，经济耐用。

根据上述要求，在制膜工艺中，常用的蒸发源材料有 W、Mo、Ta 等难熔金属，或耐高温的金属氧化物、陶瓷以及石墨坩埚。

2.2　电子束蒸发

电阻蒸发存在许多难以克服的问题，如蒸发物与坩埚发生反应，蒸发速率较低。为了解决这些问题，可以通过电子轰击对材料进行蒸发。在电子束蒸发技术中，一束电子通过 5～10kV 的电场后被加速，最后聚焦到蒸发材料的表面。这时电子动能迅速损失，转化为热能传递给蒸发材料使其熔化并蒸发。蒸发材料与坩埚应不发生反应，坩埚必须水冷。电子束蒸发适合制备高熔点的薄膜材料和高纯薄膜材料。

2.2.1　电子束加热原理

热电子由灯丝发射后，经加速阳极加速，获得动能后轰击处于阳极的蒸发材料，使蒸发材料加热气化，从而实现蒸发镀膜。若不考虑发射电子的初速度，被电场加速后的电子动能为 $\frac{1}{2}mv^2$，它应与初始位置时电子的电势能相等，即

$$\frac{1}{2}mv^2 = eU \tag{2-25}$$

式中，m 是电子质量；e 是电子电量；U 是加速电压。当 $U=10kV$ 时，电子速度可达 $6\times10^4 km/s$。这样高速运动的电子流在电磁场作用下，汇聚成束并轰击到蒸发材料表面，实现动能到热能的转变。电子束的功率 $W=neU=IU$，式中，n 为电子流量；I 为电子束的束流强度。

若 t 为束流作用的时间，则其产生的热量 Q 为

$$Q=0.24Wt \tag{2-26}$$

加速电压很高时，由上式所产生的热能足以使镀料气化蒸发，从而成为真空蒸发技术中的一种良好热源。

电子束蒸发源的优点如下。

① 电子束轰击热源的束流密度高，能获得的能量密度远大于电阻加热源。可在一个不太小的面积上达到 $10^4\sim10^9\,W/cm^2$ 的功率密度，因此可以用于高熔点（可高达 $3000\,℃$ 以上）材料蒸发，并且能有较高的蒸发速率。例如可蒸发 W、Mo、Ge、SiO_2、Al_2O_3 等。

② 镀料置于水冷铜坩埚内，可避免容器材料蒸发，以及容器材料与镀料之间发生反应的情况，这对提高镀膜的纯度具有重要意义。

③ 通过将热量直接传递到蒸发材料的表面，提高了热效率，减少了热传导和热辐射的损失。

电子束加热源的缺点是电子枪发出的一次电子和蒸发材料表面发出的二次电子会使蒸发分子或原子和残余气体分子电离，有时会影响膜层质量。为了解决该问题，可设计和选用不同结构的电子枪。在受到电子轰击时，多数化合物会发生部分分解，残余气体和蒸发材料也会部分地被电子电离，这都会影响薄膜的结构和性质。

2.2.2 电子束蒸发源

采用电子束轰击的真空蒸发技术，根据电子束的轨迹不同，可分为环型枪、直电子枪（皮尔斯枪）、e 型电子枪和空心阴极电子枪等。环型枪通过环形阴极束发射电子束，经聚焦和偏转后打在坩埚中，从而实现坩埚内材料的蒸发。其结构较简单，但是功率和效率都不高，多用于实验性研究工作，在生产中应用较少。

直枪是一种轴对称的直线加速电子枪，电子从阴极灯丝发射，聚焦成细束，经阳极加速后轰击在坩埚中使蒸发材料熔化和蒸发。直枪的功率为几百瓦到几千瓦。由于聚焦线圈和偏转线圈的应用，直枪的使用较为方便。它不仅能够获得可观的能量密度（$\geqslant100kW/cm^2$），而且易于调节控制。直枪的主要缺点是体积大、成本高，蒸发材料会导致枪体结构受到污染，并且存在灯丝逸出的 Na^+ 污染等问题。最近，通过在电子束的出口处设置偏转磁场，并在灯丝部位制成一套独立抽气系统，对直枪进行了改进，如图 2-8 所示。在避免灯丝对膜层污染的同时，还有利于延长电子枪的寿命。

e 型电子枪即 270° 偏转的电子枪，是目前使用较为广泛的电子束蒸发源。其结构如图 2-9 所示。热电子由灯丝发射后，被阳极加速。由于与电子束垂直的方向上设置有均匀磁场，电

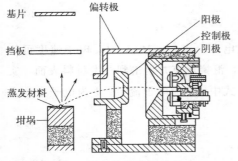

图 2-8　直枪蒸发源示意

子在正交电磁场作用下受洛伦兹力的作用偏转 270°，e 型枪因此得名。e 型枪克服了直枪的缺点，正离子的偏转方向与电子偏转方向相反，因此能够避免直枪中正离子对镀层的污染。

电子枪要能够正常发射电子束，一般需要高真空条件。当真空度太低时，电子束在运动过程中会与气体分子发生碰撞，使后者电离，将电子枪阴阳极之间的空隙击穿，使电子枪无法正常工作。

常用 e 型枪的电压为 10kV，束流 0.3～1A。电子束束斑的直径和位置可以通过调整阴阳极尺寸、相对位置和磁场的设置来改变。电子束偏转半径 r_m 由洛伦兹力的关系确定，即洛伦兹力 $f = evB$ 等于电子圆周运动所需的向心力。

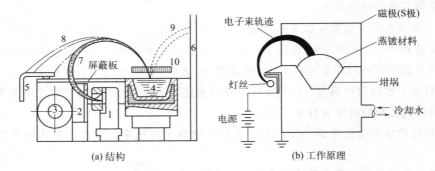

(a) 结构　　　　　　　　(b) 工作原理

图 2-9　e 型电子枪的结构和工作原理

1—发射体；2—阳极；3—电磁线圈；4—水冷坩埚；5—收集极；6—吸收极；
7—电子轨迹；8—正离子轨迹；9—散射电子轨迹；10—等离子体

$$evB = \frac{mv^2}{r_m} \tag{2-27}$$

$$r_m = \frac{mv}{eB} \tag{2-28}$$

式中，m 为电子质量；v 为电子速度；e 为电子电荷；B 为偏转磁场的磁感应强度。

根据 $\frac{1}{2}mv^2 = eU$，可得 $v = \sqrt{\frac{2eU}{m}}$，代入上式并代入 e、m 的值，得

$$r_m = 3.37 \times 10^{-6} \frac{\sqrt{U}}{B} \tag{2-29}$$

式中，U 为加速电压，V；B 为偏转磁场的磁感应强度，T。由公式可知调整 U 和 B 可以调整电子束斑点的位置，使电子束准确地聚焦在坩埚中心。在正式蒸发之前，一般要通过调整 U 和 B 使电子束扫遍蒸发材料表面，完成对蒸发材料的预熔除气。

e 型枪能够有效地抑制二次电子，通过改变磁场调节电子束的轰击位置也十分方便。再加上在结构上采用内藏式阴极，既能防止极间放电，又避免了灯丝污染。由于上述优点，目前 e 型枪已逐渐取代了直枪和环型枪。在制备光学膜用的高纯度氧化膜、等离子体平板显示

器（PDP）用的 MgO 膜、石英振子用的电极膜等方面，几乎都采用 e 型电子枪真空蒸发法。

2.2.3 特殊电子束蒸发

在热阴极电子束系统中，靠近蒸发物的位置上有一个环状热阴极。电子束沿径向聚焦到待蒸发材料上，图 2-10 为最简单的下垂液滴装置。丝或棒由待蒸发金属材料制成，置于阴极环的中心处，棒的尖端会熔化而蒸发，最终沉积在下方的基片上。由于尖端处的熔化金属是靠表面张力托住的，此方法只适用于高表面张力和在熔点处饱和蒸气压大于 0.13Pa 的金属。此外需控制电压避免温度升得太高而远远超过金属熔点。

另一类热阴极电子束系统由自加速电子枪构成。电子枪的阳极开有狭缝，通过狭缝，电子直接打向待蒸发材料，整个装置示意图如图 2-11 所示。电子束通过静电场和磁场聚焦，聚焦斑的直径为几毫米。远聚焦枪已成功应用于蒸发如 Nb 等难熔金属，所要求达到的温度为3000℃。虽然电子枪距离坩埚较远，但远聚焦电子枪的功率密度足够大，从而使电子能够打到待蒸发物上。在此装置中，电子束的路径为直线，基片或电子枪必须安置在偏离电子路径的一端。

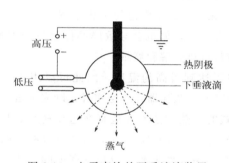

图 2-10　电子束枪的下垂液滴装置

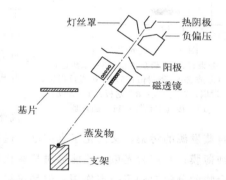

图 2-11　自加速电子枪（静电与磁聚焦）

要想在电子束蒸发中获得所要达到的蒸发率，不同蒸发物需要使用不同类型的坩埚。在电子束蒸发中广泛采用水冷坩埚，如蒸发难熔金属、钨以及高活性材料（如钛）。如果要避免大功率损耗或在某一功率下提高蒸发速率，可采用作为阻热器的坩埚嵌入件使熔池的温度分布更加均匀。坩埚嵌入件常用材料的选择由本身的热导率、与蒸发物的化学反应性以及对热冲击的阻抗能力等因素决定。Al_2O_3、石墨、TiN、BN 等陶瓷材料可用于制作坩埚嵌入件。

图 2-12 为一种用于超高真空（UHV）的分子束外延生长系统的电子枪，用该装置可消除分子束外延系统中由电子枪引起的大部分问题。在 2.7×10^{-7}Pa 的真空条件下，成功地将 W 和 Mo 蒸发到 GaAs 基片上，具体见 2.4.2 节。

电子束蒸发已被广泛应用于制备各种薄膜材料，如$MgFe_2$、 $GaTe_3$、 Nd_2O_3、 $Cd_{1-x}Zn_xS$、 Si、 $CuInSe_2$、InAs、$Co-Al_2O_3$ 金属陶瓷、$Ni-MgF_2$ 金属陶瓷、TiC、NbC、V、SnO_2、TiO_2、Be、Y 等，也可用于制备高温超导薄膜。

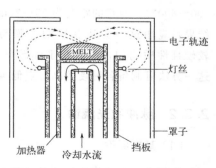

图 2-12　UHV 电子束蒸发用电子枪

2.3 激光蒸发

2.3.1 激光蒸发基本原理

激光蒸发（laser evaporation）一般是指用高功率密度脉冲激光对材料进行加热蒸发，从而形成薄膜的方法。图 2-13 给出激光蒸发装置简图。置于真空室外的 CO_2 激光器发出高能量的激光束，经 He-Ne 激光束准直，透过窗口进入真空室中，经棱镜或凹面镜聚焦，照射到镀料上，使之受热气化蒸发。聚焦后的激光束功率密度很高，可达 $10^6 \, W/cm^2$。

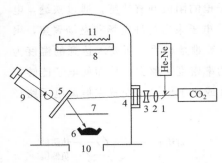

图 2-13　激光蒸发装置

1—分束镜；2—聚焦透镜；3—散焦透镜；
4—Ge 或 ZnSe 密封窗；5—带护板反射镜；
6—坩埚；7—挡板；8—基板；9—波纹管；
10—接真空系统；11—加热器

红宝石激光器、钕玻璃激光器及钇铝石榴石激光器产生的巨脉冲可以实现"闪蒸"的效果。在许多情况下，一个脉冲就可使膜层厚度达到几百纳米，沉积速率可达 $10^4 \sim 10^5 \, nm/s$。如此快速的沉积过程往往使薄膜具有极高的附着强度，但也会导致膜厚控制较为困难，并可能引起镀料过热分解和喷溅。

激光加热可达到极高的温度，因此可以用于任何高熔点材料的蒸发；激光器在真空室外，既完全避免了来自蒸发源的污染，又简化了真空室，这种非接触式的加热方法十分适宜在超高真空下制备高纯薄膜；利用激光束加热能够对某些化合物或合金进行"闪蒸"，对防止合金成分的分馏和化合物的分解起到了一定作用，但是仅靠提高激光器功率，增加激光束功率密度的方法，在这方面仍受到限制。

Mineta 等用 CO_2 激光器制备陶瓷涂层，可在 Mo 基片上沉积 Al_2O_3、Si_3N_4 和其它陶瓷材料。整个装置如图 2-14 所示。CO_2 激光束通过 ZnSe 透镜和 KCl 窗口导入真空室，聚焦到环形靶的四周上。将环形靶预加热到 $800℃$，基片预加热到 $300 \sim 600℃$，与靶的距离为 $25 \sim 75mm$。根据实验结果，应用这一方法获得的薄膜与基片结合好、较硬且性质均匀，组分几乎和源材料一致，因而这一方法可制备各种硬的高熔点低蒸气压材料。

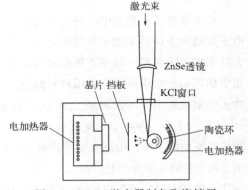

图 2-14　CO_2 激光器制备陶瓷镀层

2.3.2 脉冲激光烧蚀

（1）基本原理

近年来，为了与传统的激光蒸发相区别，将采用脉冲紫外激光源的薄膜沉积方法称为脉冲激光烧蚀（pulse laser ablation，PLA），也叫作脉冲激光沉积（pulse laser deposition，PLD）。通过将激光聚焦于靶表面，使表面聚焦处的材料达到高温、熔融状态，该表面蒸发、气化，气体状粒子（激发原子、激发分子、离子等）以柱状（plume）射出，称这种现象为烧蚀（ablation）。该柱状粒子群经扩散，并且在置于靶对面的基片表面附着、沉积，最终形成薄膜。激光蒸发的机理与激光波长和功率密度有关。若采用的激光在红外区及可见光区，光子能量小，只能引起晶格振动，此时以加热为主。这样，构成靶的元素由于热蒸发过程而逸出，若靶构成元素的饱和蒸气压不同，则会因为分馏现象导致膜层成分和靶成分的偏离，为此需要对靶的组成进行补偿。但如果采用紫外区的准分子激光，在高功率密度下进行照射，由于紫外光子的能量高，激光在起到加热作用的同时，还产生光化学作用。在极短的脉冲（约 10ns）作用下，只有靶的最表面处吸收了高功率密度的光能，光化学作用激发出的气体粒子，仅在靶表面微小区域逸出，该蒸发材料在靶对面的基片上沉积，获得的薄膜膜层成分偏离小、组织致密并且质量更高。通常激光的聚焦光斑大小约为 $5mm^2$，需要每脉冲 $1J/cm^2$ 以上的照射功率。功率密度在此以下时，则以热过程为主，得到的膜层会出现组成偏离。

　　脉冲激光烧蚀法采用准分子激光为激光光源。准分子激光器是在紫外区发射的高效率的典型气体激光器，能够发出与分子结合能相近的较大光子能量。实际中主要使用惰性气体与卤族构成的混合气体。例如，XeCl 准分子激光器就采用 Xe 气和由 He 稀释的 HCl（5%）及 H_2（1%）混合气体作媒质气体，以 Ne 气为缓冲气体。准分子状态的寿命短，光束的平行度不高，但与其它激光器相比，其受激发射的放大效率要大一个数量级以上，按单位时间换算，准分子激光器输出能量高得多。

　　脉冲激光烧蚀装置如图 2-15 所示，由光源、靶以及与靶对置的基片构成，其中光源为激光器和光学系统，靶为块体材料。靶和基片置于真空室之中，可通过调整真空室内气氛，控制基片温度，实现不同的成膜要求。为研究成膜机理，一般设备都附设质量分析器和发光光谱分析仪。为了进一步活化射入基片的蒸发粒子，有的设备还在基片附近导入激光。考虑到激光连续照射靶的

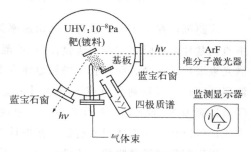

图 2-15　脉冲激光烧蚀装置

某一部分造成的靶损伤，多数情况采取激光扫描或使靶旋转的方法。还有的设备采用同一激光束依次照射多块靶，通过对照射时间的控制，实现对膜层成分、构成等的调控。激光的入射角通常设定为 30°～60°。

　　激光蒸发使用激光光源时，要求提高光束对靶的最表层局部位置的加热效率，从而减少靶材热传导造成的热损失。因此，脉冲宽度窄、功率密度高的激光效果更好。基片通常置于靶对面 3～10cm 的位置。蒸发粒子主要是沿垂直于靶表面方向射出，而与激光入射角无关。但在基片面内，随着与靶蒸发点正对位置间的距离变大，会出现膜层厚度减小，膜层成分偏离等现象。

　　采用脉冲激光烧蚀法，在不吸收激光的前提下，可以自由地选择真空室中的气氛，能够避免杂质的混入。从超高真空蒸发到低真空蒸发可以在同一装置中进行。当照射在靶表面的激光束功率密度足够高时，仅在照射部位表面附近的材料瞬时蒸发。由于饱和蒸气压不同的

多元素合金或化合物材料同时蒸发，类似于闪蒸，成膜时的成分偏离较小，因此在制备多元素化合物薄膜方面是十分有效的。而且，高功率密度、高光子能量激光蒸发的粒子中含有各种活性成分，有利于改善膜层质量。基于这些观点，近年来，这种方法越来越广泛地应用于制备各种金属、合金、介电体、铁电体、半导体、高温超导体等薄膜。

（2）应用

脉冲激光烧蚀法是制备高温超导氧化物薄膜的常用方法。自从 1986 年氧化物高温超导体被发现，人们就尝试制取薄膜的各种方法。脉冲激光烧蚀法可在较高的氧气压强下，沉积组成偏离小的高品质超导薄膜，有着其它方法所不具备的明显优势。Serbezov 等用氮激光器制备了 $YBa_2Cu_3O_{7-x}$ 薄膜，采用 CO_2 激光器加热基片，所沉积的薄膜在氧气氛围下用同一 CO_2 激光器退火，装置示意图见图 2-16。处于同一光学平面的光学支架和石英透镜组成了装置的蒸发部分，石英透镜 L_1 的作用为使 N_2 激光束能辐射到具有理想配比的 $YBa_2Cu_3O_{7-x}$ 靶上。平面不锈钢镜使 CO_2 激光束直接用于基片加热和退火，筒式 KCl 透镜 L_2 使 CO_2 激光束聚焦到膜面上从而实现局域退火。可通过调节 CO_2 激光器的功率来改变基片温度，功率大小由激光功率测量仪控制。

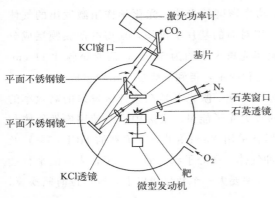

图 2-16　氮激光器制备 YBCO 薄膜

薄膜沉积在 1.3Pa 下进行，沉积速率为 0.1～0.2nm/s，退火后，薄膜置于 98kPa 的 O_2 下直到基片温度降至室温，薄膜在 $1cm^2$ 范围内有均匀的厚度和密度。通过圆筒式透镜使 CO_2 激光束聚焦到薄膜表面来获得局域超导平面结构。其优点为：①高质量的 YBCO 薄膜无需过渡层，可直接沉积到介电或 Si 基片上；②沉积过程在相对较低的加热和退火温度下进行；③蒸发源为 N_2 激光器，操作简单；④通过使用连续 CO_2 激光器进行局域退火代替传统加热方式，可以在不损伤薄膜的前提下获得具有超导性质的局域区域。

用于沉积超导薄膜的基片必须满足一定的要求，如在沉积温度下活性较低，具有尽可能低的介电常数。可用的基片包括 ZrO_2、MgO 和 $SrTiO_3$ 等，最好的薄膜是生长在单晶上的，特别是 $SrTiO_3$ 基片。对于导电应用，薄膜需沉积在金属基片或金属过渡层上。Russo 等使用多功能脉冲激光沉积室在金属基片上制备金属过渡层和 YBCO 薄膜。图 2-17 为装置示意图。真空室装有两个活门以迅速放置基片和靶。靶支架可同时放置四种不同材料的靶，并且可以旋转，使用旋转推拉装置可以方便地调节靶与基片距离。在不锈钢、Pt 和一些单晶基片（MgO 和 $SrTiO_3$）上沉积 Ag 和 Pt 过渡层。其中 XeCl 激光器：308nm，1J，1Hz；KrF 激光器：248nm，

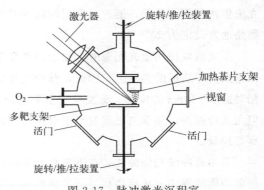

图 2-17　脉冲激光沉积室

650mJ，5Hz。辐射在靶上的能量密度分别为 3J/cm² （YBCO），1～3J/cm² （金属过渡层），脉冲持续时间 25～30s。

研究发现 Ag 过渡层能够改善不锈钢或 Pt 基片上超导膜的相变特性，在不锈钢基片上原位蒸发 Ag/YBCO 膜，超导转变温度可达 84K。还可推广到半导体器件。在 Si 基片上制备 YBCO 薄膜，由于退火时超导膜与 Si 基片之间发生化学反应或相互扩散导致元素重新分布，需要在 Si 基片上增加过渡层（扩散阻挡层）。

2.4 分子束外延

有些半导体薄膜需要进行外延生长，外延生长分为液相生长和气相生长。分子束外延是一种气相外延生长方式，和电子束蒸发、激光蒸发一样，分子束外延也可以看作一种特殊的蒸发技术。

2.4.1 外延生长概述

外延生长（epitaxy growth）是指在一个单晶的基片上，定向地生长出与基底晶态结构相同或类似的晶态薄层。在外延生长过程中，一般要求能控制结晶的生长取向和杂质的含量，制作具有特殊物理性质的半导体晶态薄膜。在硅集成电路的集成掺杂技术中，与扩散方法相比，它不需要很长的扩散时间，还能产生均匀的掺杂层。在 GaAs 等化合物半导体材料的集成电路和集成光学技术中，它更是产生特殊的包括异质结、超晶格、量子阱等在内的纳米厚度多层结构的重要手段。

根据外延生长物质的来源，外延分气相外延与液相外延两种。在微电子与光电子技术中，以气相外延为主。又可根据气相外延过程的性质，把气相外延分为以物理过程为主的物理气相外延（典型例子是分子束外延）和基于化学反应过程的化学气相外延（典型例子是金属有机化合物气相外延生长）。

根据外延生长层与基片的物质成分，外延生长层可以分为同质生长层和异质生长层。根据外延生长层与基片物质的结晶形态，可将生长分为共度生长和不共度生长形式。图 2-18 为几种不同生长层结构形式的生长层晶格的状况。其中图 2-18（a）为共度生长的情况，生长层的晶格结构与基片完全相同；图 2-18（b）和图 2-18（c）为不共度生长的情况。在图 2-18（b）中，晶格失配产生了缺陷和应力，或者说以应力补偿了失配。图 2-18（c）为赝晶生长（pseudo-morphic）形式。

① 同质和异质外延　沉积并外延生长的原子与基片的原子是同一化学元素时，称为同质外延（homoepitaxy）；与此相反的是异质外延（heteroepitaxy）。

② 共度生长　基片与生长层的晶格类型相同且晶格常数相等（匹配）时，称为共度生长。同质外延都是共度生长。

③ 不共度生长　不共度生长的含义是基片与生长层的晶格常数略有不同（称为失配）。异质外延的不共度生长的程度，通常用失配度 m 来表示：

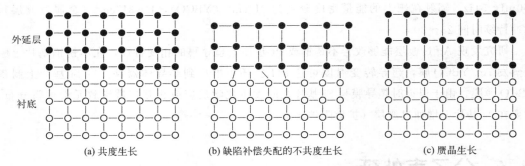

(a) 共度生长　　　　　　(b) 缺陷补偿失配的不共度生长　　　　　(c) 赝晶生长

图 2-18　几种不同生长层结构形式的生长层晶格的状况

$$m = \frac{a_1 - a_2}{a_2} \tag{2-30}$$

式中，a_1、a_2 分别为外延层物质与基片物质的晶格常数。同质或共度生长时失配度 $m = 0$，显然 m 越小越好。失配度越小，越容易实现高质量的外延生长。不过目前能够做到在有较大失配度时仍然可能实现高质量的外延生长。

在不共度生长时，较厚的异质外延层会产生晶格缺陷，以缺陷来补偿晶格的失配。所以外延层里的缺陷难以避免，其中包括点缺陷、位错和层错。若基片与外延薄膜之间的结合能较大，理论分析可以得出，当失配度达到约 2% 时，外延薄膜界面处的畸变区厚度大约是零点几纳米；而失配度达到 4% 时，畸变区厚度即达到几十纳米；而当失配度达到 12% 时，晶格畸变已经补偿不了失配，只有靠生成棱位错来调节。

④ 赝晶生长　当晶格常数略有不同（失配）时，对于较薄的异质外延层，外延层与基片之间产生的是应力而不是缺陷，这种情况称为赝晶生长。赝晶生长层的最大厚度，取决于失配量和生长层的力学性质，在百分之几的失配度之下，最大（临界）厚度约为几十纳米。

2.4.2　分子束外延生长

分子束外延（molecular beam epitaxy，MBE）是在真空蒸发的基础上发展起来的，这是利用分子射束在单晶基片上生长单晶层的一种纯物理的外延方法。它是在超高真空下的气相低温生长过程，是随着超高真空、表面分析和其它薄膜制备微细加工技术的发展而逐渐成熟的一种新工艺。

分子束外延的特点如下。

① 以真空蒸发为气相沉积物质的来源，即通过真空蒸发及辅助机构形成分子（原子）束，投射到外延的基片上。

② 外延生长的空间具有极高的真空度（约 1.33×10^{-8} Pa）。在这样的真空度之下，不仅蒸发的原子与分子作直线运动，而且真空室里剩余气体的原子、分子要黏附到基片表面，形成一个单分子吸附层需要非常长的时间（$10^4 \sim 10^5$ s）。这就保证了生长薄膜的极端洁净和纯净。

③ 对基片的温度和气源蒸发速度等主要工艺因素具有独立、精确的控制机构。

④ 具有原位（in-situ）微观观察、测试和分析手段，可以监控生长的情况。

⑤ 晶体的生长速度可以控制到非常低的速率（0.1～1nm/s），因而能控制生长薄膜的厚度到原子层级的精度。

⑥ 基片的生长温度较低（GaAs：450～800℃；Si：400～900℃），原子的热扩散小，能防止薄膜组分的偏移，从而获得十分陡的掺杂分布和原子级平整的外延层表面和界面。

⑦ 外延生长的蒸发源与基片在空间上是分开的，生长过程中可通过控制快门的开关来任意改变外延层的组分、掺杂，能够依据需求得到组分渐变和掺杂浓度渐变的材料。

上述特点保证了 MBE 是现代微电子和光电子的异质结、超晶格和量子阱等结构和器件的重要制备手段。它的缺点是设备复杂，价格昂贵，不适于生长含有高蒸气压元素（如 P）的化合物单晶。

2.4.2.1 分子束外延生长基础

分子束外延技术是从两个方法演化而来。首先是 Günther 在 1958 年为解决Ⅲ-Ⅴ族化合物按化学配比沉积而发展的"三温度法"，并成功地在玻璃基片上生长出 InAs 和 InSb 膜。这个方法的基本思想是考虑到Ⅲ族元素（Ga、Al、In 等）与Ⅴ族元素（As、P 等）生成化合物时所需的蒸气压有数量级的差别，因而将Ⅲ族及Ⅴ族材料分别置于不同的温度 $T_Ⅲ$ 与 $T_Ⅴ$，将所产生的束流引到具有一定温度 T_s 的基片上，通常，$T_Ⅲ > T_s > T_Ⅴ$，由此称为"三温度法"。精心选择温度 T_s，使未起反应的过剩Ⅴ族元素从基片表面再蒸发，以达到按化学配比生成化合物的目的。这一概念也是分子束外延的关键。利用 Günther 的方法，Davy 和 Pankey 在较好的真空条件下，在清洁的单晶基片上，外延生长 GaAs 单晶薄膜获得成功，他们的研究构成了分子束外延的雏形。

其次是 20 世纪 60 年代中期，Arther 等系统研究了 Ga 与 As 分子束在 GaAs 基片上的表面反应动力学。实验结果奠定了分子束外延技术的基础。以在 GaAs（001）面上生长 GaAs 为例。在表面不存在原子态的 Ga 时，As 的吸附系数为 0；当表面有原子态的 Ga 时，As 的吸附系数为 1，As 与 Ga 结合成 GaAs 分子。如图 2-19 所示，作为 As 源的 As 分子束，其主要成分是 As_2。As_2 分子沉积在 GaAs 表面时，GaAs 基片对它的吸附很弱，As_2 能够比较任意地在表面移动。当运动中遇到活性的 Ga 原子时，便分解成为 As 原子并形成 Ga-As 键，进行晶体生长。当表面上已有较多的 Ga 原子时，As_2 的吸附率很高，接近 100%。超过吸附时间（约 10^{-6}s）而仍未能与 Ga 成键结合的 As_2 可能解吸（脱附）而逸出，在 330℃ 以上可能形成 As_4 分子而逸出。因此只要有足够的 As_2 束流入射到基片上，就可以获得符合化学配比的 GaAs 外延材料，而其生长速度完全由 Ga 的入射束流所决定，通常可以控制在 0.01～0.1nm/s 范围内。利用快门来切换到达基片的分子束组成，可以随意改变外延生长材料的种类和掺杂类型。

制备半导体外延层的掺杂方法，一般是在外延工序的同时输送掺杂物质的蒸气到基片附近。在 Si 的掺杂时，由于外延层的生长速度比较低，希望使用饱和蒸气压较低的掺杂物质，而高蒸气压的物质的掺杂量很难控制。P 型掺杂剂一般使用 Ga，N 型掺杂剂一般使用 Sb。Ⅲ-Ⅴ族半导体的掺杂剂则选择余地较大，外延层的掺杂还可以用离子束代替分子束来完成，例如使用 Zn^+ 进行 GaAs 的 P 型掺杂。

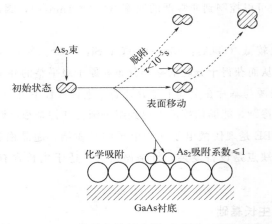

图 2-19 GaAs 分子束外延生长（MBE）过程的原理

2.4.2.2 分子束外延生长设备

图 2-20 为一个典型的分子束外延生长装置原理图。MBE 设备包含外延真空室、分子束源、基片支架和送片机构、超高真空系统、净化用离子枪，以及俄歇电子能谱仪、四极场质谱仪、电子衍射能谱仪以及微观与表面分析监控仪器等多种分析仪器。外延真空室里还有作超高真空计量的 BA 电离真空计，以及显示电子衍射图样的荧光屏和观察窗。整个系统是不锈钢的动态真空系统，可以烘烤加热。

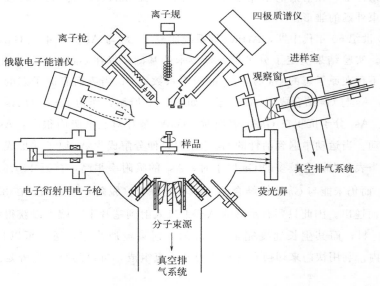

图 2-20 分子束外延生长装置原理

（1）真空条件和真空室

分子束外延生长装置普遍使用无油的超高真空系统，其真空度达到 $10^{-9} \sim 10^{-8}$ Pa，通常使用全金属的不锈钢系统。超高真空系统使用无油的吸附泵作前级低真空泵，采用无油的离子泵、升华泵及低温冷凝泵抽气获得洁净的超高真空。使用分子筛、活化 Al_2O_3 等吸附及吸收材料，以滤除不易抽气的低熔点高蒸气压成分（包括水蒸气）。真空系统需要经过 150～250℃高温烘烤，以去除在真空容器器壁和零件内吸收和吸附的气体和蒸气。工作时真空室的容器壁还需要冷却以防止污染。真空系统具有组合多室结构，其中的预备真空室用作蒸发沉积、样品除气等用途，有换基片的真空锁和送样品（装片和卸片）机构，可以在不破坏生长室真空的条件下进行样品更换。

（2）分子束源

分子束源（knudsen cell）由喷射炉、挡板和液氮冷凝套构成。喷射炉中放置蒸发物质源的坩埚由热解 BN 或石英制成，具有开口直径远远小于分子运动平均自由程的喷口。加热坩埚的部件用 Ta、Mo 等难熔金属做成。每个喷射炉喷口的上方分别装有一个挡板，用于快速地打开和切断分子束流，从而精确地控制外延层的组分、掺杂和厚度以及防止各个分子束源之间的交叉污染。整个喷射炉除喷口外都被包在一个液氮屏蔽罩内，其作用是冷凝受热部件放出的大量气体和从喷口射向其它方向的散射蒸气分子，从而有效地改善基片和喷射炉附近的环境真空度。

（3）基片支架

基片的支架除了提供支持基片的作用外，主要功能有：①加热，基片支架通常具有加热和温度控制的功能，使沉积的原子能够有效地迁移运动，形成需要的晶体结构生长层。②旋转，基片支架还可以使基片旋转，使原子的沉积和形成的生长层更加均匀。

（4）监控与分析仪器

现代的分子束外延装置通常具有非常复杂而完善的分析和监控仪器，在生长过程中实时地分析、测试生长层及生长室物质的化学元素成分和结晶状态，并对生长过程实施相当紧密的控制。常用的分析监控仪器如下。

① 离子枪　离子枪由离子源和离子光学聚焦-偏转装置组成，用来产生一定离子能量的聚焦离子束。通过离子束轰击样品，其离子溅射作用使表面清洗或进行逐层原子剥离。

② 四极质谱仪　四极质谱仪（quadrupole mass analyzer，QMA）是一种利用离子在交变电场中运动稳定性而工作的质谱分析仪器。QMA 常用于 MBE 装置中，通过其附设的电离室使剩余气体电离，并作质谱（实际上是离子的质荷比谱）分析，对分子束及生长室内残留气体作化学元素成分分析。

③ 电子衍射仪　在分子束外延中反射高能电子衍射（reflection high-energy electron diffraction，RHEED）作为原位监测手段是其它结构分析手段所无法代替的。原因是反射高能电子衍射仪中的电子束以 1°～3°的掠射角入射到样品表面，这种与分子束方向相垂直的布局，实现了外延生长过程的原位监测。在分子束外延中 RHEED 的能量为 5～40keV，对应的电子德布罗意波长为 0.017～0.006nm，电子束穿透到表面内仅几个原子层。

利用 RHEED 可直观地获得外延生长的许多信息，如可观察在外延生长前，脱去基片表面氧化膜的全过程，由此判断基片进入生长室前的清洗状况。根据生长前和生长过程中的 RHEED 图像可以知道表面及生长状态的优劣，以判断和决定外延生长是否需要继续。

④ 表面元素成分的分析仪器　通常使用俄歇电子能谱仪（Auger electron spectrometer，AES）、二次离子质谱仪（secondary ion mass spectrometer，SIMS）和光电子谱仪来对外延生长室内固体样品生长层的表面进行化学元素成分分析。其中光电子谱仪包括 X 射线光电子谱仪（X-ray photoemission spectrometer，XPS）和紫外光电子能谱仪（ultraviolet photoemission spectrometer，UPS）。

⑤ 薄膜生长情况的检测与分析仪器　在使用 MBE 生长方法研制各种超晶格、量子阱等微细结构时，可以通过不同层、不同化学元素的特征俄歇电子能量信号或者二次离子谱的特征能量信号在深度方向的变化情况，来分析超晶格、量子阱的实际结构。

思考题

1. 什么是分子平均自由程？

2. 为什么镀膜需要真空环境？

3. 什么是饱和蒸气压？根据克劳修斯-克拉佩龙方程 $\dfrac{\mathrm{d}p}{\mathrm{d}T}=\dfrac{\Delta H_\mathrm{v}}{T(V_\mathrm{g}-V_1)}$，式中，$p$ 为饱和蒸气压，T 为热力学温度，ΔH_v 为摩尔汽化热，V_g 和 V_1 分别为气相与液相的摩尔体积，推导经验公式 $\lg p=A-\dfrac{B}{T}$，式中 A、B 为常数。

4. 什么是合金蒸发的分馏现象？有哪些方法可以用来制备合金薄膜？

5. 简述闪蒸的原理。

6. 推导点源与面源情况下的薄膜相对厚度分布公式。

7. 蒸发镀膜中，有哪些措施可以提高薄膜的厚度均匀性？

8. 电阻蒸发源有哪些形式？电阻蒸发源的选择有什么要求？有哪些合适的材料？

9. 简述电子束蒸发的原理，画出简单的装置示意图。

10. 电子束蒸发装置中，e 型电子枪的电子偏转半径如何进行调节？

11. 简述脉冲激光烧蚀的原理，画出简单的装置示意图。

12. 化合物蒸发常引起薄膜组分与源材料的偏离，试分析脉冲激光烧蚀可制备组分不偏离的 YBaCuO 超导薄膜的原因。

13. 什么是外延？衬底与生长层材料的晶格常数的差异会引起薄膜结构的哪些改变？

14. 简述分子束外延生长 GaAs 薄膜的生长机制。

15. 画出一个典型的分子束外延生长装置示意图，和一般的真空蒸发镀膜设备相比，它有什么特别之处？

16. 分子束外延是如何对薄膜逐层生长情况及生长层的平坦度进行监控的？

第 3 章

溅射镀膜

溅射镀膜指的是在真空室中利用荷能粒子轰击靶表面，使被轰击出的粒子在基片上沉积的技术，实际上是利用溅射现象达到制取各种薄膜的目的。在某一温度下，如果固体或液体受到适当的高能粒子（通常为离子）的轰击，则固体或液体中的原子通过碰撞有可能获得足够的能量从表面逃逸，这一将原子从表面发射出去的方式称为溅射。溅射现象有各种应用：①溅射离子泵；②表面分析中的表面层剥离、深度分析；③二次离子谱 SIMS；④辉光放电光谱（glow discharge optical emission spectroscopy，GDOES）；⑤镀膜。

1852 年 Grove 在研究辉光放电时首次发现溅射现象。1877 年开始将溅射用于薄膜的制备（制镜），但此后溅射工艺并未得到重视，直到 20 世纪中期随着半导体和集成电路的兴起，溅射镀膜才逐步发展起来，凭借其优良的薄膜性能取代了原来的电子束蒸发镀膜。近年来，随着对溅射机理的深入研究及溅射工艺、设备的改进突破，特别是磁控溅射技术极大地提高溅射速率和薄膜质量，溅射镀膜已成为真空镀膜的主流技术。

溅射装置种类繁多，根据电极不同可分为直流二极溅射、直流三极溅射、直流四极溅射、磁控溅射、射频溅射等。直流溅射系统一般只能用于靶材为导体的溅射，而射频溅射则可以用于绝缘体、导体、半导体等任何一类靶材的溅射。磁控溅射通过施加磁场使电子的运动方向发生改变，束缚和延长电子的运动轨迹，从而提高电子对工作气体的电离效率和溅射沉积速率，磁控溅射的两大特点是沉积温度低、沉积速率高。

一般通过溅射方法所获得的薄膜材料与靶材属于同一物质。如在溅射镀膜时，引入的某一种气体与溅射出来的靶原子发生化学反应而形成新物质，这种工艺称为反应溅射。如在 O_2 中溅射反应获得氧化物，在 N_2 或 NH_3 中溅射反应获得氮化物，在 C_2H_2 或 CH_4 中溅射反应获得碳化物等。偏压溅射是在成膜的基片上施加负电压，在离子轰击膜层的同时完成镀膜，从而提高膜层致密性，改善膜的性能；在射频电压作用下，由于电子和离子运动特征不同，靶表面感应出负的直流偏压，从而完成溅射，实现对绝缘体的溅射镀膜，称为射频溅射；在中频溅射中，溅射电压频率范围为 $10 \sim 80 \text{kHz}$，两个孪生靶周期性轮流作为阴极与阳极，能够抑制打火现象，解决阳极消失问题，结合了反应溅射与射频溅射的优点，是工业化大规模生产的重要镀膜工艺。

此外，一些新的溅射技术也得到了重视和发展。例如自溅射，可用于在更高的真空范围内提高溅射沉积速率，不再借助导入的氩气，而是通过部分被溅射原子（如 Cu）自身变成离子来对靶进行溅射镀膜；又如离子束溅射是在高真空下，利用离子源发出的离子束对靶进行溅射，无须用气体放电的方式产生离子，离子的产生、溅射、成膜可分别独立控制，特别是成膜环境的真空度很高。这些方法有利于制备各种高纯薄膜，从而提高薄膜器件的质量。

这些溅射工艺中，磁控溅射凭借可以在低温、低损伤的条件下实现高速沉积的优势，目前已成为工业化生产的主要方式；想要制取各种各样的薄膜，还可以将磁控溅射与射频溅射、反应溅射组合使用。

相较于真空蒸发镀膜，溅射镀膜有如下优势：①膜层和基片的附着力强；②制取高熔点物质的薄膜更加容易；③能够在大面积连续基片上制取均匀的膜层；④便于控制膜的成分，从而制取各种不同成分和配比的合金膜；⑤可以进行反应溅射、制取多种化合物膜，能够方便地镀制多层膜；⑥更适用于工业化生产，易于实现连续化、自动化操作等。

3.1 溅射原理和特性

用带有高于几十电子伏动能的粒子或粒子束照射固体表面，靠近固体表面的原子在获得入射粒子所带能量的一部分后向真空中放出，这种现象称为溅射。因为离子具有易于在电磁场中加速或偏转的特性，所以一般选用离子作为荷能粒子，这种溅射称为离子溅射。这些放出原子的动能大部分在20eV以下，而且大都为电中性的，少部分（<10%）以离子（二次离子）的形式放出。

3.1.1 溅射原理

溅射并不是一种热蒸发过程，这是由于：①溅射过程中没有热电子发射，只有次级电子发射；②随着靶温度的升高，溅射率反而降低；③溅射粒子的能量（约$1\sim10eV$）高于蒸发粒子能量；④溅射出射粒子的角分布与蒸发过程不同。

溅射本质上是入射粒子（通常为离子）与靶原子间的动量传递过程。实验结果表明：①溅射出来的粒子角分布由入射粒子的方向决定；②从单晶靶溅射出来的粒子显示择优取向；③溅射率（溅射产额，平均每个入射粒子能从靶中打出的原子数）既取决于入射粒子的能量，还与入射粒子的质量有关；④与热蒸发相比，溅射出粒子的平均速率要高得多。显然，溅射过程为动量传递过程的假设可以合理解释现象①、③、④。对于单晶靶的择优溅射取向可以从级联碰撞的角度理解，即入射的荷能离子通常穿入数倍于靶原子半径距离时会逐渐失去其动量。在特殊方向上，原子的连续碰撞将导致一些特殊的溅射方向（通常沿密排方向），从而出现择优溅射取向。溅射过程也是入射粒子通过与靶碰撞，进行一系列能量交换过程，而入射粒子95%的能量用于激励靶中的晶格热振动，传递给溅射原子的能量只有5%左右。

溅射产生的过程分析如下：入射离子在进入样品的过程中与样品原子发生弹性碰撞，将一部分动能传给样品原子，当后者的动能超过由其周围存在的其它样品原子所形成的势垒（对于金属是$5\sim10eV$）时，这类原子会从晶格点阵被碰出，产生离位原子，并进一步和附近的样品原子依次反复碰撞，碰撞级联由此产生。当这种碰撞级联到达样品表面时，如果靠近样品表面的原子的动能远远大于表面结合能（对于金属是 1～6eV），这些样品原子就会从样品表面逸出并进入真空中。

入射粒子斜入射时发生单次碰撞（简单碰撞），入射粒子垂直入射时发生多次碰撞（级联碰撞），而当入射粒子动能超过 100eV 时，一些粒子就开始嵌入晶格。1kV 的 Ar^+ 在 Cu 中的穿透深度约为 1nm。溅射碰撞示意图见图 3-1。

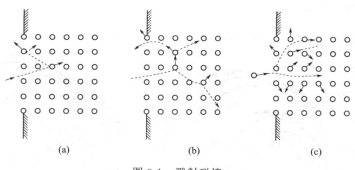

图 3-1　溅射碰撞
(a) 简单碰撞；(b) 线性级联碰撞；(c) 枝蔓型级联碰撞

3.1.2　溅射产额

溅射产额 Y 表示入射离子轰击靶时，平均每个正离子能从靶阴极中打出的原子数。

$$Y = \frac{N}{N_i} \tag{3-1}$$

式中，N 为溅射出的原子数；N_i 为入射离子数。溅射产额是离子溅射最重要的参数，在溅射用于表面分析、制取薄膜和表面微细加工等方面，这一参数都有十分重要的意义。

溅射阈值是指将靶原子溅射出来所需的入射离子最小能量值。当入射离子能量低于溅射阈值时，不会发生溅射。溅射阈值和入射离子的质量无明显的依赖关系，但与靶有很大关系。溅射阈值随靶原子序数增加而减少。用 Ne、Kr、Xe、Ar 垂直入射，最小动能是材料升华热的 4 倍。一般气体离子-金属配对的溅射阈值为 5～40eV，如 Ar^+-Al 为 13eV、Ar^+-W 为 30eV。

图 3-2 给出了溅射产额与入射离子能量的关系。溅射产额有以下特点。

① 溅射产额受入射离子的种类、能量、角度以及靶的种类、结构影响。溅射产额依赖于入射离子的质量。溅射产额随质量增大而提高。

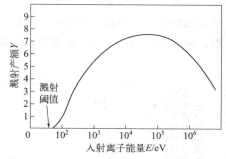

图 3-2　溅射产额与入射离子能量关系

② 入射离子能量高于溅射阈值时，随着入射离子能量的增加，在 150eV 前，溅射产额与入射离子能量的平方成正比；在 150～10^3eV 范围内，溅射产额与入射电子能量成正比；在 10^3～10^4eV 范围内，溅射产额随入射离子能量增加而缓慢增长；10^4～10^5eV 范围内变化很小；此后入射能量再增加，溅射产额反而下降。

③ 入射离子与靶法线方向夹角（入射角）增加时，溅射产额也随之增加。在 0°～60°范围内，溅射产额与入射角 θ 服从 $1/\cos\theta$ 规律；当入射角为 60°～80°时，溅射产额最大，入射角再增加时，溅射产额急剧下降；当入射角为 90°，溅射产额为 0。

④ 溅射产额随靶的原子序数增加而增大。元素相同结构不同的靶溅射产额不同。

图 3-3 是利用半经验公式计算所得结果和实验结果的对比。可以明显看出，在相当宽的能量范围内，计算和实验结果相符合。

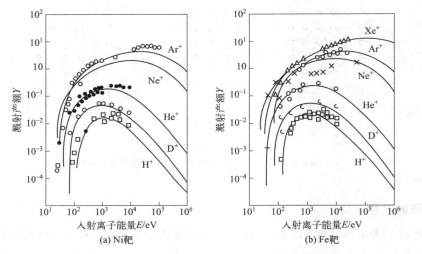

图 3-3　Ni、Fe 靶溅射产额和入射离子能量关系

3.1.3　溅射特性

（1）靶原子溅射产额的周期性

图 3-4 为相对于 400eV 的几种入射离子，各种物质溅射产额随原子序数变化的关系。可以观察到一个很有意义的现象，溅射产额随靶的原子序数变化表现出某种周期性，当靶的原子 d 壳层电子填满程度增加时，溅射产额也随之增大，即 Cu、Ag、Au 等溅射产额最高，Ti、Zr、Nb、Mo、Hf、Ta、W 等溅射产额最小。

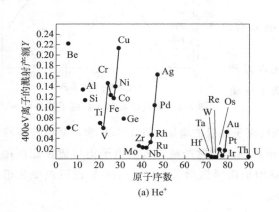

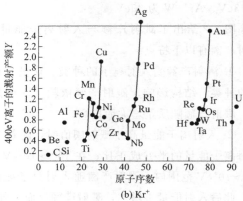

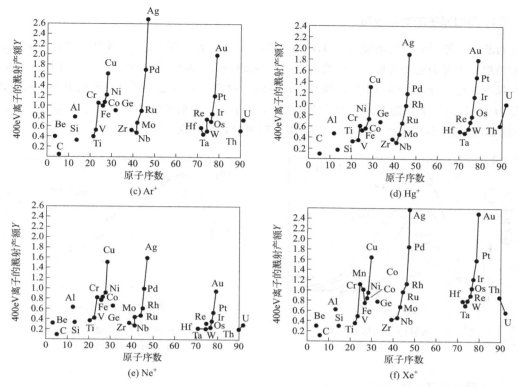

图 3-4　入射离子不同时，溅射产额与靶材原子序数的关系

（2）晶格结构的影响

单晶的溅射产额和溅射粒子的角分布和能量分布都与离子入射方向有关。一般来说，当入射方向与低的晶体学指数（或面）平行时，溅射产额小于相应的多晶材料，当入射方向沿着高的晶体学指数方向时，溅射产额会大于相应的多晶材料。这种溅射产额随入射方向不同而改变的依赖关系还与入射能量的大小有关。

对不同取向的单晶进行溅射，溅射原子的分布会呈现不同的点图（spot patterns），如图 3-5 所示。用 Ar^+、Kr^+、Hg^+ 等离子垂直入射 Cu（100）面，测出的溅射原子的相对强度分布如图 3-6 所示，溅射原子数量在原子密排方向如（011）、（001）等较多。

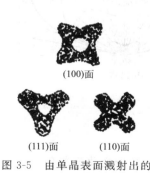

图 3-5　由单晶表面溅射出的原子形成的点图

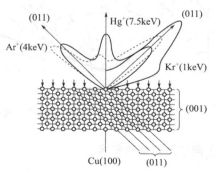

图 3-6　由铜单晶（100）面出射的溅射原子的相对强度分布

（3）溅射原子的能量分布

与热蒸发原子具有的动能（300K，约0.04eV；1500K，约0.2eV）相比，经离子轰击产生的溅射原子其动能要大得多，一般为10eV，大约是热蒸发原子动能的100倍。图3-7为Cu溅射原子的能量分布，图中不同曲线对应着不同入射离子的能量。可以看出溅射原子的平均动能为1～10eV，并且随着入射离子能量提高，溅射原子中能量较高原子的比例增加。图3-8为900eV的Ar^+分别垂直入射Al、Cu、Ni、Ti靶时，溅射原子的能量分布。

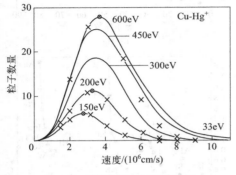

图3-7 溅射原子的能量分布

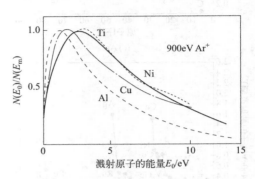

图3-8 900eV的Ar^+垂直入射时
溅射原子的能量分布

（4）溅射原子的角分布

影响溅射原子角分布的因素除了靶和入射离子的种类外，还有入射角、入射能量和靶的温度。前面指出对于单晶靶，溅射原子的空间分布还取决于单晶体的晶体学取向。

离子溅射用于镀膜时，入射能量较低。图3-9为Wehner等测得的溅射原子角分布的结果。在垂直入射的情况下，随着入射离子的能量变低，溅射原子的角分布也由余弦关系变为低于余弦的关系。

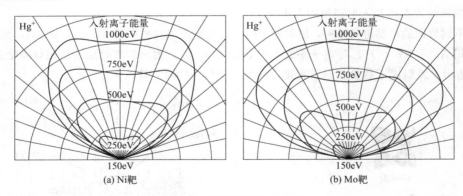

图3-9 溅射原子的角分布

（5）离子入射角的影响

在靶和入射离子相同的情况下，溅射产额也随着离子入射角的变化而变化。一般来说，斜入射的溅射产额大于垂直入射。图3-10给出了实验结果和分析的理论曲线。根据实验结果，在 $0°\sim60°$ 范围内，溅射产额单调增加；当入射角为 $60°\sim80°$ 时，溅射产额达到最大值，此后入射角再增加，则引起溅射产额急剧下降；当入射角为 $90°$，溅射产额降低至 0。

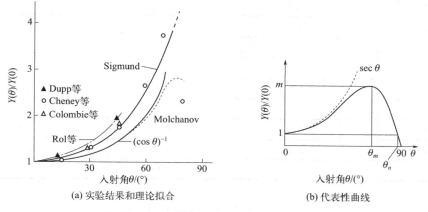

(a) 实验结果和理论拟合　　　　　(b) 代表性曲线

图 3-10　溅射产额与入射角的关系

关于溅射产额在入射角大时急剧减少这一现象有两种解释。一种认为，入射角大时引起溅射的碰撞级联集中在离表面极近的表层范围内，并且该范围内碰撞级联由于入射粒子的背散射无法充分扩大，低能碰撞反冲原子的生成效率急剧降低，导致溅射产额急剧下降。另一种解释认为按入射角度几乎平行于样品表面的情况考虑，入射离子中的大部分从表面反射的机制和平面沟道相同，直接参与溅射的粒子比例降低，从而引起溅射产额的急剧下降。

当离子的入射角不太大时，可以忽略入射角对溅射产额的影响。Sigmund 求出辐照损伤的分布，计算了入射角 θ 的影响，得到

$$\frac{Y(\theta)}{Y(0)} = (\cos\theta)^{-f} \tag{3-2}$$

式中，f 为系数，$1<f<2$；$Y(\theta)$ 为入射角为 θ 时的溅射产额；$Y(0)$ 为垂直入射时的溅射产额。

轻离子溅射主要产生于进入表面之下的背散射离子产生的碰撞级联，而重离子溅射是由进入固体内部的离子直接产生的碰撞级联造成的。这种差别在低能溅射时需要特别关注。

3.1.4　合金与化合物的溅射

合金与化合物的溅射，和其各种构成原子组成的单原子固体溅射相比有很多不同。首先，单原子固体变为多原子固体后，同一构成原子的溅射产额总会发生明显改变。在结合状态发生显著变化的氧化物等中可明显地观察到这一现象，如表 3-1 所示。其次，在多原子固体的溅射中，由于构成固体的元素彼此之间有不同的溅射产额，被溅射之后固体表面组分和溅射前的组分相比有所改变，即出现了选择溅射现象。

金属原子形成氧化物之后，伴随其结合状态的变化，溅射产额也出现明显的变化。表 3-2 中第一列为可观察到选择溅射的氧化物，氧优先溅射；第二列为观察不到选择溅射的氧化物，应注意在具有选择溅射的氧化物中，除 NiO、PbO、TiO_2 外蒸气压都很高。

表 3-1　金属及其氧化物的溅射产额

金属	金属溅射产额	氧化物	氧化物溅射产额
Al	3.2	Al_2O_3	1.5
Mg	8.1	MgO	1.8
Si	2.1	SiO_2	3.6
Sn	6.5	SnO_2	15.3
Ta	1.6	Ta_2O_5	2.5
Ti	2.1	TiO_2	1.6
W	2.6	WO_3	9.2
Zr	2.3	ZrO_2	2.8
V	2.3	V_2O_5	12.7

表 3-2　按择优溅射分类的氧化物溅射特性

择优溅射氧化物	非择优溅射氧化物
TiO_2	ZrO_2，HfO_2
NiO，CuO	MnO，FeO，CoO
CdO	ZnO
Fe_2O_3，Fe_3O_4，Co_3O_4	Ti_2O_3，V_2O_3，Cr_2O_3
WO_2	MoO_2
PbO，PbO_2	SnO，SnO_2

对合金靶进行溅射，能得到和靶的化学成分基本上一致的薄膜，这种现象无法用热蒸发解释，却能用碰撞溅射、动量传递机制在理论上加以解释。溅射开始后，在入射离子的轰击下，表面化学成分发生改变，发生变化的区域称为变化区或蚀变区。溅射产额高的组分优先被溅射出去，这样表层中溅射产额低的组分含量比例增加，由于溅射机制和局部加热作用，深层原子在浓度差的势能促使下向表层扩散、迁移，直到达到一个新的稳定浓度分布为止。表面层达到稳定浓度后，所得溅射膜层的组分比例与稳定浓度表面层的组分比例以及溅射产额之比成正比，接近于靶材原有的整体组分。随着溅射的继续进行，表层不断被剥离，表层的组分过渡层不断向靶深处迁移，从而维持溅射组分的相对稳定状态。

以 80Ni-20Cr 合金为例，溅射产额 $Y_{Ni}=1.5$，$Y_{Cr}=1.3$，用 600eV 的 Ar^+ 轰击，4s 内观察到表面组分由 80%Ni、20%Cr 变为 78%Ni、22%Cr，达到平衡后制得的合金膜的成分与靶原成分基本一致。关于变化层的厚度，比较一致的说法是：金属、合金的变化层厚度估计为几个纳米，而氧化物要深一些，约 100nm。

3.2　直流溅射

直流溅射主要包括二极溅射、三极溅射和四极溅射。在二极溅射中，阴极靶上接负高压作为阴极，基片接地作为阳极，在合适的真空度下两极之间产生辉光放电，形成等离子体区域，正离子加速对阴极进行轰击，被溅射出的靶材料沉积在基片表面，形成薄膜。二极溅射装置结构简单、控制方便，但大量二次电子直接轰击基片会导致基片温度过高。三极溅射在二极溅射的基础上增加了热阴极，用于发射热电子。在电场的作用下，热电子通过靶与基片之间的等离子体区域加强放电，提高了溅射效率。在三极溅射的基础上增加一个辅助阳极就构成了四极溅射。辅助阳极将电子聚集在阴极和阳极之间，形成低压、大电流的等离子体弧柱，同时还能起到稳定放电的作用。

3.2.1 二极溅射

图 3-11 为典型的平面型二极溅射装置示意，在阴极（靶）与邻近的阳极（基片）之间有低压强的反常辉光放电。在离子轰击下，由阴极发射出来的电子被加速而进入阴极暗区，阴极暗区上加有全部极间电压，电子被加速到相应的电位后进入负辉区，称为一次电子。电子在负辉区与气体分子碰撞形成离子维持放电。一次电子的平均自由程随电子能量的升高而升高，并随压强的降低而升高。在低压强下远离阴极的地方产生的离子损失在壁上的可能性比较大，而且低压强下，大量一次电子以高能量撞击阳极，造成的损失并不能用轰击引起的次级发射来补偿。因此低压强下的电离效率低。

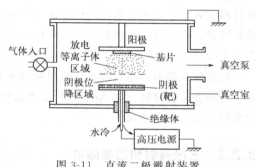

图 3-11　直流二极溅射装置

在压强低于约 1.3Pa 时，自持放电不能在平行二极管中维持住。此时升高电压虽然自由程有所增加，但由于电离效率降低，电流是被限制住的。电压固定时，随着压强的升高平均自由程减小，电流有可能达到较大值。总之，在高压强下，溅射原子的迁移因碰撞散射而降低。

以平行金属板直流二极溅射为例，溅射镀膜的基本过程如下：①正氩离子产生于真空室等离子体中，并向具有负电位的靶加速；②在加速过程中离子获得动量，并轰击靶材料；③离子从具有所要求材料组分的靶上撞击出（溅射）原子；④被撞击出（溅射）的原子迁移到基片表面；⑤被溅射的原子凝聚在基片表面并形成薄膜，薄膜具有与靶材料基本相同的材料组分；⑥额外材料通过真空泵抽走。

二极溅射沉积速率低，基片温度高，膜层纯度差（膜中有较多 Ar 含量）。为克服这些缺点，采用了各种改进措施，包括偏压溅射和非对称交流溅射，如图 3-12 所示。

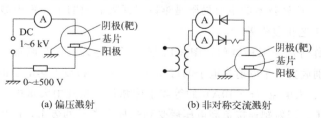

(a) 偏压溅射　　　　　　　　(b) 非对称交流溅射

图 3-12　偏压溅射和非对称交流溅射装置

（1）偏压溅射

相对于接地的阳极（如基片支架）来说，在基片上施加适当的偏压，使离子的一部分也流向基片。在薄膜沉积过程中，基片表面也受到离子的轰击，从而把沉积膜中吸附的气体轰击去除，这种方法可以提高薄膜的纯度。广义上讲，非对称交流溅射和射频溅射及三极溅射也相当于偏压溅射。以 Ta 膜为例，在 $-20V$ 左右时易受污染；偏压在 $-200\sim-100V$ 范围时薄膜纯度明显提高。

（2）非对称交流溅射

采用交流溅射电源，但正负极性不同的电流波形是非对称的。每经过半个周期，也会对基片表面进行较弱的离子轰击，在不引起膜层明显损伤的前提下，把杂质气体分子轰击去除，从而获得高纯度的薄膜。即在振幅大的半周期内对靶进行溅射，在振幅小的半周期内对基片进行离子轰击，去除吸附的气体。由于在纯化的半周期内，处于基片同侧的支架表面等也要受到溅射，因此对向布置的阳极、阴极要用相同的材料制作。纯化电流与溅射电流的比值约为 0.15 时效果最显著。

虽然偏压溅射和非对称交流溅射可以克服二极溅射的一些缺点，但效果均不显著。目前，除了一些贵金属材料（如 Au、Pt）要考虑靶成本仍使用二极溅射外，普通直流二极溅射装置的实用意义已不是很大。

3.2.2　三极溅射和四极溅射

在低压强下，为了增加离化率并保持放电自持，一个可供选择的方法是提供一个额外的电子源，而不是从靶阴极获得电子。三极溅射将一个独立的电子源中的电子注入放电系统中。这个独立的电子源就是热阴极，通常是一加热的钨丝，它通过热电子辐射的方式发射电子，能够承受长时间的离子轰击。相对于基片，阳极上必须加上正的偏压。如果阳极与基片具有相同的电位，从热阴极发射的一些电子会被基片收集，从而导致在靶上的等离子体密度不均匀。

图 3-13 为三极溅射系统的示意图。灯丝置于真空室左下方并受到保护，以免被溅射材料污染。通过外部线圈产生的磁场将等离子体限制在阳极和灯丝阴极之间。在靶上施加一相对于阳极的负高压时，溅射发生，离子轰击靶从而使靶材原子被溅射出后沉积在基片上。可以通过调节电子发射电流或调节用于加速电子的电压来控制等离子体中的离子密度。轰击离子的能量可以通过改变靶电压来调节。因而在像三极溅射这样的系统中，通过从额外电极提供具有合适能量的额外电子可以保持高离化效率。该方法可以在远低于传统二极溅射系统所需压强条件（$<0.13Pa$）下运行。这种技术的主要局限是难以保证大面积的平面靶中溅射的均匀性，且放电过程难以控制，工艺重复性差。

四极溅射又叫作等离子弧柱溅射，图 3-14 展示了其原理。在与原来二极溅射靶和基片相垂直的位置上，分别放置一个发射热电子的灯丝（热阴极）和吸引热电子的辅助阳极，其间形成低电压（约 50V）、大电流（5~10A）的等离子体弧柱。弧柱中大量电子与气体碰撞，发生电离，产生大量离子。溅射靶连接负高电压后受到弧柱中离子的轰击，产生溅射现象。靶上可接直流电源，也可用电容耦合到射频电源上。为了更有效地引出热电子，并维持放电稳定，还可采取在热灯丝附近加一个正 200～300V 稳定化栅网的方法，使弧柱能够在更低气压下"点火"。

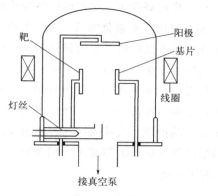

图 3-13　三极溅射系统

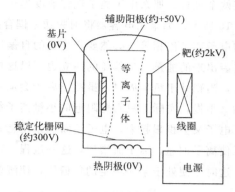

图 3-14　四极溅射原理

　　在四极溅射装置中，决定靶电流的主要是辅助阳极电流而不是靶电压。与三极溅射一样，四极溅射的靶电流和溅射电压也可独立调节，这是二者的一大优点。三、四极溅射装置可用于制作集成电路和半导体器件中的薄膜，这是因为它们能够在一百到数百伏的靶电压下运行，由于靶电压低，对基片的辐照损伤更小。然而三、四极溅射并不能有效减少靶产生的高速电子对基片的轰击，随着溅射速率的增加，基片的温升也会变得非常严重。此外还存在灯丝寿命短不能连续运行，灯丝中的杂质污染薄膜等问题。因而在开发出磁控溅射技术后，三、四极溅射便很少使用了。

3.3　射频溅射

　　直流溅射镀膜无法应用于绝缘材料。因为受正离子轰击后，绝缘材料会积累起正电荷，从而对继续轰击的离子产生排斥作用，最后导致放电停止。采用射频电压代替直流电压可以克服这一缺点，即射频溅射。图 3-15 是典型的直流溅射与射频溅射装置的比较，简单地说，把直流二极溅射装置的直流电源换成射频电源就构成了射频溅射装置。在射频溅射中等离子体中的电子具有比离子高得多的迁移率，可以用来中和绝缘材料上的正电荷。

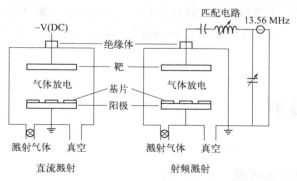

图 3-15　直流溅射与射频溅射装置比较

典型的高频溅射所使用的频率为 5~30MHz，一般使用 13.56MHz。如果将射频电源直接接两个极板，那么由于离子迁移速度远小于电子，在这样的高频下，电流电压特性曲线如图 3-16 所示。如果用电容器将射频功率耦合到靶上，那么靶面将积累负电荷，为使正负半周时的电子离子流相等，必然要产生负的自偏压，这种自偏压可以将离子加速到具有足以将靶材料轰击出来的能量。自偏压的建立也可以这样理解：当靶处于正半周时，电子抵达靶并停留其上，当靶处于负半周时，虽然正离子会向靶移动，但是由于频率很高、时间极短，而离子移动又很慢，实际上只有靶附近的小量离子能抵达靶，中和一小部分电子；当负半周又到来时，电子又会积累起来，电子不断积累使靶处于越来越负的电压，与此同时这种不断增加的电压使离子加速，离子流增加，这一过程一直进行到抵达靶的电子流与离子流相等时达到平衡，这时靶便处于某一稳定的负偏压，使溅射的发生有了可能。

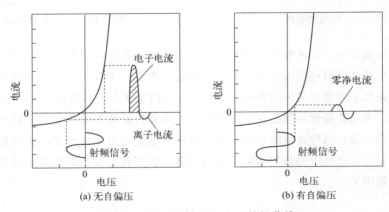

图 3-16　射频溅射电流-电压特性曲线

现在，商用溅射装置多采用 13.56 MHz 的射频电源。金属靶的使用情况与前面所述绝缘靶不同，靶上没有自偏压作用的影响，因此溅射只能发生在靶处于负电位的半周期内的时候。所以，普通射频溅射装置通过在靶上串联一个电容，以隔断直流分量，使金属靶也能受到自偏压作用的影响。如果靶材料为绝缘体则无须电容耦合，上述过程也一样发生，所以射频溅射可用来制造绝缘薄膜，这是直流溅射无法得到的。

射频溅射装置的设计中，占据首要地位的是靶和匹配回路。靶在水冷的同时需要加高频高压，所以要选用一定长度且绝缘性好的引水管，冷却水的电阻要足够大。溅射装置的放电阻抗大多为 $10k\Omega$。电源的内阻大约为 50Ω，二者要能够匹配良好。由于装置内的电极和挡板的布置等是变化的，所以要调整回路进行匹配，保证射频功率能够有效地输入装置内。

3.4　磁控溅射

3.4.1　磁控溅射原理与特点

磁控溅射技术自 20 世纪 70 年代早期诞生以来，在高速率沉积金属、半导体和介电薄膜方面取得了巨大进步。与传统的二极溅射相比，磁控溅射不仅能够在较低工作压强下获得较高的沉积速率，还可以在较低的基片温度下制取高质量的薄膜。磁控溅射的特点是高速和低温。高速是指沉积速率快；低温是指基片的温升低，造成的膜层损伤小。磁控溅射还具有一般溅射的优点，如沉积的膜层均匀、致密、针孔少，纯度高，附着力强，应用的靶材广，可进行反应溅射，方便制取成分稳定的合金膜等。除此之外，磁控溅射还具有工作压强范围广，操作电压低的显著特点。

不同磁控溅射源尽管在结构上有所不同，但都具备两个条件：①磁场垂直于电场；②磁场方向平行于阴极（靶）表面，并构成环形磁场。

磁效应可以描述为通过正交电磁场增加了电子在等离子体中漂移的路程。

一个电荷为 e、质量为 m、速度为 v 的粒子在电场强度 E、磁感应强度 B 下 t 时间内的运动方程为：

$$\frac{\mathrm{d}\,v}{\mathrm{d}\,t}=\frac{e}{m}(E+v\times B) \tag{3-3}$$

在磁控工作模式的溅射源内部，在该强度的磁场作用下，只有电子的运动受磁场的影响。

当 B 均匀而电场 E 为零时，电子沿磁力线以速度 $v_\parallel$ 漂移，不受磁场的影响，同时沿着磁力线有回旋运动，回旋频率 $\omega=\dfrac{eB}{m}$，回旋半径为 $r=\dfrac{mv_\perp}{eB}$，e 为电子电荷，m 为电子质量，$v_\perp$ 为垂直方向速度分量，总的运动是螺旋线形，如图 3-17（a）所示。

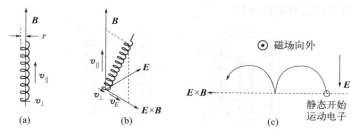

图 3-17 电子在电磁场中的运动
（a）B 均匀 E 为零时的电子运动；（b）B、E 均匀且电场有垂直于 B 的分量 $E_\perp$；
（c）B、E 均匀且垂直时的静态开始的电子运动

当 B 和 E 都均匀，且 E 平行于 B 时，粒子被任意地加速，其螺距连续增大。电场有垂直于 B 的分量 $E_\perp$ 时，漂移速度沿着垂直于 $E_\perp$ 和 B 的方向发展，并同时伴有沿运动方向的旋转，如图 3-17（b）所示。这就是 $E\times B$ 漂移。一个由静态开始运动的粒子，在均匀而相互垂直的电场及磁场中运动，其轨迹为一摆线，如图 3-17（c）所示。

实际上由冷阴极发射出来的电子有初始能量（约 5eV），此能量小于它们在阴极暗区内加速所获得的能量，此外由于阴极暗区内的电场不均匀，电子的运动实际上不是摆线。总体来说，对于一个平面阴极，电子运动达到转折点的距离由回旋半径决定，在磁力线弯曲的情况下，存在一个指向内的场强梯度 ΔB。该梯度几乎垂直于 B，引起一个 $\Delta B\times B$ 漂移。

从上面的分析可以看出，在电磁场的联合作用下，二次电子的回转频率很高，回转半径很小。环形磁场区域一般称为跑道，磁力线由跑道的外环指向内环，横贯跑道。靶面发出的

二次电子，在相互垂直的电场力和磁场力的联合作用下，沿着跑道跨越磁力线作旋轮线形的跳动，并以这种形式沿着跑道转圈，增加与气体原子碰撞的机会。如此，磁控溅射可以从根本上克服二极、三极溅射的缺点，其理由如下。

① 能量较低的二次电子以旋轮线的形式在靠近靶的封闭等离子体中循环运动，经过的路程足够长，每个电子都增加了原子的电离机会，而且电子只有在能量耗尽以后才能脱离靶表面，且落在阳极（基片）上。这是基片温升低、损伤小的主要原因。

② 高密度等离子体被电磁场束缚在靶面附近，与基片没有接触。这样，电离产生的正离子能够非常有效地轰击靶面，也可以避免基片受到等离子体的轰击。

③ 由于电离效率得到提高，允许工作压强降低到 $10^{-1} \sim 10^{-2}$Pa 数量级甚至更低，从而可减少工作气体对被溅射出的原子的散射作用，提高沉积速率，并增加膜层的附着力。

④ 进行磁控溅射时，电子与气体原子有较高概率发生碰撞，因此气体离化率大大增加。相应地，放电气体（或等离子体）的阻抗大幅度降低。结果，直流磁控溅射与直流二极溅射相比，即使在工作压力由 $10 \sim 1$Pa 降低到 $10^{-1} \sim 10^{-2}$Pa，溅射电压由几千伏降低到几百伏的情况下，溅射效率和沉积速率也会成数量级地增加。

3.4.2 磁控溅射设备

图 3-18 为几种磁控溅射设备的结构形式，根据阴极的形状，其中图 3-18（a）和（c）称为圆柱磁控器，图 3-18（b）和（d）称为圆筒磁控器或反磁控器，图 3-18（e）为平面磁控器，图 3-18（f）为磁控溅射枪即 S 枪。

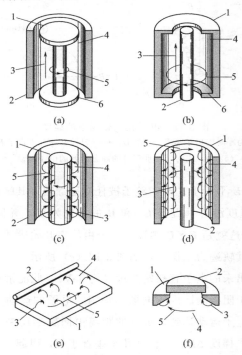

图 3-18 各种形式的磁控溅射设备

1—阴极；2—阳极；3—磁场；4—等离子体；5—电子 $\boldsymbol{E} \times \boldsymbol{B}$ 运动；6—电子反射面

S 枪为一种新型的磁控溅射装置，由圆环型阴极与中心控制阳极构成。通过将阴极嵌入水冷套中，使之与冷却的金属表面接触，从而进行溅射工作期间阴极的热交换。阳极也是水冷的，并将其绝缘以形成电位偏置。

平面磁控溅射器是一种最常用的直流溅射或射频溅射装置，由阴极和永久磁铁构成。如图 3-19 所示，阴极周围罩有阴极暗区屏蔽电极。永久磁铁直接放在阴极后面，磁铁的安排要遵循阴极至少部分面积上有闭合磁力线，且该磁力线与阴极表面平行的原则。虽然平面磁控溅射有不同的几何结构，但阴极表面上（基本上是平面）总有一些区域上存在符合要求的磁力线，在这些区域上，磁力线进入阴极表面，磁场与电场垂直。一个或数个由隧道形状的磁场束缚的环形电子阱区在阴极表面附近形成，放电的等离子体（电离区）靠此阴束缚在阴极面附近的区域内，同样原理也适用于柱型表面或其它非平面表面上。

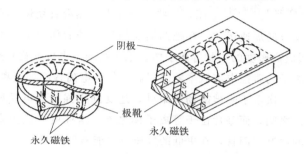

图 3-19　圆形和矩形平面磁控溅射器结构

利用磁控溅射制备磁性材料时存在一些问题，Chang 等研制了用于获得高沉积速率的溅射 Ni 的直流磁控溅射系统。他们发现在 Ni 靶表面，需要的磁场强度至少为 0.03T。这一磁场强度产生于阴极装配的强磁体部件中，对于形成稳定的等离子体具有关键作用。对于用来沉积磁性材料的溅射设备，在阴极设计时必须考虑磁场强度的可调性。如图 3-20 所示，阴极为 Cu 支架上的 Ni 靶和永磁体配件，相对靶的磁配件的位置可以调节。通过调整永磁体和靶之间的距离，可以控制磁场强度在 0.03～0.08T 范围内变化。屏蔽罩的作用为阻挡小角度入射离子。

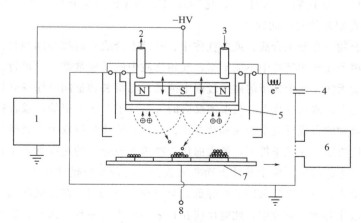

图 3-20　用于磁性材料沉积的磁控溅射系统

1—直流电源；2—水出口；3—水进口；4—Ar 入口；5—Ni 靶；6—真空泵；7—基片架；8—基片偏压

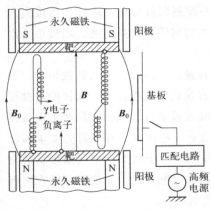

图 3-21　对向靶溅射镀膜的工作原理

Fe、Co、Ni、Fe_2O_3、坡莫合金等磁性靶的磁阻很低，导致磁场几乎完全穿透靶材，无法形成平行于靶表面的较强磁场，而阻碍了正交电磁场即"磁控模式"的形成。利用对向靶溅射法，则可解决这一问题。图 3-21 展示了对向靶溅射镀膜的工作原理。面对面放置两靶，所加磁场与靶表面垂直，且平行于电场。阳极放置在与靶面垂直部位，电场与磁场一起，起到约束等离子体的作用。二次电子飞出靶面后，被垂直靶表面的阴极位降区的电场加速。由于磁场的作用，电子在向阳极运动过程中作旋轮线式运动。但由于两靶上存在较高的负偏压，一些电子几乎仍然沿直线运动到对面靶的阴极位降区减速，然后又向相反方向加速运动。在靶四周非均匀磁场的作用下，上述二次电子被有效地封闭在 B_0 之间，形成高密度的柱状等离子体，电子被两个电极（靶）来回反射，电子运动路程大幅增加，与氩原子的碰撞电离概率随之提高，气体电离程度和氩离子的密度明显增加，从而提高了沉积速率。二次电子除被磁场约束外，还受到很强的静电反射作用。等离子体被紧紧地约束在两个靶面之间，而基片位于等离子体之外。这样就可避免高能电子对基片的轰击，使基片只有很小的温升。而且，在更低的气压下也能溅射镀膜。

3.5　反应溅射

在溅射过程中，如果对真空室中充以某种反应气体，则这种氩气与反应气体的混合气体放电对金属靶的溅射就会在基片上形成化合物薄膜，在对化合物靶溅射的情况下，某种反应气体的存在也可补偿在溅射过程中化合物的分解，从而维持薄膜的化学组成，这些反应气体包括空气、O_2 或 H_2O（氧化物），N_2 或 NH_3（氮化物），O_2+N_2（氮氧化物），H_2S（硫化物），C_2H_2 或 CH_4（碳化物），SiH_4（硅化物），HF 或 CF_4（氟化物）等。在这些反应气体中，有些气体存在明显的安全问题。

关于合成化合物（在靶上合成，或在气体中、基片上合成）的核心问题是：反应溅射是如何进行的？由于离子在气相环境中不能平衡，气相物质中的反应常常难以进行。化学反应过程中释放出来的热能无法在两个粒子的碰撞过程中消耗。能量和动量同时保持守恒要求反应发生在表面上，即在靶上，或在基片上。当参加反应的气态粒子分压强很低，或者靶具有很高的溅射率时，实际化合物的合成反应全部在基片上进行，且膜的化学组成由金属蒸气及反应气体到达基片的相对速度决定。在此条件下，靶表面化合物消失或分解的速度远大于它在靶面上形成的速度。此时反应进行的地点位于基片上而非靶表面，这种反应模式称为"金属模式"。随着反应气体压强的增高，或者靶溅射速率的降低，会出现一个阈值。在达到此阈值后，靶上化合物的形成速度超过化合物分解速度，此时反应在靶表面而不是基片上进行，这种反应模式称为"化合物模式"。对于金属靶，此阈值的出现常伴随着溅射速率的骤降。有时也把金属模式与化合物模式相互转换过程称为"过渡模式"。化合物比金属更低的溅射率在一定程度上引起了溅射速率的下降。另外由于化合物的次级电子发射率高于金属，入射离子的大部分能量用于产生次级电子并加速它们。使用恒流电源时，在恒功率状态下靶电压会随着二次电子电流增大而自动降低。溅射速率突然降低的第三个原因，是反应气体离子的溅射效率低于惰性气体离子。

维持恒电压而不是维持恒功率能够让溅射速率曲线上的陡降大大平缓下来。同样化合物靶的溅射速率下降梯度更加平稳，这主要是随着反应气体分压强的上升，溅射离子富集的效率较低导致的。

临界分压强不仅受辉光放电条件影响，而且与靶表面本身形成化合物的动力学有关。在靶未氧化的情况下就不容易出现随氧分压增加沉积速率突然下降的现象。

在反应溅射中，反应气体与靶发生反应在靶表面形成化合物，这一现象称为"靶中毒"。图 3-22 为 Al 靶在 Ar-N$_2$ 混合气体中反应溅射生产 AlN$_x$ 时沉积速率与反应气体流量关系。图中 $A \sim B$ 段是高速率的金属溅射，$B \sim C$ 段是氮气增加过程中的中毒区间，过了 C 段，如果氮气还继续增加，沉积速率逐渐平稳，与化合物溅射速率一致。如从高的氮气流量逐步减小，曲线呈滞后现象，如 $D \sim B$ 段所示。$D \sim B$ 段代表氮气输入量逐渐减小时中毒现象逐渐消失的过程。图 3-23 为此时氮分压随氮气流量的变化关系曲线，简单地说，这只不过是上述靶中毒曲线的另一种表达方式。当氮气流量达到 30sccm（1sccm＝1cm^3/min）之前测量不出氮分压，可以认为氮几乎全部参与化学反应生成氮化物消耗掉了。30～55sccm 之间，氮分压逐渐升高，表示反应消耗的氮气逐渐减少。随后氮分压迅速升高，表示氮化物生成基本结束，不再消耗后续增加的氮气。此时，靶表面已经中毒：靶表面已不是金属，而是被化合物所覆盖。

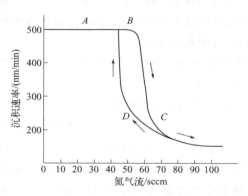

图 3-22　反应溅射 AlN$_x$ 时的靶中毒曲线

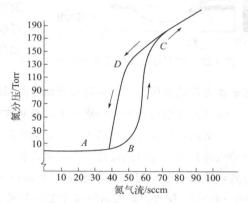

图 3-23　反应气体分压强与反应气体流量关系

反应气体分压强与反应气体流量呈回形线特征，如图 3-24 所示。当反应气体刚被打开时，反应气体压强在开始阶段保持在背景压强水平，此时气体流量较低，气体与溅射材料发生完全反应。即使当气体流量增加时，反应气体压强的变化也很小，直至到了 A 点压强才陡然上升。在该点真空室存在着足够多的反应气体，反应气体与靶表面反应生成化合物，表面层降低了金属的溅射率，导致只有很少的气体被消耗，反应气体压强陡然上升到 B 点。由于化合物溅射率远小于金属溅射率，当更多的反应物加在靶上

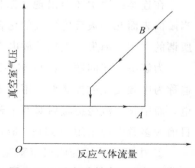

图 3-24　反应溅射真空室气压模型

时，反应气体压强随着气体流量增加将线性增加。当反应气体流量减少时，压强成正比下降，当气体供应太慢难以维持靶上的化合物表面层时，压强迅速下降，因此反应气体压强与反应气体流量呈回形线变化。

3.6 中频溅射

在溅射过程中工作状态不稳定，主要表现在大大小小的弧光放电总不能去除，在化合物薄膜的连续生产中成为一个主要的问题。在溅射过程中的弧光放电有三种类型，如图 3-25 所示。

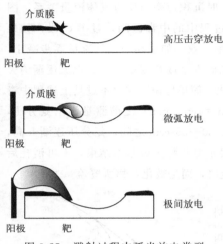

图 3-25 溅射过程中弧光放电类型

① 极间放电 阳极与靶面暴露的金属表面之间直接的低压大电流弧光放电，能引起直接的破坏性烧损，控制这种放电主要依靠靶的结构设计。

② 微弧放电 磁控溅射在阴极表面的溅射行为是不均匀的，只溅射"跑道"处的原子，跑道上是纯净的金属表面，跑道外的阴极表面则沉积了一层不导电的绝缘层，在绝缘层表面由于阴极电位的吸引，积累了相当数量的正电荷离子，当积累电荷达到一定数量后直接与暴露的金属表面形成弧光放电，放电电流取决于积累电荷的数量，所以，它不会形成烧损，但可以看见耀眼的红色斑点在靶面上跳跃，这种现象在化合物溅射过程中尤为突出。

③ 高压击穿放电 阴极表面的绝缘层顶部与底部金属表面的高压击穿，由阴极表面绝缘层的结构疏松引起。

这三种放电形态发生的概率为：极间放电：微弧放电：高压击穿放电＝1：100：10000。

合格的靶从设计上就基本可以避免极间放电。因此高稳定性运行的关键是消除绝缘层表面的电荷积累。短时间接地是消除电荷积累的一种办法，由此出现一种称为"灭弧"的供电方式，采用固定比例的脉冲电路如方波电源：正脉冲平均电压 60～80V，负脉冲平均电压 500～600V，释放积累电荷的脉冲宽度与溅射的脉冲宽度之比为（1：4）～（1：8）之间，可调，频率大约 10kHz。

在连续镀膜中还会出现"阳极消失"现象，反应生成的化合物向干净的阳极表面沉积，当阳极表面几乎被反应生成的化合物覆盖时，后续生成物已经很难找到可沉积的表面，出现所谓的"阳极消失"现象，放电空间出现不稳定的打火，导致膜层质量出现疵点。

为解决上述问题，1996 年德国 Leybold 公司推出孪生靶磁控溅射（双靶磁控溅射），现普遍称为中频交流磁控溅射，不同于之前介绍的非对称交流溅射。非对称交流溅射对一个靶供电，而中频交流磁控溅射对两个靶供电，如图 3-26 所示。20～100kHz 都属于工业中频范围，目前大多数电源采用 40kHz，最新的则采用脉冲组合电源。中频溅射的特点如下。

① 中频交流磁控溅射双靶互为阴极、阳极，基片与其它部件不与电源相连接，没有通常所谓的阳极，因此不存在阳极消失的问题。

② 由于双靶互为阴极、阳极，没有积累电荷问题，消除了电弧，运行稳定。

③ 反应溅射的靶材表面通常有一定比例的化合物覆盖层，采用中频电源，将供电频率选在 40kHz 就能保证靶面导通。

④ 采用适当的反应气体反馈控制能够将反应溅射的工作区稳定在中毒曲线的拐点附近，沉积速率虽低于金属镀膜速率，却远大于完全化合物靶材镀膜速率，一般比完全化合物靶材（或靶中毒状态）的镀膜速率高 3~10 倍。

⑤ 双靶的等离子体区域通常包含了基片镀膜的空间，基片在成膜过程中也遭受到一定数量的离子轰击和电子轰击，体现出离子辅助镀膜的效果。

中频交流磁控溅射缺点是设备价格昂贵，基片温升要比普通磁控溅射高 100℃ 左右等。

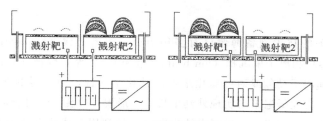

图 3-26 中频交流磁控溅射

思考题

1.离子轰击固体表面会产生哪些现象？

2.溅射的本质是什么？有哪些理由说明溅射不是热蒸发过程？

3.溅射能否用来制备有机薄膜材料？

4.什么是溅射产额？溅射产额与哪些因素相关？

5.定性解释溅射产额与入射离子能量的关系曲线。

6.溅射为什么可以用来制备合金薄膜？

7.简述为何离子溅射符合动量转移机制而电子束轰击为能量转移机制。

8.简述直流二极溅射的工作原理，其主要缺点是什么？三（四）极溅射有何改进？

9.为什么直流二极溅射不能溅射绝缘靶来制备介质膜，而射频溅射却可以？试从两个角度进行分析。

10.什么是磁控模式？试分析电子在正交电磁场中的运动方式。

11.简述直流磁控溅射的工作原理。直流磁控溅射有何特点？

12.磁控溅射制备合金薄膜除了采用合金靶外可不可以用几种金属拼接成一个拼靶？其溅射出原子的比例如何控制？

13.磁控溅射制备磁性材料有何困难？为何对向靶溅射可以制备磁性材料薄膜？

14.什么是反应溅射？什么是反应溅射中的"靶中毒"？试解释反应溅射中真空室气压随反应气体流量的变化规律。

15.什么是中频溅射？中频溅射有何特点？

第 4 章

离子镀与离子束沉积

应用与离子相关的技术制备薄膜已有多年历史，如离子镀（ion plating）、离子束溅射（ion beam sputtering）和离子束沉积（ion beam deposition）等先后被开发出来付诸实用。这些沉积技术通过增加离子动能或通过离化来提高其化学活性，使制得的薄膜具有以下特点：①与基片结合良好；②在低温下可实现外延生长；③形貌可改变；④可合成化合物。

离子镀还没有统一的定义。一种观点认为离子镀是利用气体放电或被蒸发材料的电离产生离子，这些离子的轰击将蒸发物或反应物沉积在基片上。另一种观点认为离子镀在镀膜过程中用高能离子去轰击基片表面或是薄膜，引起界面区和薄膜性质的变化，如薄膜与基片的附着力、薄膜形貌、薄膜密度、薄膜应力以及对基片的覆盖率等。在这种观点中，离子镀的定义仅涉及加速离子对基片和薄膜的影响，并不涉及镀膜材料的源与离子的产生过程。无论哪种观点，不可否认的是离子对薄膜的形成、结构和性能都起了至关重要的作用。离子镀根据具体工艺的不同，可分为直流放电二极型、活化反应蒸发、空心阴极放电型、射频放电型以及阴极电弧等离子体沉积（电弧离子镀）等。

离子束沉积将离化的粒子作为蒸镀物质，能够在较低的基片温度下获得性能理想的薄膜。其最大的特点是离子的产生是在离子源中而非镀膜室中，将离子引出，通过电磁透镜的作用聚焦成一束。离子束沉积装置分为：①一次离子束沉积，离子束由需要沉积的薄膜材料组成，离子以低的能量直接沉积到基片上。②二次离子束沉积，或称为离子束溅射沉积，离子束一般是惰性气体或反应性气体，能量较高，离子束打到靶上引起靶材溅射到基片上成膜。具体工艺包括：①直接引出式（非质量分离方式）离子束沉积；②质量分离式离子束沉积；③离化团束沉积；④离子束辅助沉积；⑤离子束溅射。

通常所说的离子束辅助沉积是指在蒸发或溅射过程中引入离子束轰击基片。蒸发的沉积速度快，但膜与基片的结合较差，膜孔洞多，厚度均匀性差。溅射没有这些缺点，但沉积速率很低。离子束辅助沉积能克服这些缺点，在膜形成时基片直接被离子轰击，改善薄膜的结构和性能，对薄膜的生长起了重要作用。

4.1 离子镀原理

离子镀的最主要优点是可以使薄膜与基片结合得非常牢，这主要由于：①离子的轰击可以使基片表面产生有利于黏着的条件如清洗作用，轰走附着力差的粒子；②离子的轰击可以使基片表面而不是整个基片升温，从而增加了扩散和化学反应等；③可能增加表面和界面的缺陷，从而改变结构，影响成核和薄膜生长，甚至可以使薄膜与基片混合起来。离子镀的另一优点是离子对薄膜的轰击可以改变其形貌，对薄膜起锻打作用，从而影响内部应力和其它物理、电气性质。还有一个优点是由于气体散射作用，它可以覆盖用其它镀膜方法无法覆盖的部位，即具有良好的台阶覆盖度。

离子镀技术最早是由 D. M. Mattox 研制开发的，其原理如图 4-1 所示。真空室的背景压强一般为 1.3×10^{-5} Pa，工作气体压强在 $13 \sim 1.3$Pa 之间，坩埚或灯丝作为阳极，基片作为阴极。当基片加上负高压时，在坩埚和基片之间便产生辉光放电。离化的惰性气体离子被电场加速并轰击基片表面，从而实现基片的表面清洗，完成基片表面清洗后，开始离子镀膜。首先使待镀材料在蒸发源中加热并蒸发，蒸发原子进入等离子体区与离化的惰性气体以及电子发生碰撞而电离，离化后的蒸气离子受到电场加速打到基片上最终形成薄膜。在离子镀的全过程中，被电离的镀料离子与气体离子一起在电场中加速，以较高的能量轰击基片和镀层表面。

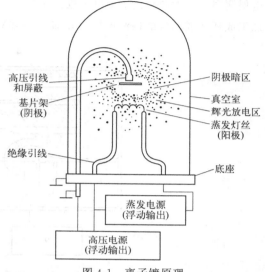

高压引线和屏蔽
基片架（阴极）
绝缘引线
阴极暗区
真空室
辉光放电区
蒸发灯丝（阳极）
底座
蒸发电源（浮动输出）
高压电源（浮动输出）

图 4-1　离子镀原理

离子镀结合了辉光放电、等离子体技术与真空蒸发镀膜技术，并兼有真空蒸发和真空溅射镀膜的优点。离子镀扩充了镀膜技术的应用范围，并明显提高了镀层的性能，具有膜层附着力强、绕射性好、可镀材料广泛等优点。例如，利用离子镀技术可以在金属、陶瓷、玻璃、纸张等基片材料上，镀制各种不同性能的单一镀层、化合物镀层、合金镀层及各种复合镀层。采用不同的镀料、不同的放电气体及不同的工艺参数，就能获得表面强化的耐磨镀层、表面致密的耐蚀层、润滑镀层、各种颜色的装饰镀层，以及电子学、光学、能源科学所需的特殊功能镀层，而且沉积速度高（可达 $75\mu m/min$），镀前清洗工序简单，对环境无污染，因此从 20 世纪 60 年代起在国内外得到迅速发展。

4.2　活化反应蒸发

活化反应蒸发（activated reactive evaporation，ARE）指在离子镀的过程中，在真空室中使用 O_2、N_2、C_2H_2、CH_4 等可与金属蒸气反应的气体代替 Ar 或掺入 Ar 之中，并用各种不同的放电方式，使金属蒸气和反应气体的分子、原子得到激活、离化，促使化学反应进行，最终在基片表面得到化合物镀层。

活化反应蒸发法是由加利福尼亚大学 Banshah 教授于 1972 年首先提出的，这种方法具有广泛的实用价值。图 4-2 是典型的活化反应蒸发（ARE）法的示意图；图 4-3 是与此类似的偏压活化反应蒸发（BARE）装置。差别在于 ARE 基片不加偏压；BARE 如直流二极型那样，基片上要加偏压。离子镀室的工作气压为 $10^{-1} \sim 10^{-2}$ Pa，使放电、离子化、化学反应、沉积等得以顺利进行；电子枪室的真空度为 10^{-2} Pa 以上，以保证电子枪在较高的真空度下正常工作。可见两个工作室需要一定的压差，因此一般分别采用独立的抽气系统，其间以差压板相隔，差压板还能防止蒸发物飞溅落入电子枪工作室中。基片上方装电阻加热烘烤源，并以热电偶测温。蒸发源采用 e 型电子枪。在蒸发源坩埚与基片之间装有用直径为 $2 \sim 5$ mm 的钼丝加工成环状或网状的探测电极，并加 $25 \sim 40$ V 或 $150 \sim 250$ V 的正偏压。

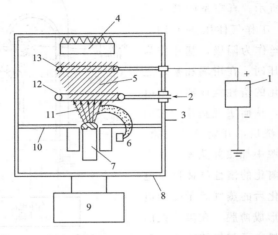

图 4-2　活化反应蒸发（ARE）法

1—电源；2—反应气体；3—真空机组；4—基片；5—等离子体；6—电子枪；7—电子束蒸发源；
8—真空室；9—真空机组；10—差压板；11—镀料蒸发原子束流；
12—反应气体导入环；13—探测电极

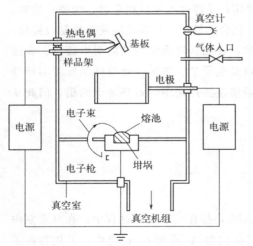

图 4-3　偏压活化反应蒸发（BARE）装置

电子束中有数千乃至上万电子伏的高能电子，其不仅可以熔化镀料，还可以在镀料表面激发出二次电子，这些二次电子受到探测电极电场的吸引并被加速。由于电子束中高能电子、被加速的二次电子和被探测电极拦截的一部分一次电子的轰击，坩埚上方的镀料蒸气以及反应气体发生电离，在坩埚到基片的空间中，特别是在探测电极的周围产生等离子体。其中二次电子的能量较低，对激发电离起关键作用。被激发、电离的镀料原子和反应气体化学活性很高，它们在从探测电极周围到基片的空间里化合或中和，并沉积在基片表面。

改变反应气体，可以得到不同的化合物镀层。例如要获得碳化物镀层，可以导入 CH_4、C_2H_2 等烃类气体；要获得氮化物镀层，除需导入氮气外，还应导入微量氢气或氨气以防镀料氮化而影响蒸发速率；而要获得氧化物镀层则只导入氧气。例如，获得 TiC 的反应可以认为是

$$\text{Ti}(g) + \frac{1}{2}\text{C}_2\text{H}_2(g) \xrightarrow{\text{电离}} \text{TiC}(s) + \frac{1}{2}\text{H}_2(g) \tag{4-1}$$

生成 TiN 的反应是

$$2\text{Ti}(g) + \text{N}_2(g) \xrightarrow{\text{电离}} 2\text{TiN}(s) \tag{4-2}$$

若想获得复合化合物，如 TiCN 镀层，就要使用混合气体。若要获得较好的绕射性，则可维持反应气体配比不变，适当充进一定量的氩气，通过提高工作压强来实现。

活化反应蒸发的特点如下。

① 由于电离增加了反应物的活性，因此在较低温度下就能获得附着性能良好的碳化物、氮化物镀层。相较于采用化学气相沉积（CVD）法，需要将基片加热到 1000℃ 左右，ARE 法则只需加热到 500℃ 左右。在 1000℃ 左右，碳化物沉积层与基片之间易生成脆相，或引起氮化物沉积层晶粒长大。而加热到 500℃ 左右对高速钢刀具进行超硬镀层等处理是十分方便的。

② 调节或改变镀料蒸发速率及反应气体压强可以十分方便地得到具有不同配比、结构和性质的化合物镀层。

③ 由于活化反应蒸发采用大功率、高功率密度的电子束蒸发源，因此几乎可以蒸发所有金属和化合物。

④ 沉积速率高且可控，一般每分钟可达几微米，最高可达 $75\mu m/min$，而且可以通过改变电子枪的功率、基片-蒸发源的距离、反应气体压强等，实现对镀层生长速度的有效控制。

除上述优点外，ARE 法也有一系列缺点，例如 ARE 法在低的沉积速率下，很难维持等离子体。这是由于电子枪发出的高能电子除了加热气体镀料外，同时还用来实现对镀料蒸气以及反应气体的离化。而某些用于电子、光学、音响领域中的器件，需要镀层薄且高质量，这要求镀膜在低沉积速率下进行，于是必须降低电子枪的功率，从而严重削弱了离化效果，甚至造成辉光放电中断。

由于低能电子的碰撞电离效率高，在受探测电极吸引的过程中，会与被蒸发的镀料以及反应气体原子发生碰撞电离，增强离化。因此增强的 ARE 装置通过在 ARE 探测电极的下方附设一发射低能电子的增强极以克服这一缺点。通过这一举措可以对金属的蒸发和等离子的产生两个过程独立地进行控制，实现 0.5kW 以下低蒸发功率、低蒸发速率下的活化反应蒸发，通过更精确地控制膜层的化学成分与厚度，得到高质量、致密、细晶粒、均匀平滑的镀层。

4.3 阴极电弧等离子体沉积

阴极电弧等离子体沉积又称多弧离子镀，是相对较新的一种薄膜沉积技术，在许多方面类似于离子镀技术。采用电弧放电的方法，在固体的阴极靶材上直接蒸发金属，蒸发物是从阴极弧光辉点放出的阴极物质的离子。这种装置不需要熔池，其原理如图 4-4 所示。

在阴极电弧沉积中，沉积材料受真空电弧的作用而得到蒸发，在电弧线路中源材料作为阴极，真空室为阳极。大多数电弧的放电过程皆发生在阴极区电弧点，当通有几十安电流的引弧电极与阴极靶突然脱离时，就会引起电弧，在阴极表面产生强烈发光的阴极辉点，阴极辉点的典型尺寸为几到几十微米，并具有非常高的电流密度，在阴极表面上，以每秒几十米的速度作无规则运动，使整个靶面均匀地被消耗。外加磁场用来控制辉点的运动。为了维持真空电弧，一般要求电压为 $-10 \sim -40 \mathrm{V}$，工作气压一般为 $10 \sim 10^{-1} \mathrm{Pa}$，工作电流为几安至几百安。

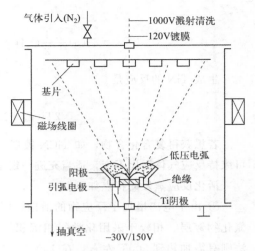

图 4-4　阴极电弧等离子体沉积原理

通过热蒸发过程将阴极材料蒸发是基于高电流密度实现的，所得到的蒸发物由电子、离子、中性气相原子和微粒组成。在阴极电弧点，材料几乎百分之百被离化，这些离子在几乎垂直于阴极表面的方向发射出去，而微粒在阴极表面以较小的角度（<30°）离去，电子被加速跑向正离子云，一些离子被加速跑向阴极而产生新的发射点。电弧沉积除了具有高离化率外，离子还具有多种电荷态。对于高离子能量的来源，Plyutto 提出了一种可能的机制：在离子云区，高密度的正离子足够产生电势分布的突起，这一电势突起使正离子能够脱离阴极点的吸引，而 50V 的突起足够使离子获得高能量。

阴极弧光辉点产生的原因及其在离子镀中的作用（图 4-5）如下：

① 被吸到阴极表面的金属离子形成空间电荷层，并产生强电场，使阴极表面上功函数小的晶界或裂痕处开始发射电子；

② 在个别发射电子密度高的点处电流密度大，而焦耳热使温度上升又产生热电子，进一步增加发射电子，这个正反馈作用使电流局部集中；

③ 由于电流局部集中，产生的焦耳热使阴极材料表面局部爆发性地等离子化，发射出电子和离子，并留下放电痕，同时也放出熔融的阴极材料粒子；

④ 一部分发射的离子被吸回阴极表面，形成空间电荷层，产生强电场，又使新的功函数小的点开始发射电子。

上述过程重复进行时弧光辉点在阴极表面上激烈地、无规则地运动，并在阴极表面上留下分散的放电痕。从阴极弧光辉点放出的物质以离子和熔融粒子为主，中性原子仅占 1% ～ 2%。若阴极材料是 Pb、Cd、Zn 等低熔点金属，其离子是一价的；金属的熔点越高，多价的离子比例就越大，Ta、W 等高熔点金属的离子可达 5 ～ 6 价，此外阴极辉点的数量一般与电流大小成正比。

阴极电弧等离子体沉积的优点有：①从阴极直接产生等离子体，阴极靶可任意布置，使夹具大为简化，工业设备可布置 24 ～ 32 个靶；②入射粒子能量高，大约为几十电子伏，膜的致密度高，膜层和基片界面产生原子扩散，强度高、耐久性好；③离化率高，一般可达 60% ～ 80%；④蒸发速率快，如 TiN 膜可达 10 ～ 1000nm/s。

主要的缺点是在高功率下会产生大颗粒，从而影响镀层质量。

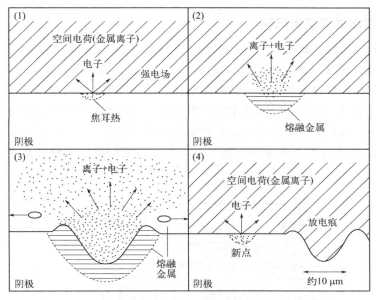

图 4-5　真空弧光放电的阴极弧光辉点形成过程

4.4　离子束沉积

离子束沉积法是利用离化的粒子作为蒸发物质，能在比较低的基片温度下形成性质优良的薄膜。近年来在超大规模集成电路（VLSI）等各种薄膜器件的制作中，要求能精确制备各种不同类型的薄膜，对沉积技术提出了很高的要求，而离子束可以通过电磁场来控制，能很方便地改变薄膜的组分、结构和性能，因此在此方面有着广泛的应用。

用于离子束沉积的离子束装置通常有两种基本结构。一种为一次离子束沉积。离子束由需要沉积的薄膜材料组成，离子以低的能量（约 100eV）直接沉积到基片上。另一种为二次离子束沉积，或称为离子束溅射沉积，离子束一般是惰性气体，或是反应性气体，能量较高（数百至数千电子伏），离子束打到靶上，靶由要沉积的材料组成，离子使靶材溅射到基片上成膜。

离子束沉积允许基片与产生离子束的源之间有较大间隔。这种安排使基片温度、气体压强、沉积角度及轰击生长中薄膜的粒子类型等因素都得以控制。同样也使离子束电流和离子束能量得到独立控制，从而使离子束沉积具有其它方法无法实现的制备条件，有利于制备性能优异的薄膜。

在离子束镀膜中，离子的产生主要靠低压气体放电中电子的碰撞电离，电子碰撞电离截面的极大值出现在低压范围，对于氩气来说大约为 70eV，因此无须太高电压即可获得有效的电离。常用的离子源有潘宁离子源、考夫曼（Kaufman）离子源以及等离子管。

本节主要介绍离子束沉积的以下类型：①直接引出式（非质量分离方式）离子束沉积；②质量分离式离子束沉积；③离化团束沉积；④离子束辅助沉积；⑤离子束溅射。

4.4.1 直接引出式离子束沉积

直接引出式（非质量分离式）离子束沉积于 1971 年由 Aisenberg 和 Chabot 首先用于碳离子制取类金刚石薄膜。图 4-6 为装置的结构示意图。离子源用来产生碳离子，其阴极和阳极的主要部分都是由碳构成的。氩气引入放电室后加上外部磁场，在低气压条件下产生等离子体放电，依靠离子对电极的溅射作用产生碳离子。碳离子和等离子体中的氩离子同时被引到沉积室中，基片上加负偏压，离子就加速入射到基片上。$50 \sim 100eV$ 的碳离子，在 Si、NaCl、KCl、Ni 等基片上在室温下照射，可制取透明的类似金刚石高硬度碳膜，称为 i-碳膜。

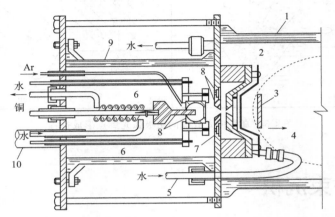

图 4-6　非质量分离式离子束沉积装置

1—Pyrex 玻璃；2—沉积室；3—硅片；4—外部磁场；5—涤纶管；
6—涤纶套筒；7—通水路；8—碳；9—玻璃管；10—真空接管

4.4.2 质量分离式离子束沉积

从离子源引出离子束之后，若进行质量分离，只选择出一种离子对基片进行照射，可减少混入的杂质，适合于制取高纯度的薄膜。离子束沉积可在较低的基片温度下，制备各种单晶薄膜。图 4-7 为装置结构示意图。

该装置由离子源、质量分离器以及超高真空沉积室三个主要部分组成。通常入射基片的沉积离子的动能由离子源上所加的正电位 V_a（$0 \sim 30kV$）来决定，基片和沉积室处于接地的电位。另外，为从离子源引出更多的离子电流，质量分离器和真空管路的一部分施加 $10 \sim 30kV$ 的负高压 V_{ext}。

在图 4-7 所示的装置中，利用大电流型的弗里曼（Freeman）离子源，施加 $-10 \sim -30kV$ 的引出电压，可引出数毫安的离子束，再利用偏转磁铁（偏转角 $60°$，偏转半径 48cm），可分离出单一种类的离子束。例如在沉积 Si 时，把 $SiCl_4$ 气体引入离子源，由此产生各种离子，如 Si^+、Cl^+、$SiCl^+$、$SiCl^{2+}$ 等，再依靠质量分离器在其中选择出 Si^+。这种离子束经过沉积室中布置的减速磁透镜的减速作用变成低能离子束，再入射在基片上。使用 $SiCl_4$ 或 $GeCl_4$ 等气体，在离子能量 $100 \sim 3000eV$ 的范围内，已能分别得到最大为 $300\mu A$ 的 Si 离子电流和 $100\mu A$ 的 Ge 离子电流，离子束直径为 $8 \sim 10mm$。

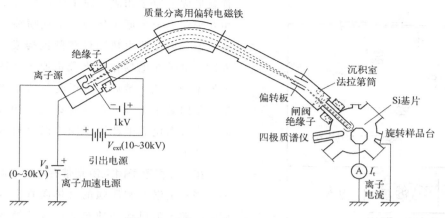

图 4-7　质量分离式离子束沉积装置

为了尽量提高沉积室的真空度，保证离子照射时维持 $1.3 \times 10^{-6} \mathrm{Pa}$ 的真空度，需要采用多个真空泵进行差压排气以构建离子束沉积装置的真空排气系统。其中离子源部分用两台油扩散泵，质量分离之后用涡轮分子泵，沉积室中用离子泵排气。

4.4.3　离化团束沉积

离化团束（ionized cluster beam，ICB）沉积是一种非平衡条件下的真空蒸发和离子束方法相结合的薄膜沉积新技术。常规的离子束沉积和离子镀工艺是在高真空（$10^{-3} \sim 10^{-2} \mathrm{Pa}$）或低真空（$10^{-1} \sim 10 \mathrm{Pa}$）下，离化蒸发材料原子，通过加速电场作用使之获得一定动能，以增加原子化学活性，改善薄膜的物理性能。但是，高能离化原子轰击基片会导致沉积薄膜的溅射，并使薄膜和基片结构产生缺陷，同时高离子浓度也使绝缘介质基片产生放电，破坏薄膜的生长。原子团簇是由几个至上千个原子或分子组成的稳定聚集体。从离化的观点出发，如果能形成离化的原子团簇，就没有必要离化每个原子。根据此想法，Takagi 等于 1972 年提出了一种新型的离子源，发明了 ICB 沉积新技术。

ICB 沉积生长薄膜具有三个主要特点：①离化原子团的荷质比小，能在低能量下获得高的沉积速率；②容易控制离化原子团的能量和离子含量，在低温基片上生长致密度高、附着力强的薄膜；③离化原子团和基片碰撞时，能量向移动原子传递，增加了原子的迁移率，改善了薄膜的结晶状态。

近年来，Takagi 等就 ICB 沉积机制，包括原子团簇的形成、原子团的尺寸、强度和离化条件及其薄膜生长机理进行了广泛的理论和实验研究，并在电子、光学、声学和超导等应用领域研究了几十种金属、半导体和有机薄膜。尤其是最近几年，在 Si 基片上外延生长了高质量的单晶 Al 膜，在 Si 和 GaAs 基片上外延生长了达到器件质量要求的 GaAs 单晶薄膜。在光学应用中，ICB 沉积制备的大面积、高反射率的金膜已用于 CO_2 激光和 X 射线反射镜上。总之，ICB 沉积方法可为各种功能器件制备高精密薄膜，与 MBE、金属有机化学气相沉积和溅射等薄膜沉积工艺相比具有独特的优点。

ICB 沉积的基本结构如图 4-8 所示，将欲生长的材料置于准密闭的特殊坩埚内，加热坩埚使材料在高温下蒸发，蒸气通过坩埚喷嘴经绝热膨胀向高真空室喷射，冷凝到饱和状态，这

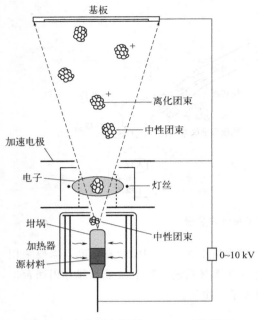

图 4-8　离化团束沉积（ICB）工作原理

样就形成了原子团簇。原子团簇中每个原子团由几个到上千个原子组成。坩埚喷嘴上方设有离化器。离化器由热阴极和阳极构成，热阴极发射的电子在电场作用下轰击原子团簇，使部分原子团离化。最后，带正电荷的原子团以一定能量向处于负高压的基片碰撞沉积成膜。同时，未被离化的中性原子团也以喷射速度沉积在基片上。

ICB 沉积原子团束源是带有喷嘴的圆柱形坩埚。当一定温度和压强的气体向真空区绝热膨胀时，粒子随机运动的热能可以转换成定向运动的动能，而在适当的迟滞条件下，气体绝热膨胀达到饱和状态便形成原子团。

从坩埚喷嘴喷射的原子团簇经离化器的电子轰击发生离化。由于原子团尺寸大，所以离化截面大，容易形成离化原子团。离化原子团在整个原子团簇中的含量可由电子轰击电压 V 和离化电流 I 来控制，一般约占 $10\%\sim50\%$。离化原子团一般带一个正电荷，因为电子轰击离化原子团的概率比中性原子团小，而带双正电荷的原子团也会在库仑排斥力作用下分裂成两个带单电荷的原子团，所以离化原子团簇有小的荷质比。这就消除了离化原子团簇输运过程中空间电荷的相互影响，减少了正电荷在绝缘材料基片上的积聚，并得到高的沉积速率。ICB 沉积生长薄膜的沉积速率可以从每分钟几纳米到几微米。

离化原子团与基片表面碰撞则破碎为单个原子，每个原子的平均能量为 $E=ZV/N$，式中，Z 是电子电荷；V 是加速电压；N 是原子团的尺寸。控制加速电压可使每个原子的能量大于表面扩散能（约 1eV），而小于导致膜层产生缺陷的能量（<5eV）。在常规的离子束沉积中，为了保证束流聚焦和有大的沉积速率，要求每个原子的能量大于 20eV。所以低电荷含量和低能量是 ICB 沉积生长的特点，对生长精密薄膜起着很大作用。

4.4.4　离子束辅助沉积

离子束辅助沉积（ion beam assisted deposition，IBAD）是指为改善薄膜的结构和性能，在气相沉积镀膜的同时采用能量为几到几千电子伏的低能离子束进行轰击的技术。IBAD 除具有离子镀的优点外，还能在更严格的控制条件下连续生长任意厚度的膜层，可以使膜层的结晶性、取向性得到明显改善，增加膜层的附着强度和致密性，并能在室温或近室温下制备出在常温常压下无法得到的，具有理想化学计量比的化合物薄膜。

物理气相沉积（PVD）和化学气相沉积（CVD）方法均可通过增加一套辅助轰击的离子枪（一般为宽束离子源，如 Kaufman 离子源）来实现离子束辅助沉积。由于本底真空度一般要求小于 10^{-3}Pa，常用的 IBAD 工艺如图 4-9 所示。

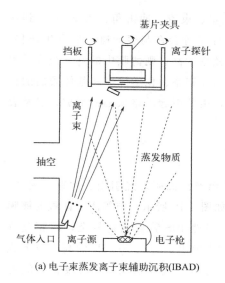

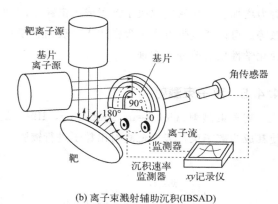

|(a) 电子束蒸发离子束辅助沉积(IBAD)|(b) 离子束溅射辅助沉积(IBSAD)|

图 4-9　常用的离子束辅助沉积方式

图 4-9（a）为最常见的 IBAD 方式。在电子束蒸发沉积过程中，用离子枪发射的离子束照射薄膜，用于实现离子束辅助沉积。离子束的入射方向和镀膜材料的蒸发方向可以有不同的布局，典型的沉积速率为 $0.5\sim1.5nm/s$。其优点是可以获得较高的涂层速度，缺点是只有单质或有限的合金或化合物可以用作蒸发源，并且由于合金或化合物各成分的蒸气压不同，较难获得镀料同成分的膜层。

图 4-9（b）为离子束溅射辅助沉积（ion beam sputter assisted deposition，IBSAD）。利用离子束照射用作镀料的靶产生溅射粒子，同时用另一离子源照射基片，实现离子束溅射辅助沉积，又称为双离子束溅射沉积。这种方法的优点是：被溅射粒子自身具有一定的能量，故其与基片有更好的附着力；任意组分的靶材均可溅射成膜，还可进行反应溅射成膜；便于调节膜层成分；沉积膜层种类很多等。不足之处是沉积速率较低，靶材价格较贵，且存在择优溅射等问题。由离子源的限制以及离子束的直射性问题导致基片尺寸有限、沉积速率低、绕射性不足等问题。由于离子轰击与薄膜沉积是两个相互独立控制的过程，且均可在较大范围内调节，故可以实现理想化学计量比的膜层，以及常温常压下无法获得的化合物薄膜。

若注入离子为惰性气体离子，其作用是调控薄膜的成分与组织结构。如采用溅射石墨靶同时辅以 Ar 离子束轰击可制成类金刚石，甚至金刚石薄膜；利用 IBAD 制备 Cu 膜工艺中，利用 Ar 离子轰击，沉积得到的 Cu 膜比纯蒸发 Cu 膜晶粒细小且致密度高。

若注入离子为氧、氮、碳等离子，则为反应 IBAD，可用来制备氧化物、氮化物、碳化物膜。如高硬度、高抗蚀性的 TiN、TaN、CrN 膜及立方 BN 薄膜，以及 TiC、TaC、WC、MoC 等薄膜。用氧离子辅助沉积 Zr、Y、Ti、Al 等可获得优质氧化物薄膜，用作各种光学薄膜。

此外用多靶或多个独立的蒸发源同时或交替进行溅射或蒸发，同时辅以离子束轰击，即可形成膜层性能优良的多元膜或多层膜。如 Ti/TiN、Al/AlN 双层膜，TiN/MoS_2 双层膜、Ti(CN)、(Ti，Cr)N 复合膜等。

影响 IBAD 薄膜生长的因素包括带电离子类型、能量、束流、冲击角、离子/原子到达比、沉积原子的入射角等。在成核和凝聚之前，离子、原子等会在与表面碰撞后发生迁移。成核密度决定了界面的接触面积和界面空穴的形成。成核密度高，则薄膜中的空穴减少，附着力增加。成核密度取决于沉积或轰击粒子的动能、表面迁移率、化学反应和基体表面的扩散等。可以通过带电离子轰击注入、表面粒子反冲注入，由此引起晶格缺陷的形成，以及表面化学性质的改变来实现。

4.4.5 离子束溅射

离子束溅射（ion beam sputtering，IBS）是用离子源产出离子，经引出、加速、聚焦，使其成为离子束，轰击靶溅射出粒子进行镀膜，其原理如图 4-10 所示。与等离子体溅射镀膜法比较，虽然 IBS 装置结构复杂，成膜速率慢，但优点突出：①在 10^{-3}Pa 的高真空下成膜，沉积薄膜中气体杂质少、纯度高，溅射粒子的平均自由程大、能量高，薄膜与基片间的附着力好；②可以独立控制离子束能量和电流，实现离子束精确聚焦和扫描；③沉积发生在无场区域，靶上放出的电子或负离子不会对基片产生轰击作用，与等离子体溅射法相比，基片温升小，膜成分相对于靶成分的偏离小；④可以对镀膜条件进行严格的控制，调控膜的成分、结构和性能等，可以变换靶材制备多元组分膜或多层膜；⑤靶的电位不影响溅射镀膜；⑥靶材无限制，可用各种粉末、介质、金属和化合物靶。

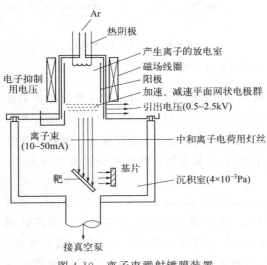

图 4-10　离子束溅射镀膜装置

如果在这种装置中引入反应气体，进行化学反应，可以制取氧化物、氮化物等，即反应离子束溅射，图 4-11 给出了反应离子束溅射法的几种方式。其中图 4-11（a）最简单，引入

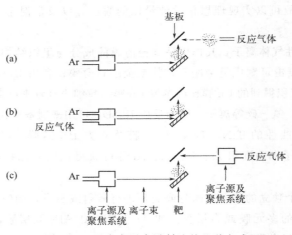

图 4-11　反应离子束溅射法的几种方式

的反应气体是中性的；图 4-11（b）是使反应性气体与惰性气体同时离化参与溅射，在基片与靶上都能进行反应；图 4-11（c）是使反应气体离化，加速之后直接在基片上发生反应。

IBS 法除了成膜条件可严格控制外，溅射粒子的动能大且具有极好的方向性，因此可以制取各种结构的高质量膜和单晶膜，由于沉积速率极低，因此不适于工业化生产，常用于基础研究和原型器件的探索。

思考题

1.什么是离子镀？

2.离子镀与真空蒸发相比有哪些优点？

3.活化反应蒸发（ARE）中是如何实现放电电离的？在制取 TiN 或 TiC 膜层时，如何实现反应充分并形成符合化学计量的膜层？

4.简述多弧离子镀中阴极弧光辉点产生的过程并指出其在离子镀中的作用。

5.简述离化团束（ICB）沉积中团束形核、离化、加速及成膜的过程。

6.光学镀膜中常采用电子束蒸发并加离子束辅助，画出装置示意图并说明离子束作用。

7.反应离子束溅射有哪几种方法？画出装置示意图并加以说明。

第 5 章

化学气相沉积

化学气相沉积（chemical vapor deposition，CVD）是基于化学反应的沉积方法。参与反应的化学物质是来自基片上方的、气态的化合物，在一个管道状的容器（反应器）中放置基片，起化学反应的气体自管道入口输入，反应的气态生成物从出口排出。管壁和基片的温度可以控制。CVD 的反应原料为气态，生成物中至少有一种为固态，固相产物是以薄膜的形式，而不是以粉末或晶须等其它形式出现。

化学反应需要反应活化能，各种能量输入方式都可以提供反应活化能。CVD 中最常见的是通过加热，提供热能作为活化能，即热化学气相沉积（热 CVD），一般不特别说明的 CVD 就是指热 CVD。此外，由等离子体放电激活提供能量的为等离子体增强化学气相沉积（PECVD），由激光或紫外光提供能量的为光化学气相沉积（photo-CVD）。近来，通过加热分解有机金属化合物和氢化物进行外延生长Ⅲ-Ⅴ族、Ⅱ-Ⅵ族半导体化合物薄膜的方法得到特别的重视，称为有机金属化学气相沉积（metal-organic CVD，MOCVD）。

5.1 化学气相沉积原理

基本的化学气相沉积反应主要步骤为：①气体传输至沉积区域，反应气体从反应室入口区域流动到基片表面的沉积区域；②膜先驱物的形成，气相反应导致膜先驱物（将组成膜最初的原子和分子）和副产物的形成；③先驱物在基片表面吸附与扩散，大量的膜先驱物输运到基片表面，膜先驱物吸附在基片表面，然后向膜生长区域的表面扩散；④表面反应，表面化学反应导致膜沉积和副产物的生成；⑤副产物移除，反应的副产物从表面脱附，在沉积区域随气流流动到反应室出口并排出。

上述各阶段所需的时间是不同的，通常升高温度会促进表面反应速率的增加。但对于整个 CVD 反应来说，最慢的反应阶段会成为整个工序过程的瓶颈，即反应速率最慢的阶段将决定整个沉积过程的速率。显然，CVD 反应的速率不可能超越反应气体从主气流传输到基片表面的速率，即使升高温度也是如此，这称为质量传输限制沉积工艺。在更低的反应温度和压力下，由于只有更少的能量来驱动表面反应，表面反应速率会降低。最终，反应物到达基片表面的速率将超过表面化学反应的速率。在这种情况下，沉积速率是受反应速率控制的。

CVD中另一个重要影响因素是气体流动，即反应气体如何输送到基片表面的反应区域，及如何从反应区域排除尾气。若从气相到基片表面的主要输运机制是扩散，且接近基片表面的气体流动为零（由于黏滞和摩擦力作用），这样便产生一个气体流动边界层。气压越低，该边界层越薄。因此在低压下CVD，反应气体通过边界层到达表面的扩散作用会显著增加，即增加了反应物到基片表面的输运（与此对应也会加速从基片表面移除反应副产物），说明在低压下CVD工艺是反应速率限制型。这样在反应室中可将大量基片竖直放置，以提高生产效率。

化学气相沉积优点：①通过对多种气体原料的流量进行调节，可以在相当大的范围内控制产物的组分，可以制取梯度膜、多层单晶膜；此外，化学气相沉积既可以制造金属膜、非金属膜，又可以按要求制造多成分的合金膜。②成膜速度快，每分钟可达几微米至几百微米。③沉积在常压或低压下进行，镀膜的绕射性好，形状复杂，有深孔、细孔的基片上都能实现均匀镀膜。④由于反应气体、反应产物和基片的相互扩散，可以得到附着强度好的镀膜。⑤有些薄膜生长的温度比膜材的熔点低得多，因此能得到高纯度、结晶完全的半导体薄膜。⑥沉积过程可以在大尺寸基片或多基片上进行。

化学气相沉积的缺点：反应温度一般高达1000℃左右，许多基片材料难以承受；反应气体会与基片或设备发生化学反应；在化学气相沉积中所使用的设备可能较为复杂，且有许多变量需要控制。

5.2 热化学气相沉积

热CVD法沉积膜层的原理是利用挥发性的金属卤化物和金属的有机化合物等，在高温下发生气相化学反应，包括热分解、氢还原、氧化、置换反应等，在基片上沉积所需要的氮化物、氧化物、碳化物、硅化物、硼化物、高熔点金属、半导体等薄膜。以两种源气体反应生成一种薄膜和一种副产品为例，可以写成反应式：

$$A(g) + B(g) \xrightarrow{\triangle} C(s) + D(g) \tag{5-1}$$

其中A和B代表反应源材料，C代表沉积的薄膜，D代表副产品，g表示气态，s表示固态。例如由$TiCl_4$、CH_4、H_2等混合气体通过CVD反应在硬质合金表面沉积TiC薄膜（副产品为HCl）的反应方程为

$$TiCl_4(g) + CH_4(g) \xrightarrow{950 \sim 1050℃} TiC(s) + 4HCl(g) \tag{5-2}$$

只有发生在气相-固相交界面的反应才能在基片上形成致密的薄膜。如果反应发生在气相中，则生成的固态产物只能以粉末形态出现。

图5-1表示热CVD法形成薄膜的原理。在反应过程中，构成薄膜的原料以气体形式提供，反应后尾气由抽气系统排出。辐射、热传导、感应加热等形式的热能的作用包括加热基片到适当温度、对气体分子进行激发或分解以促进其反应。分解生成物或反应产物沉积在基片表面形成薄膜。

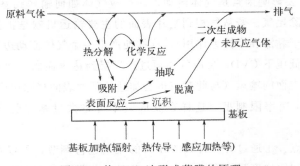

图 5-1　热 CVD 法形成薄膜的原理

图 5-2 为热 CVD 装置的主要结构示意图。图中左半部分为供气线路，为 CVD 提供气源。源气体经纯化装置纯化后，经流量控制仪 MFC 导入反应室中。对于 $SiCl_4$ 等液体源材料可利用吹泡器用 H_2 等载带气体在液体气源中发泡，得到饱和蒸气气泡，再由载带气体稀释后通过 MFC 导入反应室。

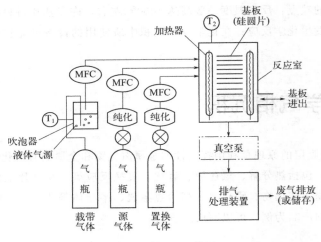

图 5-2　热 CVD 装置

热 CVD 装置中一般设有真空抽气系统，将尾气中的有毒、腐蚀性气体等处理后再排放到大气中。反应器是热 CVD 装置的核心，有多种结构，要求：①保证气体在所有基片表面均匀流动并均等地发生反应，以沉积膜厚、膜质均匀的薄膜；②即时、迅速地排出反应尾气；③均匀加热基片，保证基片温度恒定。

气压对热 CVD 法沉积膜层的过程具有显著的影响。根据气压的不同，将热 CVD 法分为常压化学气相沉积和低压化学气相沉积。

5.2.1　常压化学气相沉积

这是 CVD 反应中最常用的一种类型，在常压下操作，装卸料方便。系统一般包括气体净化系统、气体测量和控制部分、反应器、尾气处理系统和抽真空系统等。

在室温下，原料不一定都是气体，若用液体原料，需加热使其产生蒸气，再由载流气体携带入炉。若用固体原料，加热升华后产生的蒸气由载流气体带入反应室。在这些反应物进入沉积区前，一般不希望它们之间发生相互反应。因此，在低温下会相互反应的物质，在进入反应区之前就隔开。常压下可以连续供气和排气，物料的运输一般是靠外加不参与反应的惰性气体来实现。由于至少有一种反应产物可连续地从反应区排出，这就使反应总处于非平衡状态，而有利于薄膜沉积。在大多数情况下，反应是在一个大气压（1atm＝101325Pa）或稍高于一个大气压下进行的（以使废气从系统中排出）。沉积工艺容易控制，重复性好，工件容易取放，同一装置可反复多次使用。

常压化学气相沉积系统可分为立式和卧式两种形式，如图 5-3 所示。卧式应用最广泛，但沉积膜的均匀性较差。立式可分为平板式和转筒式，由于气流垂直于基片，并可使气流以基片为中心均匀分布，因此沉积的薄膜均匀性较好。平板式中基片支架为旋转圆盘，可保证反应气体混合均匀，沉积膜的厚度、成分及杂质分布均匀。转筒式结构能对大量基片同时进行外延生长。

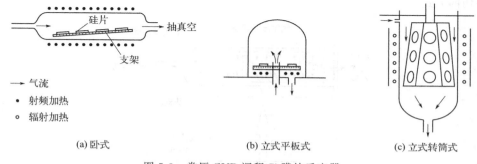

图 5-3　常压 CVD 沉积 Si 膜的反应器

在外延 Si 时常用卤化物或氢化物热分解，由于是吸热反应，反应很快会在系统中最热的表面上进行。反应器的壁要比放基片的支架表面温度低。在采用 SiH_4 进行沉积时，壁上要水冷，以防止 SiH_4 在壁上分解，而采用 $SiCl_4$ 时，仅用空气冷却。基片座是唯一的人为加热表面。多数设备采用射频加热，也有一些用辐射灯加热，很少采用电阻加热。

5.2.2　低压化学气相沉积

CVD 过程本质上是一个气相的输运和反应过程。近年来出现的低压化学气相沉积（LPCVD）的原理与常压 CVD 基本相同，其主要区别是：由于低压下气体的扩散系数增大，气态反应剂与副产物的质量传输速度加快，形成沉积薄膜的反应速度增加。由气体分子运动论可知，气体的密度和扩散系数都与压强有关，气体密度与压强成正比，而扩散系数与压强成反比。当反应器中的压强从常压降至 LPCVD 中所采用的 100Pa 以下时，即压强降低三个数量级，则分子的平均自由程将增大三个数量级，气体扩散系数也增大三个数量级。由此带来的优点如下。

① 薄膜厚度均匀性好　扩散系数大意味着质量输运快，气体分子分布的不均匀能够在很短的时间内消除，使整个系统空间气体分子均匀分布，参与反应的气体分子在各点上所吸收的能量大致相同，因此各点的化学反应速度也大致相同，生长的薄膜厚度均匀。

② 生产效率高　由于气体扩散系数和扩散速度增大，基片就能以较小的间距迎着气流方向垂直排列，可大大提高生产效率，并且可以减少自掺杂，改善杂质分布。

③ 沉积速率高　参加化学反应的反应物分子通过加热获得了能量被活化，活化的反应物分子间发生碰撞，进行动量交换，即发生化学反应。由于 LPCVD 中气体分子间的动量交换速度快，因此更易于发生化学反应。

④ 反应温度低　随着压强下降，反应温度也下降。例如当反应压强从 10^5 Pa 降至 10^2 Pa 时，反应温度可以下降 150℃ 左右。

低压 CVD 装置由反应室、供气系统、控制系统、排气系统构成。装置如图 5-4 所示，小图为反应器内气体的流动状态。利用这种装置制作的薄膜质量优良，性能均匀稳定。以每批量处理 50 块 6 英寸（1in=0.0254m）硅圆片的工艺为例，其膜厚分布及电阻率分布的分散性均可保证每片中在 ±3%，片与片之间在 ±4% ～ ±5% 的范围内。正是基于上述优点，LPCVD 在许多领域都获得应用，近年来推广普及很快。在薄膜制作领域，LPCVD 已成为最普遍采用的方式。

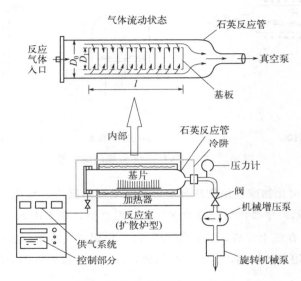

图 5-4　热壁型低压 CVD 装置

5.3　等离子体增强化学气相沉积

一般 CVD 的沉积需要温度在 900～1000℃，部分要求更高温度，只有少数可在 600℃ 以下进行。高温的不利影响是容易引起基片的形变和结构发生变化，降低基片材料的力学性能。此外基片材料与膜层材料在高温下会发生相互扩散，在界面处形成减弱二者之间结合力的脆性相，从而影响应用。近年来发展的等离子体增强化学气相沉积（PECVD）在降低薄膜沉积温度和探索新的激活反应方式上非常成功，并得到广泛应用。

等离子体增强化学气相沉积利用辉光放电来激活化学气相沉积反应。由于电子和离子的质量相差巨大，因此在辉光放电所形成的等离子体中，二者通过碰撞交换能量的过程比较缓慢，导致在等离子体内部各种带电粒子各自达到其热力学平衡状态，于是在这样的等离子体中只有电子气温度和离子温度，而没有统一的温度。一般情况原子、分子、离子等粒子的温度只有 $25\sim300℃$，而此时电子能量为 $1\sim10eV$，相当于温度 $10^4\sim10^5K$，气体温度在 10^3K 以下，电子气温度比普通气体分子的平均温度高 $10\sim100$ 倍。所以从宏观上看这种等离子体的温度不高，但其内部却处于受激发状态，其电子能量足以使气体分子键断裂，产生具有化学活性的物质，如活化分子、离子、原子等。对于本来需要在高温下才能进行的化学反应，当其处于等离子体场中时由于反应气体的激活而大大降低了反应温度，从而在较低的温度甚至在常温下也能在基片上形成固体薄膜。

由此可见，PECVD 同时运用了化学气相沉积技术和辉光放电的增强作用。在 PECVD 过程中除了热化学反应外，还存在着复杂的等离子体化学反应。可以使用射频等离子体、直流等离子体、脉冲等离子体和微波等离子体以及电子回旋共振等离子体等，用于激发 CVD。它们分别由射频、直流高压、脉冲、微波和电子回旋共振激发稀薄气体进行辉光放电而得到，放电气体压强一般为 $1\sim600Pa$。等离子体在化学气相沉积中有以下作用。

① 将反应物中的气体分子激活成活性离子，降低反应所需的温度；

② 加速反应物在表面的扩散作用，即表面迁移率，以提高成膜速度；

③ 溅射除去结合不牢固的粒子，对于基片及膜层表面具有溅射清洗作用，加强薄膜与基片的附着力；

④ 通过反应物中的原子、分子、离子、电子之间的碰撞、散射，使形成的薄膜厚度均匀。

因此 PECVD 和普通 CVD 比较有如下优点。

① 可以在 $300\sim500℃$ 以较低温度成膜，对基片影响小，并可以避免高温成膜导致膜层晶粒粗大以及膜层和基片间生成脆性相；

② PECVD 在较低的压强下进行，由于反应物中的分子、原子、离子等与电子之间的碰撞、散射、电离等作用，膜厚及成分的均匀性提高，得到的薄膜针孔少、组织致密、内应力小、不易产生裂纹；

③ 能在更大的范围上应用化学气相沉积，特别是提供了在不同基片上制备各种金属薄膜、非晶无机薄膜、有机聚合物薄膜的可能；

④ 膜层对基片的附着力提高。

在反应室中，由放电电极代替加热器，使基片表面产生等离子体，由此便构成最基本的 PECVD 装置。反应室的基本类型如图 5-5 所示。高频放电采用 13.56MHz 的工业射频功率，高频功率的输入方法有电容耦合型［以等离子体放电区的电容为耦合负载，见图 5-5（a）、（b）］和电感耦合型［图 5-5（c）］两种。此外，电极设在真空容器之内的为内部电极型，真空容器内无电极的为无极放电型。其中，内部电极采用平行平板的，可以在比较低的温度（$150\sim300℃$）获得高品质薄膜，特别是容易实现大面积化，目前在液晶显示器用薄膜三极管、非晶硅太阳能电池等各种薄膜器件的制作中，已获得广泛应用。排气系统多选择极限真空度高、排气量大且耐尾气腐蚀的系统，如干式机械泵、扩散泵、涡轮分子泵等。

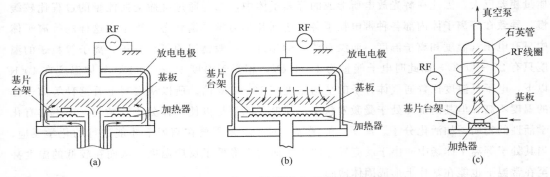

图 5-5　PECVD 装置反应室的基本类型

图 5-5 所示为目前最常用的 PECVD 电极结构及与之配合的气体流动方式。每种方式都需要采取措施使源气体在基片表面均匀流动，以保证沉积膜层厚度偏差控制在 10％范围内。图 5-5（c）是在反应器石英管外绕一 RF 线圈，也可以采用特殊的天线和高频电路，在反应器内部产生无极放电。图 5-5（a）和（b）中，基片支持架可以做得很大，适合于大批量生产。图 5-5（c）所示设备也可以保证高密度等离子体在更大的面积上分布，这种工业用设备已达到实用化。这种装置的优点是结构简单，制作方便，但 RF 线圈的阻抗匹配不太容易调节。

上述几类装置在制作半导体元件的最终保护膜（钝化膜）等方面已投入工业应用。此外，太阳能电池用 α-Si：H 膜和有源矩阵型液晶显示器用薄膜晶体管（TFT）的研究开发和工业化生产也是从这种 PECVD 装置开始的。

图 5-6 为用来沉积氮化硅膜的放有大量基片径向流动的 Reinberg 型反应器。反应器大部分由铝构成，内有两个平行的，直径 66cm 的电极，相互隔开 5cm 以上。上电极处于高电压，通过一个匹配网络连至 5kW、50kHz 的电源。下电极供基片支撑用，接地。此下电极通过一个磁铁组件驱动，可以任意旋转基片位置，使基片之间的膜厚均匀。此外下电极还可以加热至 300～325℃，靠外部的三段加热器完成。反应气体混合物（$SiH_4/NH_3/N_2$）通过转动的中心轴向上流入，再沿径向迅速流出，流过二电极间的空隙。反应的副产品以及未反应气体被抽入接地电极外缘下面的环形充气腔内，再通过四个等距配置的抽气孔进入抽气真空系统。沉积速率取决于气体流量和成分。超过一定的功率水平以后，沉积速率可以与功率的大小密切相关，也可与功率大小无关。对氮化硅以外的材料，反应器也可能有同样的特性。

微波电子回旋共振（ECR）化学气相沉积是沉积薄膜的新技术。电子回旋放电在低压强下（$1.33 \times 10^{-3} \sim 0.133Pa$）能够产生高密度荷电和受激粒子，使气体很容易实现化学反应。由电子回旋共振条件得到的独特的等离子体环境比传统的等离子体增强化学气相沉积更具优势。

图 5-7 为典型的电子回旋共振等离子体沉积系统，包含两个室——等离子体室和沉积室。等离子体室接收由微波源通过波导和石英窗导入的频率为 2.45GHz 的微波，两个共轴磁线圈安放在等离子体室外壁用于电子回旋等离子体激发，电子回旋共振在 875G 磁场下发生，从而获得高度激活的等离子体。在该沉积系统中，离子从等离子体室中抽取出来而进入沉积室并流向基片而成膜。在沉积 SiN 膜时，N_2 被引入等离子体室，SiH_4 被引入沉积室。在沉积 SiO_2 膜时，O_2 被引入等离子体室。利用微波电子回旋共振等离子体化学气相沉积，不用加

热基片便能获得高质量薄膜。以 SiH_4 和激发的 Ar 或 H_2 为源，在低于 150℃ 的温度下获得了高质量的 α-Si：H 膜。在低于 $5.3×10^{-2}Pa$ 气压下制备的薄膜显示出较高的光导率，比在 $5.3×10^{-2}Pa$ 以上气压下沉积的膜具有更宽的能带隙。

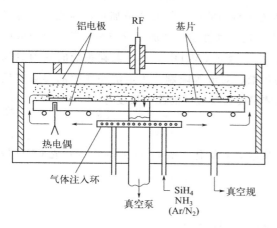
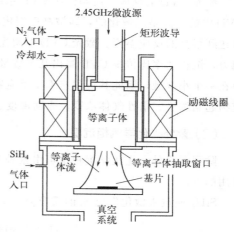

图 5-6　沉积氮化硅膜的 Reinberg 型反应器　　　图 5-7　电子回旋共振等离子体沉积系统

5.4　光化学气相沉积

　　PECVD 能降低化学气相沉积的温度，但 PECVD 往往会在元件中造成各种缺陷或损伤（如等离子体中带电粒子轰击膜层造成的损伤）。另外前道工序（如杂质的精确掺杂等）制作的元件，很难承受 PECVD 后道工序的温度。因此需要进一步降低薄膜沉积温度，而光化学气相沉积（光 CVD）是一个解决方案。对于热分解来说，加热的作用通常是使分子的平移运动及内部自由度同样地被激发（对分解无贡献的自由度也被激发）。与此相对，光 CVD 仅直接激发分解所必需的内部自由度，赋予其激活能，促进分解与反应。即光 CVD 可在低温、几乎不引起薄膜损伤的情况下制取薄膜。

　　光 CVD 可获得高质量、无损伤薄膜，并且沉积在低温下进行，沉积速率快，可生长亚稳相和形成突变结。与 PECVD 相比，光 CVD 没有高能粒子轰击生长膜的表面，而且引起反应物分子分解的光子没有足够的能量产生电离。因而可制备与基片结合良好的高质量薄膜。

　　在光 CVD 中，具有较高能量的光子选择性地激发表面上吸附的分子或气体分子，破坏结合键使其分解形成化学活性更高的自由基。自由基在基片表面发生反应沉积，形成化合物膜，这一过程受到入射光波长的控制。光 CVD 可由激光或紫外光来实现，由此可将光 CVD 技术分为光源能量更高且高度聚焦的激光化学气相沉积技术，以及能量相对较低的紫外光化学气相沉积技术。

（1）激光化学气相沉积

激光化学气相沉积利用激光束实现薄膜的化学气相沉积。由激光触发的化学反应有两种机制：一种为光致化学反应，另一种为热致化学反应。前者在激光高能光子作用下使分子成键断裂，分子分解然后反应生成薄膜；后者将激光束能量转化为分子热能，实现热致分解，并使基片温度升高加速沉积反应。通常光致反应和热致反应过程同时发生。

激光 CVD 的反应系统与传统 CVD 系统相似，但薄膜的生长特点则有所不同。由于激光 CVD 中的加热是局域化的，即被高度聚焦的激光束打到的位置附近才被加热，因此该点位可以达到很高的反应温度。激光 CVD 中激光的点几何尺寸性质还增加了反应物扩散到反应区的能力，沉积速率比传统 CVD 高出几个数量级。由于激光 CVD 中局部高温在很短时间内只局限在一个小区域，因此其沉积速率受反应物的扩散、对流等限制。决定沉积速率的参数有反应物起始浓度、惰性气体浓度、表面温度、气体温度、反应区的几何尺度等。

（2）紫外光化学气相沉积

除了激光外，光化学沉积也可由紫外光来实现，汞敏化（mercury sensitized）光 CVD 是常用的方法。

SiH_4 通过汞敏化生成 Si 的反应为

$$Hg^* + SiH_4 \longrightarrow Hg + 2H_2 + Si \tag{5-3}$$

式中，Hg^* 代表由于紫外辐射汞原子处于激发态。

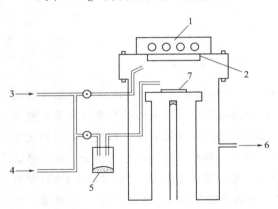

图 5-8　大气压下汞敏化光化学气相
沉积制备无掺杂 α-Si：H 膜实验装置
1—汞灯；2—石英玻璃；3—Ar 气入口；
4—SiH_4 入口；5—汞；
6—废气出口；7—基片

图 5-8 为大气压下的汞敏化光 CVD 制备无掺杂 α-Si：H 膜的实验装置示意图。低压汞灯共振线分别为 253.7nm 和 184.9nm。Ar 作为携带气体将 SiH_4 气体导入真空室。低蒸气压的氟化油涂在石英窗内表面，以阻止窗口上薄膜的沉积。

汞蒸气引入反应室中，基片温度 $T_s =$ 200～350℃。通过优化汞源温度（20～200℃）和气体流量［SiH_4，1～30sccm（standard cubic centimeter per minute，体积流量）；Ar，100～700sccm］，可获得 4.5nm/min 的沉积速率。在光 CVD 中，气相反应物分子的解离和沉积物的形成皆由光子源控制，因此基片温度为一个独立的工艺参数。

5.5　金属有机化学气相沉积

金属有机化学气相沉积（metal-organic CVD，MOCVD）是用加热的方法将化合物分解而进行外延生长半导体化合物的方法。作为含有化合物半导体组分的原料，化合物要求：①在常温下较稳定而且容易处理；②反应的副产物不应阻碍外延生长，不应污染生长层；

③在室温下应具有适当的蒸气压（≥133Pa）。能满足上述原料化合物要求的物质是强非金属性氢化物（如 AsH_3、NH_3、PH_3、SbH_3、SiH_4、GeH_2、H_2S、H_2Se、H_2Te 等）和金属烷基化合物〔如 $(CH_3)_2Zn$、$(CH_3)_2Cd$、$(CH_3)_2Hg$、$(CH_3)_3Al$、$(C_2H_5)_3Ga$、$(C_2H_5)_3In$、$(C_2H_5)_4Sn$、$(C_2H_5)_4Pb$ 等〕。

金属有机化学气相沉积法的最大特点是可对多种化合物半导体进行外延生长。与其它外延生长法如液相外延生长、气相外延生长相比，金属有机化学气相沉积有以下特点：①反应装置较为简单，生长温度范围较宽；②可对化合物的组分进行精确控制，膜的均匀性和膜的电学性质重复性好；③原料气体不会对生长膜产生蚀刻作用，因此在沿膜生长方向上，可实现掺杂浓度的明显变化；④只通过改变原材料即可生长出各种成分的化合物。

MOCVD 缺点为：所用的金属有机原料一般具有自燃性，AsH_3 等 V 族、VI 族原料气体有剧毒。

将金属的甲基化合物、乙基化合物、三聚异丁烯（triisobutylene）化合物等导入高温加热的基片上，即可发生相应反应。

金属有机化学沉积系统可分为水平式或垂直式生长装置。图 5-9 给出超晶格 $Ga_{1-x}Al_xAs$ 薄膜生长所用的垂直式生长装置。使用的原料为三甲基镓（TMG）、三甲基铝（TMA）、二乙烷基锌〔$(C_2H_5)_2Zn$，DEZ〕、AsH_3 和 n 型掺杂源 H_2Se。高纯度 H_2 作为携带气体将原料气体稀释并充入反应室中。在外延生长过程中，TMA、TMG、DEZ 发泡器分别用恒温槽冷却，通过净化器去除携带气体 H_2 包含的水分、氧等杂质。反应室用石英制造，基片由石墨托架支撑并能够通过反应室外部的射频线圈加热。对 GaAs 基片加高温以使导入反应室内的气体发生热分解反应，最终沉积成 n 型或 p 型掺杂的 $Ga_{1-x}Al_xAs$ 膜。反应式为：

$$Ga(CH_3)_3 + AsH_3 \longrightarrow GaAs + 3CH_4 \tag{5-4}$$

$$Al(CH_3)_3 + AsH_3 \longrightarrow AlAs + 3CH_4 \tag{5-5}$$

调节 TMA 与 TMG 的流量比，就可以形成所需的半导体 $Ga_{1-x}Al_xAs$。

反应生成的气体排入废气回收装置。生长速率与 TMG 浓度成正比，和流速也有关。

利用类似上述反应可生长出各种化合物半导体单晶膜。由 MOCVD 制作的单晶用途很广，主要用于混频二极管、耿氏振荡器、霍耳传感器、FET 光电阴极、太阳能电池、LED 发光元件等。

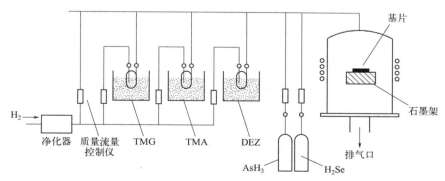

图 5-9　外延生长 $Ga_{1-x}Al_xAs$ 的垂直式 MOCVD 装置

思考题

1. 什么是化学气相沉积？简述其成膜过程。
2. 化学气相沉积有哪些优缺点？
3. 化学气相沉积中要替代衬底的高温加热，有哪些办法？
4. 画出热 CVD 装置的示意图，简述其各部分的作用。
5. 低压化学气相沉积中降低气体压强有什么作用？
6. PECVD 中等离子体的作用是什么？PECVD 有何优点？
7. 光 CVD 采用的光源有哪些？简述汞敏化光 CVD 的原理。
8. 什么是 MOCVD？MOCVD 有何特点？对反应物有何要求？
9. 以 $Ga_{1-x}Al_xAs$ 为例，简述 MOCVD 的反应过程，并画出装置示意图。

第 6 章

原子层沉积

原子层沉积（atomic layer deposition，ALD）是一种特殊的 CVD 方法，其中最为典型的是热 ALD 法（thermal atomic layer deposition，TALD），其主要流程是将含有要生成膜材料的挥发性化合物（前驱体源）气化，并通过载气，将气相前驱体交替脉冲进入反应室，进行反应沉积在衬底表面，由于自限制效应形成单层薄膜。与 CVD 不同，ALD 并非是一个连续的过程，而是由若干个半反应序列组成，形成一个周期，每周期生长一层薄膜，每个循环的生长速率通常定义为 GPC（growth per cycle），在一定的生长窗口内，其生长速率稳定。

随着技术的不断发展与需求的升级，ALD 系统也在不断升级优化。除了最常见的热 ALD，还衍生出了许多其它 ALD 系统。例如，通过引入等离子体可以实现更广泛的反应，即等离子体增强 ALD（plasma enhanced atomic layer deposition，PEALD）；空间 ALD（spatial atomic layer deposition，SALD）可以大幅度提升原子层沉积的速率；而电化学原子层沉积（electrochemical atomic layer deposition，ECALD）则是原子层沉积原理在电化学技术中的应用。

ALD 可以用于生长多种材料，如氧化物、氮化物、半导体材料、金属、氟化物、有机-无机杂化材料等，由于其高保形性、高均匀性、精细可控等优势，目前已经被广泛应用于微纳加工、微电子、生物医药、能源催化、光学等领域。

ALD 最早是由芬兰科学家 Suntola 在 20 世纪 70 年代提出和实现的，随着半导体等领域对纳米厚度薄膜质量要求的提高，ALD 技术已经取得了长足的进步和发展。我国的企业与科研界也十分关注 ALD 技术的应用与发展。其中，复旦大学材料科学系、微电子学院等多个院系开展了 ALD 制备薄膜的工艺研发及其在半导体、能源、传感等方面的应用工作。

6.1 原子层沉积的过程和特点

6.1.1 原子层沉积过程

一个典型的原子层沉积生长的周期包括以下四个步骤。

① 将待沉积的样品基片放置在反应腔体中，进行前驱体 1 脉冲。化学吸附作用使得前驱体吸附在基片表面，并与基片表面的活性基团发生反应，从而反应生成气态副产物。

② 在基片与前驱体 1 的吸附达到饱和后，采用惰性气体（如 N_2）去除多余的前驱体以及步骤①中产生的气态副产物。

③ 将前驱体 2 通入反应腔中，通过与基片表面吸附的前驱体发生反应形成所需薄膜。

④ 采用惰性的气体去除多余的前驱体 2 与反应所产生的气态副产物。

步骤①、③都是饱和自限制反应。

ALD 设备结构气路如图 6-1 所示。

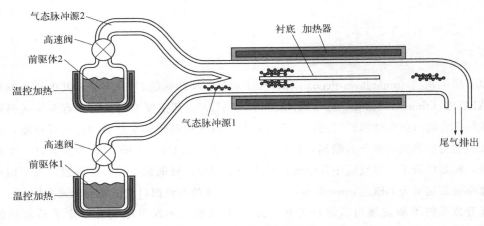

图 6-1　ALD 设备结构气路

6.1.2　原子层沉积特点

相比于其它的沉积方式，如化学气相沉积（CVD）、物理气相沉积（PVD）、脉冲激光沉积（pulsed laser deposition，PLD）等薄膜沉积技术，ALD 具有以下优势：

① 优异的三维保形性（conformality）和大面积的均匀性（uniformity），特别适合复杂表面形状及高纵深比结构的生长；

② ALD 还可以实现精确、简单的膜厚控制，在完全理想的情况下，每一个循环结束后会在沉积表面生成单原子层的薄膜，在反应的窗口区内，通过控制循环次数，就可以精确控制膜厚；

③ 较低的沉积温度，ALD 生长温度远低于 CVD 所需温度，特定工艺甚至可以在室温下进行；

④ 适合界面修饰和纳米尺度多组元的层状结构制备。

同时，ALD 自身也具有其局限性：

① 传统的热 ALD 沉积速率较慢，不适合工业生产中的应用，由此导致了空间 ALD 的产生；

② 较低的沉积温度，可能会导致前驱体源的残留，如碳残留等，可以通过优化 ALD 工艺，开发新的前驱体源种类，引入等离子体等方法来优化这一问题。

6.1.3　影响原子层沉积生长速率的因素

大多数 ALD 工艺存在一个窗口区，在此窗口内，生长速率恒定，对工艺参数不敏感，沉积薄膜具有极佳的厚度均匀性和三维保形性。

6.1.3.1　温度

因上述窗口的存在，在一定的温度区间内的稳定性使得 ALD 的自限制生长得到了保证，ALD 的自限制生长有了更多的实用性。因为如果只在一个很窄的温度范围内自限制生长，一旦腔体温度稍不稳定就会破坏这种平衡。因此，在 ALD 工艺的探究过程中，寻找合适的窗口温度，是至关重要的。一般会先进行一定区间内的温度尝试，确定温度窗口。

如图 6-2 所示，在温度窗口之外，每个周期的增长可能会发生剧烈变化。在较低的温度下，当底物温度低于获得足够蒸气压力所需的温度时，前驱体的过量冷凝，会严重影响基片材料的稳定性，降低薄膜的反应速率，形成不均匀的薄膜。同样，在较低的温度下，可能没有足够的热能使化学反应发生，从而导致较慢的生长模式，如果温度降低到一定水平，将不会获得任何薄膜，只有粉末状的产品附着在反应腔体内。在较高的温度下，前驱体会发生分解，导致生长产物的增加，即非自限制生长的模式，或者，如果薄膜材料是挥发性的，随着基片温度的升高，表面基团逐渐丢失，也会导致窗口温度内每次循环生长速率的下降。

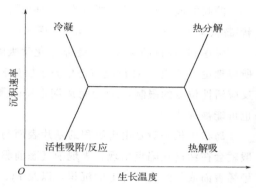

图 6-2　ALD 薄膜沉积速率随温度变化趋势

需要指出的是，图 6-2 是比较典型的理想 ALD 温度窗口模型，但并不是所有的 ALD 沉积的目标薄膜都具有如此理想的温度窗口，更加普遍观察到的结果是在温度窗口内随温度变化，薄膜生长速率有不明显的变化。

6.1.3.2　前驱体源

通常，原子层沉积的前驱体源需要具备以下特质。

① 易挥发　因为大多数前驱体源都是经过气化被脉冲入反应腔体的，如果难以挥发，会影响反应的进行。一般要求其工作温度不高于 200～300℃，工作蒸气压不小于 0.1Torr。

② 反应活性高　前驱体源通常通过脉冲进入腔体，总体而言每周期反应是微量的，而且需要很快完成，所以需要前驱体源之间能够快速反应，即所涉及反应的吉布斯自由能是一个较大的负值。

③ 具有较好的热稳定性，不易自分解　上面描述反应窗口时曾提到，过高的温度可能导致前驱体源的自分解，影响反应速率和成膜质量，有较好稳定性的前驱体源可以有更宽的反应窗口，保证成膜的稳定性。

④ 不具有腐蚀性　前驱体源自身不能对目标基片或者腔体具有腐蚀性。

前驱体源影响沉积的原理主要有以下两个。

① 前驱体种类　以氧化物沉积为例，通常采用去离子水作为氧源，这也是热 ALD 最常用的氧源，一般具有较好的反应活性，O_3 具有更大的活性，有时也会采用。在等离子体增强的 ALD 中，一般通过等离子体发生器，通过 O_2 获得高活性的原子氧。此外 H_2O_2 和醇盐也

可以作为氧源。

② 前驱体的空间位阻效应　ALD 实际生长中，反应前驱体间存在的位阻效应会导致生长速率的减小，使得实际 GPC 小于理想状况下 ALD 单原子层生长。

6.1.3.3　表面反应活性位点密度

ALD 是一个自限制的表面化学吸附反应，沉积表面的反应活性位点密度越高，化学吸附覆盖率越大，生长速率就越快。例如，在三甲基铝和去离子水沉积氧化铝的实验中，基片表面羟基的浓度可以显著影响吸附反应的目标原子（Al）浓度，进而影响到化学反应的饱和度以及生长速率；相应地，石墨烯表面采用此工艺就很难生长均匀的氧化铝薄膜。

6.1.3.4　生长模式

薄膜的成核与生长主要分为 3 种模式：①层状生长（Frank-van der Merwe）模式；②层状-岛状生长（Stranski-Krastanov）模式；③岛状生长（Volmer-Weber）模式。

考虑到 ALD 的生长模式是基于化学吸附的自限制的饱和反应，而化学吸附是单层吸附，所以理论上来说，ALD 应该是单原子层生长（1ML）模式。但是，由于空间位阻效应和表面反应活性位点的限制，ALD 每周期生长的薄膜实际通常是亚单层厚度。因此，其它两种模式也可能被观测到。

岛状生长一般是由于沉积的基片表面与前驱体源结合性较差，这种情况下，岛状生长一般就会在活性缺陷点出现，表现为气态前驱体择优沉积在基片上，比如氧化锆和氧化铝在石墨烯表面或氢纯化硅片上的沉积，以及 Pt、Ir 的沉积。

同时，生长模式也可能随着生长过程的进行而改变，有可能第一层是层状生长，后续变为层状-岛状生长或岛状生长模式，或者相反。

总的来说，在优化的工艺条件下，前驱体源的剂量、沉积温度等对反应的影响较小，总体来说，原子层沉积是饱和自限制的反应过程，这也是原子层沉积能够被广泛应用的重要原因。

6.2　热原子层沉积

6.2.1　氧化物沉积

热原子层沉积是最典型的原子层沉积类型，如图 6-3 所示，以氧化铝沉积为例，反应前驱体源为三甲基铝（trimethyl aluminum，TMA）和去离子水，其典型的反应主要由以下 4 个步骤组成。

① 前半循环　气态三甲基铝脉冲进入反应室，在基片表面基团（氢氧根基团）发生化学吸附。

② 惰性气体吹扫清洗　通常采用高纯氮气或氩气，把未进行化学吸附的多余三甲基铝蒸气和反应副产物甲烷吹扫出反应室。

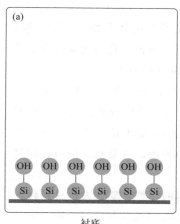

衬底

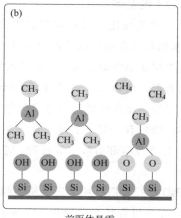

前驱体暴露

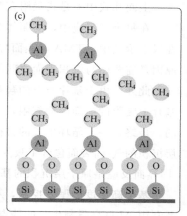

前驱体吸附

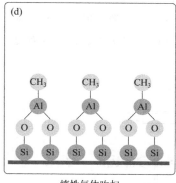

惰性气体吹扫

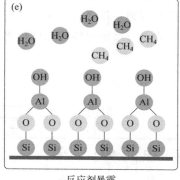

反应剂暴露

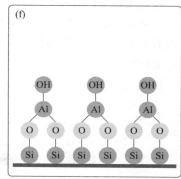

惰性气体吹扫

图 6-3　ALD 反应原理

③ 后半循环　水蒸气脉冲进入反应室，与前半循环化学吸附的中间体继续反应。

④ 惰性气体吹扫清洗　清洗气体把未吸附的多余水蒸气和反应副产物甲烷吹扫出反应室。

过程中主要涉及两个半反应：

前半循环：

$$Al(CH_3)_3(g) + 2Al\text{-}OH^*(s) \longrightarrow (Al\text{-}O)_2\text{-}Al(CH_3)^*(s) + 2CH_4(g) \qquad (6\text{-}1)$$

后半循环：

$$H_2O(g) + (Al\text{-}O)_2\text{-}Al(CH_3)^*(s) \longrightarrow (Al\text{-}O)_2\text{-}Al\text{-}OH^*(s) + CH_4(g) \qquad (6\text{-}2)$$

再经过重复脉冲反应：

$$(Al\text{-}O)_2\text{-}Al\text{-}OH^*(s) + Al(CH_3)_3(g) \longrightarrow (Al\text{-}O)_2\text{-}Al\text{-}O\text{-}Al(CH_3)_2^*(s) + CH_4(g) \quad (6\text{-}3)$$

$$2H_2O(g) + (Al\text{-}O)_2\text{-}Al\text{-}O\text{-}Al(CH_3)_2^*(s) \longrightarrow (Al\text{-}O)_2\text{-}Al_2O_3\text{-}2H^*(s) + 2CH_4(g) \quad (6\text{-}4)$$

总反应：

$$2Al(CH_3)_3(g) + 3H_2O(g) + 2Al\text{-}OH^*(s) \longrightarrow (Al\text{-}O)_2\text{-}Al_2O_3\text{-}2H^*(s) + 6CH_4(g) \quad (6\text{-}5)$$

上面几式中 * 是指吸附在基片上的基团。

在每个半反应中，前驱体分子首先被化学吸附在沉积表面上并与配体交换，也就是说，在以上示例中，TMA 与表面羟基的相互作用形成了表面 Al-O-Al 桥氧键。自限制和自终止的原因是前驱体与沉积表面之间的单层化学吸附，这也与甲基的空间效应有关。

此外，由于基片原有的羟基有限，所以脉冲进的 TMA 能进行的化学吸附沉积有限，则基片上吸附的中间产物有限，于是后半循环脉冲进的水蒸气能进行反应生成的产物也是有限的。最终，一个循环生长的目标产物只有一层，实现了饱和生长的逐层生长模式，所以原子层沉积的气-固表面包含了吸附、化学反应和解吸附等过程。总的来说，自限制、自饱和的气-固界面反应是原子层沉积的基础。

基于高精度的厚度控制，ALD 已经被广泛用于三维精细结构的调控。复旦大学材料科学系利用 ALD 自限制生长的特点，在三维管状光学微腔上制备了厚度精确控制的氧化物（氧化锌、氧化铝等）薄膜，实现了对管壁厚度的精细调控，有效提升了微腔的品质。

图 6-4 是一个典型的 TALD 操作界面，进气管路可以外接四种前驱体源，通过控制手动阀的开关，配合沉积参数的控制、管路与反应腔体的温度控制，可以实现多种氧化物或者复合氧化物的沉积。

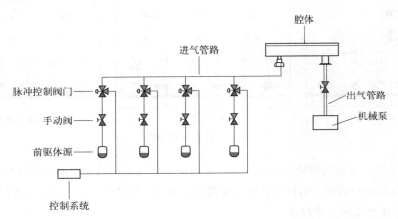

图 6-4 典型的 TALD 操作界面

6.2.2 半导体沉积

ZnS 是最早用 ALD 制备的材料之一，TALD 生长 ZnS 的工艺也比较成熟。其具有直接跃迁能带结构，在光电转换、激光等领域具有重要应用前景。以二乙基锌（diethylzinc，DEZ）和 H_2S 制备 ZnS 为例，其反应过程为：

前半循环：

$$Zn(C_2H_5)_2(g) + Zn\text{-}S\text{-}H^*(s) \longrightarrow Zn\text{-}S\text{-}Zn(C_2H_5)^*(s) + C_2H_6(g) \tag{6-6}$$

后半循环：

$$H_2S(g) + Zn(C_2H_5)^*(s) \longrightarrow Zn\text{-}S\text{-}H^*(s) + C_2H_6(g) \tag{6-7}$$

总反应：

$$Zn(C_2H_5)_2(g) + H_2S(g) \longrightarrow ZnS(s) + 2C_2H_5(g) \qquad (6\text{-}8)$$

除此之外，随着技术发展，ALD 已经被广泛应用于半导体材料的生长。复旦大学研究团队探究了 GaAs 生长的机理，并成功在羟基化的二氧化硅表面进行了砷化镓薄膜的生长。基于 ALD 沉积的大面积 MoS_2，团队还实现了高性能场效应晶体管的制备。

6.3 空间原子层沉积

空间原子层沉积又称空间隔离原子层沉积（SALD）是针对传统热原子层沉积（时间隔离）的缺点而开发的原子层沉积方法。如图 6-5 所示，它与时间隔离的原子层沉积之间的区别在于，使用两种前驱体之间的物理隔离来实现前驱体的空间隔离，以防止前驱体的交叉污染，大大提升了沉积效率，而且可以满足大面积、批量生产和低成本生产薄膜的要求。在传统的 ALD 工艺中，不同的前驱体脉冲被顺序地输入反应室中，并且前驱体被清洁脉冲分离。在 SALD 工艺中，前驱体在不同的物理位置连续提供，即在基片上至少有两个反应区，并且在反应区中发生半反应。换句话说，在 ALD 模式下必不可少的半反应用空间隔开，而不是使用清洁脉冲。

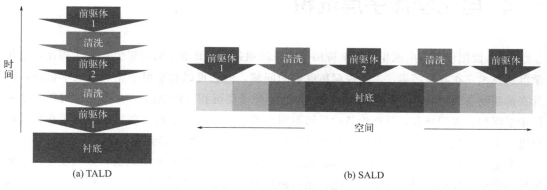

图 6-5　TALD 和 SALD 反应过程的对比

如图 6-6 所示，通常将用于空间隔离原子层沉积的前驱体源固定在一个独立的空间位置，并且将不同的前驱体再通过惰性气体进行空间上的分离。惰性气体还用作连续进入每个反应区的前驱体的载气，并且同时反应底物在各个前驱体的反应区之间来回移动。反应基质完成了前驱体的化学吸附过程，该过程是 ALD 的半反应；然后，基质通过隔离区除去过量的前驱体和反应副产物，然后移至另一个前驱体反应区进行反应，以实现完整的原子层沉积反应过程。以这种方式，反应性基底在不同的前驱体区域之间往复运动以实现在基底上的膜沉积。由于具有该反应特性，通过控制反应基片的移动周期，同样可以控制沉积膜的生长厚度。

SALD 在保留 TALD 优点的同时，大大减少了清洗步骤所占用的时间，从而提高了沉积速率和产率，沉积速率不再受限于单个周期步骤的累计时间，而是取决于基片或前驱体喷嘴在两个反应区间移动所需的时间，最终受制于特定反应的动力学，在平面基片上，这通常是几个毫秒量级，沉积速率可达 1nm/s，理论上沉积速度可以达到典型 TALD 的 100 倍左右。

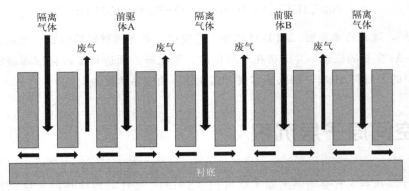

图 6-6　SALD 工作过程

此外，SALD 可以很容易地在环境气氛中进行，提高了前驱体的利用效率和经济性，因此它比传统 ALD 更容易、更便宜进行规模化生产。这为 ALD 的广泛工业应用打开了大门，ALD 可以沉积能源材料，用于太阳能、储能或智能窗户等应用场景，在光伏产业和透明导电材料制备等领域，展现出令人期待的应用前景。

6.4　电化学原子层沉积

自 19 世纪以来，电沉积已逐渐应用于薄膜的制备。与真空下的薄膜生长方法相比，电化学沉积技术存在容易污染、工艺控制精度低的问题，但它可以在室温下生长且成本低廉，因此在薄膜制备中仍具有非常重要的意义。电化学原子层沉积（ECALD）是电化学沉积技术和原子层沉积技术的结合，其理论基础是使不同元素实现单原子层的交替沉积，从而在各自的负电位下形成化合物。沉积物的生长与反应物向其表面的传质过程无关。

欠电位沉积（underpotential deposition，UPD）是最常用的电化学表面自限制反应，它是半导体膜循环反应沉积的基础。欠电位是一种热力学现象。当所沉积的原子与基片原子之间的相互作用大于所沉积的原子本身之间的相互作用时，就会形成化合物或合金。通常，欠电位沉积是指具有较高活性的金属在具有较低活性的金属表面上的还原反应，以形成二维双金属化合物。在其它化合物的形成中也存在欠电势沉积，例如氢在 Pt 表面上的吸附，氧在 Cu 表面上形成的初始阶段，以及 I^- 在溶液中氧化为 I 原子在金属表面沉积。

电化学原子层沉积结合了电化学沉积和原子层沉积技术，利用电势来控制表面限制反应，通过交替欠电位沉积化合物组分元素的原子层来形成化合物，又可以通过欠电位沉积不同化合物的薄层而形成超晶格。这意味着当一个元素沉积在另一元素上时，其电势大于其自身元素上的沉积电势，从而形成覆盖率小于 1 的原子层。通常用于沉积 II-VI 族、III-IV 族半导体等。

图 6-7 是一个典型的 ECALD 工作装置示意图。该方法的一般步骤是：

① 首先引入第一种元素的反应溶液，通过控制沉积参数，使第一种元素实现欠电位沉积。

② 去除第一种元素的反应溶液。

③ 引入第二种元素的反应溶液，控制沉积参数，然后使第二种元素在欠电位下沉积。

④ 除去第二种元素的反应溶液。

如此完成一个周期的生长，然后再次引入第一元素的反应溶液，以此类推。在组成元素的交替沉积过程中，沉积速率受组分元素不同的传质系数影响，元素的沉积参数实行最优化选择。这样就避免了一般共沉而且可以对每一种组分实现精确控制。

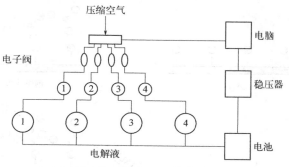

图 6-7　ECALD 工作装置

ECALD 在制备纳米薄膜方面，相对于其它方法，具有如下优势。

① 工艺条件简单　ECALD 制备薄膜可以在室温下进行，也不需要高真空的环境，同时，制备超晶格时可避免加热使相邻的两层膜之间相互扩散，提高超晶格的性能。

② 环境友好　反应溶液一般使用去离子水溶液，避免了有机溶剂对环境的污染，对废液的处理等无特殊要求。

③ 安全系数高　反应物一般不易燃、不易爆，没有毒性很大的物质。

④ 可控性高　ECALD 中每种元素的沉积过程是独立的，并且每种元素使用单独的前驱体溶液，从而避免了共沉积中沉积速率受质量传输控制的问题。可以分别调节每种元素的溶液组成和沉积电位，以优化每种元素的沉积条件，从而可以大大提高沉积过程的可控制性。在共沉积中，所有元素都存在于一种溶液中，但多种元素电沉积的最佳条件并不完全相同，并且不同元素的沉积条件会相互制约。

6.5　等离子体增强原子层沉积

6.5.1　等离子体增强原子层沉积的反应

等离子体增强原子层沉积（PEALD）原理与传统的 TALD 原理非常相似，只是在后半循环反应中，参与反应的前驱体变为了等离子体。图 6-8 为二者的反应对比示意图。

表面上看 TALD 和 PEALD 经过了一个类似的循环，得到了相同的结果，但 PEALD 是一种能量增强辅助的 ALD，使用的反应剂活性提高，由此带来了与 TALD 不同的效果。

等离子体的参与大大拓宽了可生长的薄膜范围，除了典型的氧化物的生长，氮化物、金属、半导体等材料都可以通过等离子体进行沉积。

6.5.1.1　氧化物沉积

同样以三甲基铝生长氧化铝为例进行阐述，PEALD 的生长过程为：

前半循环：

$$Al(CH_3)_3(g) + 2Al\text{-}OH^*(s) \longrightarrow (Al\text{-}O)_2\text{-}Al(CH_3)^*(s) + 2CH_4(g) \qquad (6\text{-}9)$$

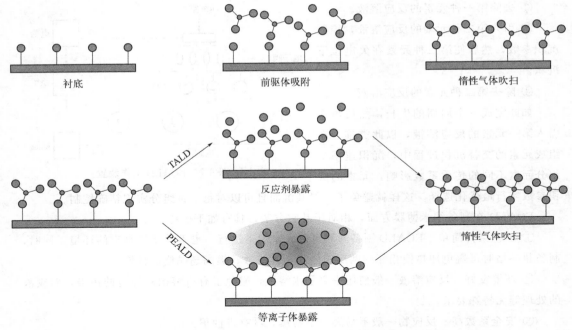

图 6-8　TALD 与 PEALD 过程对比

后半循环：

$$2O_2(g) + (Al-O)_2-Al(CH_3)^*(s) \longrightarrow (Al-O)_2-Al-OH^*(s) + CO_2(g) + H_2O(g) \quad (6-10)$$

再经过重复脉冲反应：

$$(Al-O)_2-Al-OH^*(s) + Al(CH_3)_3(g) \longrightarrow (Al-O)_2-Al-O-Al(CH_3)_2^*(s) + CH_4(g) \quad (6-11)$$

$$4O_2(g) + (Al-O)_2-Al-O-Al(CH_3)_2^*(s) \longrightarrow$$
$$(Al-O)_2-Al_2O_3-2H^*(s) + 2CO_2(g) + 2H_2O(g) \quad (6-12)$$

总反应：

$$2Al(CH_3)_3(g) + 6O_2(g) + 2Al-OH^*(s) \longrightarrow$$
$$(Al-O)_2-Al_2O_3-2H^*(s) + 3CH_4(g) + 3CO_2(g) + 3H_2O(g) \quad (6-13)$$

与 TALD 生长氧化铝的过程相比，主要产物仍然是氧化铝，副产物成分略有变化。等离子体的引入还可以降低薄膜的杂质残留，提升薄膜质量。

6.5.1.2　氮化物沉积

利用 TALD 生长的 TiN 薄膜可能存在一定的 Cl 残留，采用 PEALD 工艺可以有效减少薄膜杂质。

以 $TiCl_4$ 为金属源制备 TiN 为例，介绍 PEALD 的工艺：

前半循环：

$$TiCl_4(g) + TiNH^*(s) \longrightarrow TiNTiCl_3^*(s) + HCl(g) \quad (6-14)$$

后半循环：

$$4H(g) + N(g) + TiCl_3^*(s) \longrightarrow TiNH^*(s) + 3HCl(g) \qquad (6\text{-}15)$$

总反应为：

$$TiCl_4(g) + N(g) + 4H(g) \longrightarrow TiN(s) + 4HCl(g) \qquad (6\text{-}16)$$

其中 N(g) 等离子体和 H(g) 等离子体由 $NH_3(g)$ 等离子激发获得。相比较 TALD 制备的 TiN 薄膜，用 $TiCl_4$-N/H 等离子体工艺制备的 TiN 薄膜，杂质含量低，具有优异的电学性能，生长温度也从 TALD 的 $300 \sim 400\,^\circ\!C$ 降低到 $100\,^\circ\!C$。

复旦大学研究团队利用 PEALD 技术，成功制备了 Ni 掺杂的 TaN 薄膜，有效降低了薄膜电阻率，并可作为铜的扩散阻挡层。复旦大学团队还利用 PEALD 技术实现了高质量 GaO_xN_y 薄膜的制备，在光探测和光电化学方面展现了良好的应用前景。

6.5.1.3 金属沉积

原子层沉积贵金属时，由于贵金属更容易形成稳定的单质（如金、铂等），通常采用贵金属有机化合物和氧气进行反应，将有机配体氧化，获得金属单质，所以这一反应过程也被称为燃烧反应。

以 Pt 的沉积为例：

$$2(MeCp)PtMe_3(g) + 3O^* \longrightarrow 2(MeCp)PtMe_3^*(s) + CH_4(g) + CO_2(g) + H_2O(g) \quad (6\text{-}17)$$

$$2(MeCp)PtMe_3^*(s) + 24O_2(g) \longrightarrow 2Pt^*(s) + 3O^* + 16CO_2(g) + 13H_2O(g) \qquad (6\text{-}18)$$

其中，$2(MeCp)PtMe_3$ 代表三甲基甲基环戊二烯合铂（$C_9H_{16}Pt$），$2(MeCp)PtMe_2^*$ 代表二甲基甲基环戊二烯合铂（$C_8H_{13}Pt$）。

除了贵金属外，其它金属的稳定性导致其无法通过燃烧反应制备获得，如过渡金属铜、钨，以及活泼金属铁、铝等，往往通过还原反应来实现金属单质的沉积。

6.5.2 等离子体增强原子层沉积的分类与特点

（1）分类

在设备角度，需要增添产生等离子体的部件，从而实现等离子体的引入。从引入等离子体的方式进行分类，等离子体增强 ALD 主要有三种类型，即自由基增强原子层沉积、直接等离子体原子层沉积、远程等离子体原子层沉积。

自由基增强原子层沉积是指等离子体通过微波或其它方法在远离反应室的位置处产生，然后通过管道流至反应室以与前驱体反应。当等离子体到达反应室时，等离子体和管壁将在表面多次碰撞，因此离子和电子在表面重新结合成中性分子，活性自由基的浓度急剧下降。

直接等离子体原子层沉积中基片直接参与等离子体的生成过程。这种等离子体是在沉积表面附近产生的，主要有以下三个优点。

① 到达基片的等离子体浓度较高。等离子体从产生到反应不再需要多次碰撞中和，提高

了等离子体整体反应活性和反应效率。

② 提升沉积条件的一致性。较短的等离子体脉冲时间可使沉积表面具有均匀的活性粒子气氛，从而获得均匀的薄膜。

③ 仪器的构造相对简单，较易于工业化应用。

不过大量高能量的等离子体也会对基片产生一定的损伤，需要注意参数的调控。

远程等离子体原子层沉积的等离子体是在远离反应室的位置生成的，通常是在反应室的上方。在这种结构中，等离子体的向下流动导致结构中的离子和电子不完全复合并消失，所以等离子体仍具有一定的活性浓度。

（2）等离子体增强原子层沉积的优势

等离子体的引入给 ALD 系统带来了许多提升，主要体现如下。

① 进一步降低沉积温度　前驱体化学吸附在沉积表面上时，需要克服一定的能垒。在一般的原子层沉积中，这部分能量是通过加热提供的，因此传统的 TALD 生长过程中一般都需要加热。PEALD 中的等离子体活性较高，因此不需要高温即可克服化学吸附能垒。另外，离子的动能、由表面上的粒子复合释放的能量以及等离子体辐射将提供一定量的能量，以克服化学吸附的能垒。因此，PEALD 可以在较低温度下正常生长薄膜。

② 拓宽前驱体和生长薄膜材料种类　等离子体的高反应活性使其可以与更广泛的前驱体进行反应。即使是具有良好的热稳定性和化学稳定性，不易发生反应的前驱体，在等离子体的辅助下，也会发生反应。这一机制改变了用于 ALD 生长的前驱体的范围。PEALD 相对于 TALD 的一个突出优点是，它可以生长出色的金属膜和金属氮化物，例如 Ti、Ta 和 TaN，而这是 TALD 难以实现的。另外，由于降低了生长温度，因此可以选择不耐高温的有机聚合物材料和生物材料作为沉积基片或用于膜沉积的基片。

③ 提高生长速率　高活性等等离子体与沉积表面相互作用以增加表面活性位点的密度，使得前驱体可以化学吸附在沉积表面上。因此，每个循环的 PEALD 薄膜的生长要大于 TALD 的生长。PEALD 的生长相比较 TALD（$300\sim350^{\circ}C$）的具有更宽的生长窗口（$250\sim350^{\circ}C$）。并且在相同的生长参数下，PEALD 的生长速率（$0.17nm/cycle$）明显大于 TALD 的生长速率（$0.07nm/cycle$）。此外，与传统的试剂水相比，等离子体所需要的惰性气体清洁时间更短。特别是对于室温至 $150^{\circ}C$ 条件下的生长，水蒸气需要更长的清洁时间。TALD 通常还有成核延迟的现象，如在 TaN_x 和 Ta_2O_5 上 Ru 的生长，可能几十个周期之后才能成核，成核延迟现象非常严重。当 PEALD 用于生长时，等离子体的引入可以缩短甚至跳过成核延迟，它在各种基片上显示出良好的生长特性，而没有明显的成核延迟，这种改善不仅提高了生长效率，还有利于精确控制薄膜的厚度。

④ 提高薄膜质量　许多研究指出，PEALD 制备的薄膜具有比 TALD 制备的薄膜更好的性能，例如更高的薄膜密度、更低的杂质含量和优异的电性能。在许多情况下，性能的提高归因于等离子体的高活性。例如，当使用氯化物作为前驱体时（如四氯化钛和氨气制备氮化钛的过程），在 TALD 中不能有效地去除氯原子，这使得膜中的杂质含量更高并且影响电性能。而利用等离子体（四氯化钛和 N_2/H_2 等离子体制备氮化钛）进行反应时，等离子体可以与氯进行更彻底的反应，从而提高薄膜性能。

⑤ 仪器多功能化 除薄膜生长外，等离子体还具有许多其它功能：基片的原位处理，例如用等离子体氧化或氮化沉积表面、清洁基片表面和反映腔体，用 NF_3 或 SF_6 等离子，可以轻松去除沉积在反应室中的 TiN 膜。

（3）等离子体增强原子层沉积存在的问题

但是，除了上述优点，等离子体的引入还会带来一些不良影响，例如减少三维保形性、对基片造成等离子辐射损伤等。TALD 对长径比结构具有优异的三维附着力，但在这方面 PEALD 的性能有所降低：当在非平面结构上沉积膜时，尤其是对于高长径比的结构，很难实现高保形性的均匀生长。图 6-9 示出了具有高长径比结构的沉积在硅表面上的钴的扫描电子显微镜（SEM）图像。从图中可以看出，TALD 具有良好的三维保形性，其表面、通道壁和通道底部都有均匀生长的钴薄膜；而 PEALD 仅在通道的表面和顶部生长出了钴，在通道中没有形成钴膜。另外，高活性等离子体更易于发生副反应。例如，高反应性等离子体将与基片发生化学反应，从而在薄膜和基片之间形成过渡层，这通常会损害材料的性能。另外，等离子体还可以产生能量高达 10eV 的辐射。这样的高辐射很可能导致薄膜中的电子产生激发辐射，这将在薄膜中引起更多的缺陷。

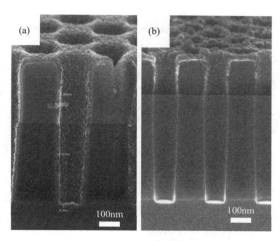

图 6-9　TALD（a）与 PEALD（b）在高长径比结构上沉积效果对比

思考题

1. 薄膜沉积方法中 ALD 的特点是什么以及有怎样的局限性？
2. 提高 ALD 效率的方法有哪些？
3. ALD 与传统 CVD 有什么区别？实验上如何界定？
4. 一个典型的 TALD 循环过程是怎样的？（以三甲基铝和 H_2O 为前驱体，N_2 作为载气，生长氧化铝为例。）
5. ALD 工艺过程中，腔体温度对薄膜沉积有怎样的影响？
6. 什么是自限制生长？TALD 过程中薄膜为什么能够实现自限制生长？

7. 空间 ALD 和 TALD 的工艺有什么区别？各自的优缺点是什么？

8. ECALD 通过什么原理实现表面自限性反应？

9. 典型的 PEALD 循环过程是怎样的？（以三甲基铝和氧等离子体为脉冲源，N_2 作为载气，生长氧化铝为例。）

10. 相比于普通 TALD，PEALD 有哪些优势？

11. 对于一些高长宽比结构的基底上需要沉积均匀的薄膜，哪种薄膜沉积方式较为合适？为什么？

12. 在产线流程中需要快速大规模沉积均匀致密的氧化铝薄膜，一般采用 ALD 中的哪一种来实现？为什么？

13. ALD 在哪些领域取得了应用？未来的发展方向是什么？

14. 如何实时、原位监测 ALD 制备薄膜的过程？

第 7 章

其它薄膜沉积技术

沉积薄膜的化学方法指利用化学反应或电化学反应等化学方法于溶液中在基片表面沉积薄膜的技术。这一方法包括化学溶液沉积法、LB 薄膜法、溶胶-凝胶法、阳极氧化法、电镀法及喷雾热解法等，由于具有不需要真空环境、可在各种基片表面成膜、原材料容易解决的优点，因此在电子元器件、表面涂覆和装饰等方面得到了广泛应用。

7.1 化学溶液沉积法

7.1.1 电镀

7.1.1.1 电镀原理

电镀是将镀件（制品），浸于含有金属离子的溶液中并接通阴极，溶液的另一端放置适当阳极（可溶性或不可溶性），通以直流电之后，镀件的表面即析出一层金属薄膜的方法。电镀方法只适用于在导电的基片上沉积金属和合金。简单地理解，就是物理和化学的变化或者结合。电镀原理如图 7-1 所示。在 70 多种金属中有 33 种可以通过电镀法来制备，但最常用的只有 14 种，即 Al、Ag、Au、Cd、Co、Cu、Cr、Fe、Ni、Pb、Pt、Rh、Sn、Zn。除单金属镀层外，还有很多合金镀层，例如镀铜锡、铜锌、铜镍、镍铁、铅锡、锌锡、锌铁、锌镍、铜镉、锌镉、锡铁、锡钴、钨铁等。目前较常遇见的电镀方式有水溶液电镀（滚镀、挂镀、连续镀）和化学电镀。

电镀法制备薄膜的原理是离子被加速到阴极，在阴极处离子形成双层，它屏蔽了电场对电解液的大部分作用。在双层区（约 30nm），电压降导致此区具有相当强的电场（10^7 V/cm）。在水溶液中，离子被溶入薄膜以前经历一系列过程：①去氢；②放电；③表面扩散；④成核、结晶。

7.1.1.2 电极反应

电镀时，电子导电是怎样转化成离子导电，离子导电又是怎样转化成电子导电的呢？电子导电是固体导电，离子导电是液体导电，两者是性质完全不同的导电形式。既然它们在阴、阳

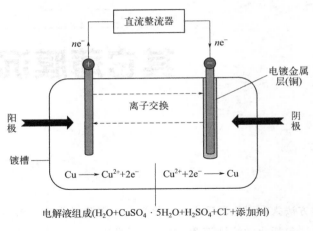

图 7-1　电镀原理

两极相连通，那么阴、阳两极与镀液接触的界面必是它们发生质变的地方，即电极反应之处。

（1）阴极反应

阴极（被镀零件）原来是电中性的，当它接收了从电源负极流来的电子后，就带上了负电荷，负电荷积累到一定程度以后，就会使从镀液（以镍为例）迁移来的 Ni^{2+} 在阴极与镀液的接触面取走电子，Ni^{2+} 被还原成金属镍，可用式（7-1）表示：

$$Ni^{2+}+2e \longrightarrow Ni \tag{7-1}$$

这是一个普通的还原反应，因为它是在电极表面发生的，所以称为电极反应，又因为是在阴极上发生的，又称阴极反应。凡是在阴极发生的反应都是还原反应。Ni^{2+} 夺取了阴极上的电子还原为金属镍而覆盖在阴极零件表面上，这就是通常所说的镀镍。显然，正是阴极反应这种特殊形式，实现了电子导电与离子导电的相互转化。

（2）阳极反应

阳极情况与阴极相反，镍阳极原来是电中性的，但在电镀电源的作用下，电子不断从镍阳极流入电源，致使镍阳极缺少电子而带正电荷。这样就迫使作为阳极的金属镍在极板与镀液交界面放出电子给阳极，镍原子本身就氧化成镍离子而进入镀液，同时向阴极方向迁移，可用式（7-2）表示：

$$Ni-2e \longrightarrow Ni^{2+} \tag{7-2}$$

反应在阳极发生的，又称阳极反应。凡是在阳极发生的反应都是氧化反应。金属镍不断地失去电子氧化成镍离子而进入镀液，这就是镀镍时镍板逐渐变薄的原因，这种现象叫作阳极溶解。阴极零件上的镍镀层实际上就是阳极溶解发生金属转移的结果。正是阳极反应的发生，实现了离子导电与电子导电的相互转化。

需要指出的是，镀镍时两极上的反应并不止这些。如阴极上除了镍的沉积外，还有氢离子得到电子还原为氢气析出；阳极上除了镍的溶解外，还有氢氧根离子失去电子氧化成水和氧气析出等。这些在电极上发生的得失电子的反应，又称作放电。现将电流流过镀槽时发生的电子导电、离子导电和电极反应三方面的变化总结如下。

① 在电极和外电路中，有自由电子沿一定的方向移动；

② 在镀液中，有阴离子和阳离子分别沿相反方向迁移；

③ 在电极与镀液的两类导体界面间，有得失电子的电极反应发生。

7.1.1.3 电镀工艺

电镀的速率以及所获得的薄膜材料的结构和组成都受到电镀工艺条件，包括电流密度、电解液浓度、温度、掺杂离子等的影响。电镀过程遵从法拉第提出的两条基本规律：

① 化学反应量正比于通过的电流；

② 在电流量相同的情况下，沉积在阴极上或从阳极分解出的不同物质的质量正比于相应物质在电解液中的离子浓度。

法拉第定律可写成：

$$\frac{m}{A} = \frac{jtM\alpha}{nF} \tag{7-3}$$

式中，m/A 代表单位面积上沉积物的质量；j 为电流密度；t 为沉积时间；M 为沉积物的分子量；n 为化学价；F 为法拉第常数；α 为电流效率。

在电镀中，有三个因素影响沉积的物质输送过程：①沉积作用导致的电极周围离子的局部消耗而引起的浓度梯度及其导致的扩散；②电解液中离子的迁移和电解液的对流；③与电解槽设计有关的因素，如搅动、加热等。

电镀过程中，宏观的电流密度分布是由电解液电极和基片的排列形式和电解槽的电导率分布所决定的。微观（局部）的电流密度分布则取决于电极上基片的形状与结构细节。在实际使用的电解溶液中除了电解质和为控制电导率添加的盐类之外，通常还加入保证薄膜均匀性的改良剂以及改善形貌的表面活性剂等添加剂。添加剂会影响成核结构和颗粒生长以改善薄膜质量。

电流密度是指每单位面积的电极上的电流强度。电镀上是以一平方分米为基本计算单位，所以，通过一平方分米电极面积的电流强度就称为该电极的电流密度。阴极电流密度用 DK 表示，阳极电流密度用 DA 表示，单位是安/分米²，即 A/dm^2（国外也有用安/英寸² 表示）。例如镀件总面积为 $50dm^2$，使用的电流为 100A，则电流密度为 $100A \div 50dm^2 = 2A/dm^2$。阴极电流密度对镀层质量影响很大，过高过低都会产生质量低下的镀层。电流密度还直接决定镀层沉积速度，影响生产效率。

7.1.1.4 电镀过程的离子迁移现象

当电流通过电镀槽时，电镀液内的阴离子和阳离子会分别沿相反方向迁移，这种现象称为电迁移。实际上，电镀过程中的离子除电迁移外，还同时存在着扩散和对流两种迁移现象。现以硫酸铜含量 200g/L 及硫酸含量 60g/L 的光亮硫酸镀铜溶液为例来说明这三种迁移方式。通过计算，可知该硫酸铜溶液的 H^+、SO_4^{2-}、Cu^{2+} 的离子迁移数分别为 0.58、0.30、0.12（离子迁移数指镀液中某种离子所迁移的电量占通过该镀液总电量的比值）。另外，为简便计，该硫酸铜溶液的阴、阳极电流效率可视为100%。

（1）电迁移

先来看看上述硫酸铜溶液的阳极情况。当通过1F电量时，阳极上将有0.5mol的金属铜溶解，生成了0.5mol的Cu^{2+}。又因为在该硫酸铜溶液中，Cu^{2+}的离子迁移数为0.12，则说明在通电1F电量后，Cu^{2+}从阳极区域溶液中电迁移出去0.06mol。这样的话，相当于阳极区域溶液中的Cu^{2+}增加了0.5mol－0.06mol＝0.44mol。又知H^+、SO_4^{2-}的离子迁移数分别为0.58、0.30，则说明在通1F电量后，H^+从阳极区电迁移出去0.58mol（相当于在阳极区留下或增加了0.29mol的SO_4^{2-}），SO_4^{2-}从溶液内部电迁移至阳极区0.15mol，则阳极区的SO_4^{2-}增加了0.29mol＋0.15mol＝0.44mol。这样的话，在通1F电量后，对于阳极区域溶液来说，因为Cu^{2+}和SO_4^{2-}的量同样增加了0.44mol，所以仍然呈电中性（相当于阳极区增加了0.44mol的$CuSO_4$）。

再来看看该硫酸铜溶液的阴极情况。当通过1F电量时，阴极上将有0.5mol的金属铜沉积，阴极区域溶液中减少了0.5mol的Cu^{2+}。但因此时从溶液内部电迁移过来0.06mol的Cu^{2+}，则实际上阴极区的Cu^{2+}减少了0.5mol－0.06mol＝0.44mol。又知此时从溶液内部电迁移过来0.58mol H^+（相当于阴极区减少了0.29mol SO_4^{2-}），从阴极区电迁移出去0.15mol SO_4^{2-}，则阴极区的SO_4^{2-}减少了0.29mol＋0.15mol＝0.44mol。这样的话，在通1F电量后，对阴极区域溶液来说，因为Cu^{2+}和SO_4^{2-}的量同样减少了0.44mol，所以仍然呈电中性（相当于阴极区减少了0.44mol的$CuSO_4$）。

由以上分析可知，在上述硫酸铜溶液通1F电量后，阳极区增加了0.44mol $CuSO_4$，而同时阴极区减少了0.44mol $CuSO_4$。此时，整个溶液仍然呈电中性。那么，随着电镀时间的延长，是否会出现这样的情况：阳极区$CuSO_4$越来越多而阴极区$CuSO_4$越来越少，以至于最后阴极区$CuSO_4$为零而镀不出铜来？当然不会的，因为电镀过程的离子迁移方式除了电迁移外，同时还有另外两种方式：扩散和对流。正是由于扩散和对流这两种运动的作用，电迁移造成的电极附近与溶液内部间物质的不平衡得以再平衡，从而维持电镀过程的正常进行。

（2）扩散

当镀液中的某一种成分存在浓度差异时，由于分子热运动，即使在镀液完全静止的情况下，也会发生该成分从高浓度区向低浓度区的移动。这种移动，就称为扩散。扩散是因浓度场的存在而产生的一种物质迁移现象。

上述硫酸铜溶液在通电后，随着阳极区$CuSO_4$浓度的不断增大，阳极区$CuSO_4$与其它区域$CuSO_4$的浓度差不断增大，则势必发生Cu^{2+}和SO_4^{2-}成对地向溶液内部扩散，进而向阴极区扩散，从而使电迁移造成的溶液各区域间物质不平衡得以减缓。由于阴、阳离子是成对地一起扩散，所以这种移动不会引起电流的传送。

（3）对流

所谓对流，是指溶质的粒子随镀液的流动而迁移的一种现象，溶质与镀液之间没有相对运动（而扩散的溶质与镀液之间存在相对运动）。对流是因速度场的存在而产生的一种物质迁移现象。

镀液中的对流，是由于通电或加热，镀液局部区域产生了浓度和温度的差异，引起溶液密度不同而使溶液自然流动，并带动溶质粒子一起运动。这种对流属于自然对流。电极反应时析出气泡带动的溶液翻动，也是一种自然对流。还有一种对流叫强制对流，指人为地使镀液流动而产生的对流，比如挂镀的阴极移动、空气搅拌，滚镀的向滚筒内循环喷流等都属于强制对流。在镀液的对流过程中，能把一些电极反应的反应物或生成物带过来或带过去，从而起到传送物质、再平衡溶液各区域间物质不均匀的重要作用。因通电时各部分溶液都是电中性的，故这种对流不会引起电流的传送。

综上所述，当电流通过电镀槽时，电迁移造成了电极附近与溶液内部间物质的不平衡，而扩散和对流使这种不平衡得以减缓，从而保证了电镀过程的正常进行。

7.1.1.5 电镀应用

电镀分为挂镀、滚镀、连续镀和刷镀等方式，主要与待镀件的尺寸和批量有关。挂镀适用于一般尺寸的制品，如汽车的保险杠、自行车的车把等。滚镀适用于小件，如紧固件、垫圈、销子等。连续镀适用于成批生产的线材和带材。刷镀适用于局部镀或修复。电镀液有酸性的、碱性的和加有铬合剂的酸性及中性溶液，无论采用何种镀覆方式，与待镀制品和镀液接触的镀槽、吊挂具等应具有一定程度的通用性。

电镀法制备的薄膜性质取决于电解液、电极和电流密度。电镀除了要求美观外，依各种电镀需求而有不同的目的。目前利用电镀制备的薄膜主要包括：作为线路板接触表面的 Cu、Ni 膜层、Ni-P、Sn 及其合金，以及 Au、Ag、Pd 及其合金镀层、微电子镀覆、半导体材料上镀覆，以及磁记录介质和磁头中采用的磁性材料镀层等。

① 镀铜　打底用，增进电镀层附着能力，及抗蚀能力。

② 镀镍　打底用，增进抗蚀能力。

③ 镀金　改善导电接触阻抗，增进信号传输。

④ 镀钯镍　改善导电接触阻抗，增进信号传输，耐磨性比镀金佳。

⑤ 镀锡铅　增进焊接能力，但快被其它替物取代。

电镀法制备的薄膜性质取决于电解液、电极和电流密度。所获得的薄膜大多是多晶的，少数情况下可以通过外延生长获得单晶。电解法的另一个优点是基片可以是任意形状，这是其它方法所无法相比的。电镀的主要优点在于所采用的设备简单、廉价、工艺成本低、室温下即可操作。缺点是电镀过程一般难以控制。

7.1.2 化学镀

7.1.2.1 化学镀原理

化学镀是在催化条件下发生在镀层上的氧化还原过程，又称无电源电镀，其制备薄膜的方法为：使金属盐中的金属离子在还原剂的作用下还原成原子状态并沉积在基片表面上。化学镀的还原反应必须在催化剂的作用下才能进行，且沉积反应只发生在镀件的表面上。在这种镀覆的过程中，镀层表面在生长过程中催化溶液中的金属离子不断还原而沉积在基片表面上。在此过程中基片材料表面的催化作用相当重要，化学镀过程如图 7-2 所示。

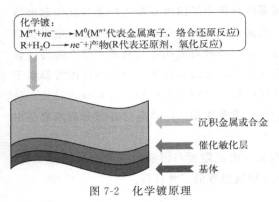

化学镀:
$M^{n+} + ne^- \longrightarrow M^0$($M^{n+}$代表金属离子，络合还原反应)
$R + H_2O \longrightarrow ne^- +$产物($R$代表还原剂，氧化反应)

沉积金属或合金
催化敏化层
基体

图 7-2　化学镀原理

催化剂指敏化剂和活化剂，能够促使化学镀过程在具有催化活性的镀件表面持续进行。如果被镀金属本身不能自动催化，则在沉积金属完全覆盖镀件的活性表面后，沉积过程便自动终止；反之如 Ni、Co、Fe、Cu 和 Cr 等金属，其本身对还原反应具有催化作用，在镀件取出前，均可使镀覆反应继续进行。这种依靠被镀金属自身催化作用的化学镀又称为自催化化学镀。

7.1.2.2　化学镀反应

在化学镀中，所用还原剂的电离电位必须比沉积金属的电极电位低，但二者电位差又不宜过大。常用次磷酸盐镀 Ni 和用甲醛镀 Cu，此外常用的还原剂还有硼氢化物、氨基硼氢化物等。选取的还原剂要求能在自催化的条件下提供金属离子还原时所需要的电子，即：

$$M^{n+} + ne^- (来自还原剂) \longrightarrow M^0 \tag{7-4}$$

为得到镀层，需要在具有催化性质的镀件表面上进行这一反应，而且镀层沉积过程中，需要沉积的金属维持这种催化功能，才能保证沉积持续进行，增加镀层厚度，因此化学镀是一种受控的自催化的化学还原过程。目前化学镀广泛应用于 Ni、Co、Pt、Cu、Ag、Au 及其合金薄膜的制备。

例如化学镀镍是利用镍盐溶液（硫酸镍或氯化镍）和钴盐（硫酸钴）溶液，在强还原剂次磷酸盐（次磷酸钠、次磷酸钾）的作用下，使镍离子和钴离子还原成镍金属和钴金属，同时次磷酸盐分解析出磷，在具有催化表面的基片上获得镍磷或镍钴磷合金的沉积膜。所得到的镍层并非纯镍，而是含有 3%～5% 磷的镀层。

7.1.2.3　化学镀工艺

化学镀是无电沉积镀层，选择合适的化学镀溶液，将被镀工件表面去除油污后直接放入镀液中，根据设定的厚度确定浸镀的时间即可。一般只要有塑料或聚四氟乙烯容器，加热方式灵活，备有（如蒸汽、油炉、煤气）烧水装置即可。这三种方法获得的镀层中，对于大多数金属镀层结合强度及硬度等来说无明显差异。

化学镀优点是：①工艺简单，适应范围广，不需要电源，不需要制作阳极，只要一般操作人员即可操作；②镀层与基片的结合强度好；③成品率高，成本低，溶液可循环使用，副反应少；④无毒，有利于环保；⑤投资少，数百元设备即可，见效快。

7.1.2.4　化学镀应用

铝或钢材料这类非贵金属基底可以用化学镀镍技术防护，并可避免用难以加工的不锈钢来提高它们的表面性质。比较软的、不耐磨的基底可以用化学镀镍赋予坚硬耐磨的表面。在许多情况下，用化学镀镍代替镀硬铬有许多优点。特别是对于内部镀层和镀复杂形状的零件，以及硬铬层需要镀后机械加工的情况。一些基底使用化学镀镍可使之容易钎焊或改善它们的表面性质。化学镀镍层具有优良的均匀性、硬度、耐磨和耐蚀等综合物理化学性能，在国外已经得到广泛应用。如发电厂的发电机组凝汽器黄铜管内表层化学镀镍可大大地提高抗腐蚀性，延长凝汽管使用寿命。铝合金镀镍，可提高铝合金硬度及防护性能，改善铝合金表面性质，扩大铝合金的应用范围。

化学镀铜较镍、铬对环境污染小，已被广泛地应用在各行业进行表面处理。化学镀铜最主要的应用是印刷线路板（PCB）通孔金属化，在印刷导线的绝缘孔壁沉积一层均匀铜层，使电路两面导通，成为一个整体，这种印刷线路板大大提高了可焊性，便于有大量插脚的集成电路元件安装，从而提高元件密度，缩小体积。电子设备的快速发展带来的电磁波的危害也愈加严重，电子设备向周围辐射不仅会干扰设备正常运行，而且会危害人体健康，铜具有较高的电导率，是优良的电磁屏蔽材料，综合镀层韧性及经济性，化学镀铜被广泛应用于电磁屏蔽。随着电子制造向微型化、精细化方向转变，铝散热差、电阻大的弊端凸显，而铜性能优良，成为复杂电路的首选材料。

化学镀锡分为还原法化学镀锡、浸镀法化学镀锡和歧化反应化学镀锡三种。信息产业的迅猛发展，使电子制造向精细化转变，随着表面安装技术的发展和芯片级封装的兴起，对印刷线路板的表面精饰提出更高要求。传统印刷线路板基本采用 Pb-Sn 合金作为焊料，通过热风整平。但该工艺对印刷线路板材质要求高，含有重金属铅，不能满足 PCB 高密度、高平整化、更小孔径及表面涂覆绿色化的要求。科研人员开发出化学镀镍/置换镀金来替代传统铅-锡合金，但该工艺流程长、工艺复杂、难以控制。化学镀锡操作简便，不仅可在 70℃ 低温下施镀，有良好均镀能力，不受工件形状限制，镀层耐蚀性、可焊性好，而且无铅表面更符合现代环保理念。因此化学镀锡是实现取代热风整平工艺表面涂覆绿色化的重要途径。

化学镀金层性能稳定，不易氧化，导电性、导热性、焊接性、耐磨性都很好，是理想的点接触材料，广泛应用于电子元器件、宇宙空间技术和尖端科技。镀金层拥有黄金色外观，因此可作为装饰性镀层。根据反应体系中有无还原剂，可将化学镀金分为还原型和置换型。置换型是指利用金与基片金属之间的电位差使金沉积在基片表面，而基片金属则溶解。还原型则是指通过添加还原剂，发生氧化还原反应使金沉积在基片表面。根据有无氰化物可分为氰化物化学镀金和无氰化学镀金。氰化物有剧毒，对操作人员健康造成危害，造成环境污染。随着环保要求提高，无氰化学镀金已成为趋势。目前，无氰化学镀金一般采用亚硫酸盐镀金、硫代硫酸盐镀金等，其中以亚硫酸盐研究较多，应用较广。

化学镀银层导电、导热性优良，抗氧化性强，可焊接性好。但银属于贵金属，化学镀银溶液稳定性差，基本只能使用一次，因而化学镀银被广泛应用于电子工业、光学和国防领域。随着印刷线路板复杂化，布线密度提高，平整性要求提高，传统的热风整平工艺已很难适应印刷线路板的发展需求。而化学镀银层具有良好的可焊性，工艺简单，被认为是最有希望取代热风整平的新工艺。化学镀银制备复合粉体具有可在任意几何形状上涂覆的优势，因而受到人们的关注。在普通粉体表面涂覆银，在包覆优良的情况下，不仅节约银的用量，甚至可替代银粉。如对铜粉表面镀银制成复合粉体，相对于单一的铜粉或银粉，其性能均有提高，在提高铜粉的导电性和抗氧化性的同时解决银的迁移问题，且降低了生产成本。铝粉表面镀银可防止氧化，同时提高导电性，使其在电子、航空等领域有较好的应用前景。

7.1.3 阳极氧化

7.1.3.1 阳极氧化原理

Al、Ta、Ti 等金属或合金在适当的电解液中作阳极并加上一定直流电压时，由于电化学反应会在阳极金属表面形成氧化物薄膜，称为阳极氧化。阳极氧化过程与其它电解过程一样服从法拉第定律，然而实际形成的氧化物的有效质量要比理论值略低，这是由于在阳极氧化过程中，会有一定数量的氧化物又溶解在电解液中。可以认为金属氧化物的形成与溶解这两个相反的过程同时存在于阳极氧化过程中，而成膜则是两个过程的综合结果。即氧化膜的形成反应是一种典型的不均匀反应，成膜时有如下过程：

金属 M 的氧化反应：

$$M + nH_2O \longrightarrow MO_n + 2nH^+ + 2ne^- \tag{7-5}$$

金属 M 的溶解反应：

$$M \longrightarrow M^{2n+} + 2ne^- \tag{7-6}$$

氧化物 MO_n 的溶解反应：

$$MO_n + 2nH^+ \longrightarrow M^{2n+} + nH_2O \tag{7-7}$$

利用上述同时存在的反应生成阳极氧化膜。在膜生成初期，同时存在膜生成反应和金属的溶解反应。其中溶解反应产生水合金属离子，生成由氢氧化物或氧化物组成的胶状沉淀氧化物，在其覆盖表面后，金属活化溶解停止，持续氧化反应需要铝离子和电子穿过绝缘性铝氧化物，在膜表面继续形成氧化物。因此需要外加一定的电场以维持离子的移动，保证氧化物膜的生长。

阳极氧化所形成氧化物薄膜的厚度 d 随形成电压 U 增加而增加，$d = KU$，K 为与金属氧化物有关的常数。Al_2O_3 的 $K = (1.0 \sim 1.4) \times 10^{-3} \mu m/V$。

铝及其合金的阳极氧化是指将铝试样置于特定的电解液中，以铝试样作为阳极，以不锈钢或铅作为阴极，对其进行通电后在铝试样表面会生成一层氧化膜的方法。铝合金由于其密度小、比强度高、延展性优良、导电性好和耐蚀性强、易成型加工等优异的物理、化学性能，成为金属材料中使用量仅次于钢铁的第二大类材料。铝合金在自然条件下会自发形成一层致密的氧化膜，其厚度一般在 5nm 以下。虽然铝合金表面的自然氧化膜被破坏后可以立即自动修复，但是因为其厚度较薄，所以其耐蚀性和耐磨性都有限。为了满足现代化工业的要求，必须对铝合金进行适当的表面处理，而阳极氧化是铝及铝合金最常用的表面处理手段。

7.1.3.2 阳极氧化膜的结构

铝的阳极氧化膜有两大类：壁垒型阳极氧化膜和多孔型阳极氧化膜。壁垒型阳极氧化膜是一层紧靠金属表面的致密无孔的薄阳极氧化膜，其厚度取决于外加的阳极氧化电压，但一般非常薄，通常小于 $1\mu m$，主要用于制作电解电容器。多孔型阳极氧化膜由两层氧化膜组成：底层是与壁垒膜结构相同的致密无孔的薄氧化物层，叫作阻挡层，其厚度只与外加阳极氧化电压有关；主体部分是多孔结构，其厚度取决于通过的电量。

铝阳极氧化成膜的研究于19世纪末从铝的壁垒膜开始，其生成规律和机理等许多方面都已比较完整和清楚，至20世纪中叶 Bernard 建立了壁垒型阳极氧化膜生长的数学公式，研究比较深入。目前壁垒膜的研究已经延伸到几种氧化过程的协同作用，比如水合氧化或热氧化再加上阳极氧化等，其研究背景都从提高电解电容器的性能出发。

如表7-1所示，对于多孔型阳极氧化膜的结构，最早的模型是由 Keller 于 1953 年提出的。Keller 认为阳极氧化膜由两层组成，其中与基片结合的膜层为阻挡层，它是无孔致密的；阻挡层上面的膜层称为多孔层，由许多六角柱形的结构单元组成，如图7-3所示。Keller 模型的星形孔洞形态目前已被修正为圆形，但他们提出结构单元为六边柱体的观点在今天仍然具有参考价值。多孔型阳极氧化膜的 SEM 图如图7-4所示，包括上表面、纵截面和阻挡层三个部分。

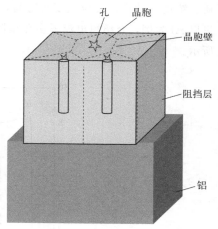

图 7-3　Keller 模型

表 7-1　多孔型阳极氧化膜的研究进展

发表日期	理论/模型	研究者
1953	蜂窝状结构模型	Keller
1961	三层结构模型	Murphy
1970	酸性场致溶解理论	O'Sullivan 和 Wood
1978	两层结构模型	Thompson 和 Wood
1985	临界电流密度理论	Xu
1986	H_2SO_4 的新结构模型和 Heber 模型	Wada 和 Heber
1997	PAA 理想结构模型	Masuda
2006	Butler-volmer 结构模型	Singh
2007	阻挡层击穿模型	Huang

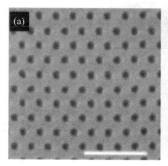
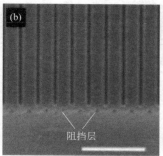
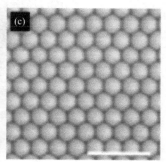

图 7-4　多孔型阳极氧化膜的 SEM 图
(a) 上表面；(b) 纵截面；(c) 阻挡层

7.1.3.3 恒电流阳极氧化过程

阳极氧化膜的生长过程有一个复杂的生长机理，受到很多因素的影响，比如电解液性质、浓度及种类，反应温度与时间，材料表面成分及性质，电流密度，工作电压及形式。这里以 Al 为例，介绍恒电流下多孔型阳极氧化膜的形成过程。具体生长模型如图 7-5 及图 7-6 所示。

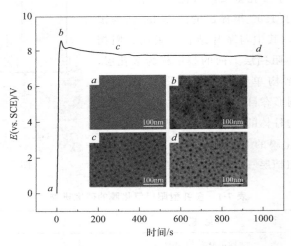

图 7-5　多孔型阳极氧化膜形成过程中电压与时间的
关系变化曲线以及对应点的表面形貌

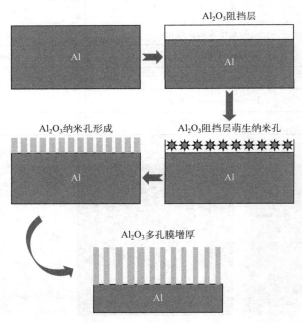

图 7-6　阳极氧化多孔膜生长原理

（1）阳极氧化的第一阶段——阻挡层的形成阶段（ab 段）

在反应初期阶段，电压随着时间延长急剧增加到最大值，铝表面形成一层致密的氧化膜，这层氧化膜称为阻挡层。阻挡层具有较高的电阻，阻碍反应的进行。阻挡层越厚，膜电阻越大。此时阳极主要发生的反应分为膜的生成反应和膜的溶解反应。

膜的生成反应

$$2Al+3H_2O-6e^-\longrightarrow Al_2O_3+6H^+ \tag{7-8}$$

膜的溶解反应

$$2Al+6H^+\longrightarrow 2Al^{3+}+3H_2 \tag{7-9}$$

$$Al_2O_3+6H^+\longrightarrow 2Al^{3+}+3H_2O \tag{7-10}$$

这时膜的生成速度远远大于膜的溶解速度，故阻挡层厚度逐渐增加。由于电流恒定以及单位厚度的阻挡层的电阻一定，故形成电压逐渐升高。

（2）阳极氧化的第二阶段——多孔层形成阶段（bc 段）

在电解过程中阻挡层分布不均导致电场分布不均匀，局部过热。在这些区域，电解液对氧化膜层的溶解速度快，从而在氧化膜表面形成规则排列的孔核。在孔核处，电解液与基片金属距离减小，造成尖端放电，电压相应降低。

（3）阳极氧化的第三阶段——稳定阶段（cd 段）

这时阳极氧化膜的生成速度与阳极氧化膜的溶解速度达到动态平衡，阻挡层的厚度保持不变，并不断向铝基片推移。同时在多孔层外侧与电解液的界面处，氧化铝膜也在溶解，但只是一般的化学溶解，溶解速度很缓慢，因此多孔层不断地增厚。

7.1.3.4 阳极氧化膜的应用

以下以铝为例来看阳极氧化膜的应用，按照铝材的最终用途可以分为建筑用铝阳极氧化、装饰用铝阳极氧化、腐蚀保护用铝阳极氧化、电绝缘用铝阳极氧化和工程用铝合金氧化（如硬质阳极氧化）等。按照电源波形特征可以分为：直流（DC）阳极氧化、交流（AC）阳极氧化、交直流叠加（DC/AC）阳极氧化、脉冲（PC）阳极氧化和周期换向（PR）阳极氧化等。按电解液分有：硫酸阳极氧化、草酸阳极氧化、铬酸阳极氧化、磷酸阳极氧化和混合酸阳极氧化。按氧化膜的功能可分为：耐磨膜层、耐腐蚀膜层、胶接膜层、绝缘膜层、瓷质膜层、装饰膜层等。

铝在生活和工业上应用广泛，而铝的表面处理方法也是种类繁多，通常有阳极氧化处理、化学转化处理、微弧氧化处理、电镀处理、化学镀处理或表面有机涂装（喷粉或喷漆）等，而应用最广泛的工艺莫过于阳极氧化处理。

铝及铝合金的阳极氧化工艺在工业上有着广泛的应用，可以用来防止制品的腐蚀或达到防护-装饰的双重目的，如用作耐磨层、电绝缘层、喷漆底层和电镀底层等。

（1）防止铝制品的腐蚀

由于阳极氧化所得的膜层本身在大气中有足够的稳定性，所以可以利用铝表面上的氧化膜作为防护层。铝在铬酸溶液中进行阳极氧化而得到的氧化膜致密、耐蚀性好；从硫酸溶液中得到的氧化膜的孔隙较前者大，不过其膜层较厚，且吸附能力很强，若经过适当的填充封闭处理，其耐蚀性也是很好的。特别指出的是，铬酸阳极氧化法特别适用于铆接件和焊接件的阳极氧化处理。

（2）防护-装饰制品

对于大多数要求进行表面精饰的铝及其合金制品，经过化学或电化学抛光后，再用硫酸溶液进行阳极氧化可以得到透明度较高的氧化膜。这种氧化膜可以吸附很多种有机染料和无机染料，从而具有各种鲜艳的色彩。这层彩色膜既是防腐蚀层，又是装饰层。在一些特殊工艺条件下，还可以获得外观与瓷质相似的防护装饰性的氧化膜。

（3）作为硬质耐磨层

通过对铝及铝合金进行硬质阳极氧化，可以在其表面获得厚而硬的 Al_2O_3 膜层。这种膜层不仅具有较高的硬度和厚度，而且还有低的粗糙度。在硫酸或草酸溶液中，也可以通过阳极氧化的方法在铝制品上获得硬而厚的氧化膜。

多孔的厚氧化膜能够储备润滑油，因此它可以有效地应用于摩擦状态工作的铝制品，例如汽车及拖拉机的发动机气缸、活塞等，经过阳极氧化后，可大大提高其耐磨性。

（4）作为电绝缘层

铝及铝合金制品经过阳极氧化后所得到的氧化膜具有较大的电阻，因此它对提高某些制品的电绝缘性有一定的作用，可以用阳极氧化制备电容的介电层，也可以用氧化铝为其表面制备绝缘层。

（5）作为喷漆的底层

由于阳极氧化膜的多孔性及良好的吸附能力，它可以作为喷漆和其它有机膜的底层，使漆膜和有机膜与制品牢固地结合在一起，从而增加其耐蚀性。

（6）作为电镀的底层

铝及铝合金制品在进行电镀前，必须事先对其施加底层，而后才能进行电镀。在基质表面上施加底层的方法很多，除了电镀锌、浸锌、化学镀镍之外，阳极氧化处理也是重要方法之一。

7.1.4　液相外延

7.1.4.1　液相外延原理

液相外延技术（liquid phase epitaxy，简称 LPE）1963 年由 Nelson 等提出，其原理是：以低熔点的金属（如 Ga、In 等）为溶剂，以待生长材料（如 Ga、As、Al 等）和掺杂剂（如 Zn、Te、Sn 等）为溶质，使溶质在溶剂中呈饱和或过饱和状态，通过降温冷却使石墨舟中的溶质从溶剂中析出，在单晶基片上定向生长一层晶体结构和晶格常数与单晶基片足够相似的晶体材料，使晶体结构得以延续，实现晶体的外延生长。

在这里，液相外延物理理论基础为：假设溶质在液态溶剂内的溶解度随温度的降低而减少，那么当溶液饱和后再被冷却时，溶质会析出。若有基片与饱和溶液接触，那么溶质在适当条件下可外延生长在基片上。

7.1.4.2　液相外延过程

液相外延常用的溶剂为锡（Sn），熔点低，重要的是，结合到硅中的锡，在硅禁带内不引入浅能级或深复合中心，不影响电性能，锡没有电活性，用 Ga、Al 作为溶剂，则成为重掺 p 型硅。

液相外延的生长设备如图 7-7 所示。

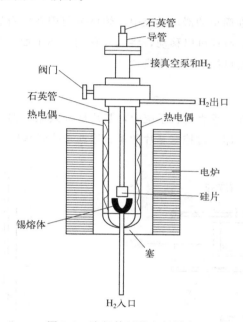

图 7-7　液相外延的生长设备

液相外延的生长步骤如下。

① 充氢气，清洗石英托（硅片托），在 H_2 中熔化熔体。

② 用厚硅片饱和熔体。其中生长轻掺 n 型外延层，100Ω·cm 掺磷硅片饱和熔体；重掺 p 型外延层，0.01Ω·cm 掺硼硅片饱和熔体；饱和时轴在转动，直至硅片不溶解为止。950℃，0.49g Si 使 Sn 达到饱和，2%溶解度（每次生长后，用相同方法补充硅，Sn 可用于 50 次外延生长）。

③ 用 HF 清洗硅片。

④ 硅片放置在熔体上 10min，待温度一致后放入熔体，初始温度选定为 950℃，如过冷生长，选用不同的冷却速率；如等温生长，选用某一特定温度。

⑤ 完成后先移去硅片，后停止冷却，以防回熔效应。

7.1.4.3　液相外延工艺

液相外延生长原则上是从液相中生长膜，溶有待镀材料的溶剂在适当的温度下达到饱和，将基片表面与溶液接触，溶液以适当的速度冷却，一段时间后即可得到所要的薄膜，而且也很容易进行掺杂。

液相外延有如下三种基本技术。

（1）使用 Nelson 研制的倾动式炉

如图 7-8（a）所示，通过倾斜含有溶液的石墨盘，使含有待镀材料的饱和溶液与基片接触，冷却时，生长材料从溶液中析出并在基片表面上成膜，然后将石墨盘回到原来的位置，溶液离开基片，基片表面的残余物通过适当的溶解液除去或溶解掉。

（2）滑动技术

如图 7-8（b）所示，在简单的滑动系统中，熔体被包围在由石墨构成的热源里，基片放置在热源外部靠后的区域，滑板可以移动，将基片移到熔体下面。选择适当的溶液、掺杂物和温度程序，可以制备厚度可控的各种薄膜。

（3）浸入技术

如图 7-8（c）所示，在一垂直生长系统中，基片被浸入某一温度下的溶液中，在适当温度下，从溶液中提拉基片，即通过控制基片的垂直运动来控制基片与溶液的接触。

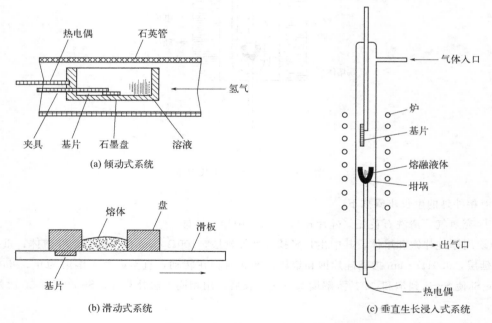

图 7-8　液相外延生长薄膜系统

7.1.4.4　液相外延技术特点

液相外延技术特点包括：①在较低温度下（950℃）生长（CVD 要 1100℃以上），可减少预扩散区的掺杂分布变化，在外延生长时，以获得基片/外延层界面处陡峭的分布；②金属杂质分凝系数小于 1，LPE 外延层的金属杂质较少；③较有效地防止自掺杂；④选择性外延，在氧化物表面没有 Si；⑤硅中有锡，但不影响电性能。

自掺杂来源包括：①外延前，掺杂剂进入气相；②外延时，掺杂剂从基片背面蒸发进入气相；③外延时，使用 $SiHCl_3$ 等，由于卤化物腐蚀，掺杂剂进入气相。这在液相外延中均可防止，但回炉将出现类似自掺杂。

与其它外延技术相比，LPE 具有以下优点：①生长设备比较简单，操作简单；②生长温度比较低，外延生长时可减少预扩散区的杂质分布变化，以获得外延层/基片界面处陡峭的分布；③生长速率较快；④外延材料纯度比较高；⑤掺杂剂选择范围比较广泛；⑥外延层的位错密度通常比它赖以生长的基片要低；⑦成分和厚度都可以比较精确地控制，重复性好；⑧操作安全，没有气相外延中反应产物与反应气体所造成的高毒、易燃、易爆和强腐蚀等危险。而 LPE 的缺点则为：①当外延层与基片的晶格失配大于 1% 时外延生长困难；②生长速率较快导致纳米厚度的外延层难以得到；③外延层的表面形貌一般不如气相外延的好。

液相外延生长为制备高纯半导体化合物和合金提供了快速而又简单的方法。所制备薄膜的质量优于由气相外延或分子束外延所得到的最好膜。然而其生长膜的表面并非所希望的那样理想，许多情况下，系统的热力学性质决定了该方法较难应用。

7.1.4.5　液相外延的应用

（1）硅材料

硅的液相外延是把硅熔解在 Sn、Cu、Ga 或 Sn-Ga 合金等熔点较低的金属熔液中，使其达到饱和，再让硅基片与饱和熔液接触，同时逐渐降温，使硅在熔液中呈过饱和而发生偏析，在基片上再结晶形成外延层。所生长出的硅薄膜和单晶硅颗粒，主要用于制造太阳能电池。

（2）钇铁石榴石（YIG）单晶薄膜

YIG 单晶薄膜由于其特殊的磁光、磁声和旋磁性能，无论在基础研究还是应用研究领域均受到高度重视，常用于制造振荡器、磁光调制器和磁泡存储器等。其液相外延工艺通常有 3 种方式，即翻转法、倾斜法和浸渍法，主要区别在于基片浸入方式不同。目前，制备 YIG 单晶薄膜大都采用浸渍法，其原理是：首先将 YIG 和助熔剂混合物在铂金坩埚中加热至 1100℃ 左右，使其充分熔化，并使熔液均匀化，然后降温使之呈过饱和熔液，再将准备好的基片浸渍于熔液中并旋转。YIG 薄膜就在基片上外延生成，薄膜生长速度大致与基片转速的平方成正比，控制膜厚到设定值时，即可从熔液中提出基片，用离心机除去基片上的残留物，就可获得高质量的 YIG 单晶外延薄膜。

（3）Ⅲ-Ⅴ族材料

LPE 可用于 Ⅲ-Ⅴ族材料的生长，如 AlGaAs/GaAs、AlGaAs/GaP、GaAs/GaInP/GaInAs、InP/InGaAsP、GaAs/GaAsP、GaP/GaAsP 等。这些材料主要用来制造半导体激光器、太阳能电池、光电二极管等。

（4）$LiNbO_3$ 薄膜

铌酸锂（$LiNbO_3$）晶体具有优良的光电、热电、压电、光折变和非线性光学效应等性质，已被广泛应用于光调制器、光开关、表面滤波器、光波导和二次谐波发生器等器件。用 LPE，可以在较低的温度下，用 $Li_2O \cdot V_2O_5$ 或 $Li_2O \cdot B_2O_3$ 作助熔剂，在 $LiTaO_3$ 单晶、掺镁（5%，摩尔分数）的同成分 $LiNbO_3$ 单晶和纯的同成分或近化学计量比的 $LiNbO_3$ 单晶等基片上制备出较高质量的纯的和掺杂的 $LiNbO_3$ 薄膜。

液相外延技术有很多独特的优点，如较低的生长温度、外延层良好的光电学特性、掺杂的灵活性、系统的安全性及价格低廉等，因而将来在高科技领域必有广泛而重要的应用。

7.1.5 喷雾热解

7.1.5.1 喷雾热解法原理

喷雾热解法（spray pyrolysis），是指将金属盐溶液以雾状喷入高温气氛中，此时立即引起溶剂的蒸发和金属盐的热分解，随后因过饱和而析出固相，从而直接得到纳米粉体；或者是将溶液喷入高温气氛中干燥，然后再经热处理形成粉体。形成的颗粒大小与喷雾工艺参数有很大的关系。喷雾热解法需要高温及真空条件，对设备和操作要求较高，但易制得粒径小、分散性好的粉体。

7.1.5.2 喷雾热解法工艺

喷雾热解法工艺包括以下几个关键步骤：溶液的配制，喷雾，加热分解，粉料收集。水溶液是最常用的，为了调节喷雾液的黏度和表面张力，可在水中加入适量的可溶性有机物，如醇类、表面活性剂等。作为前驱体的金属盐类，可用硝酸盐、乙酸盐、氯化物等，硫酸盐的分解温度较高，因此比较少用，除盐类的溶液之外也可用溶胶。如选用合适的物质作前驱体，并在无氧气氛中热分解，则可制造非氧化物颗粒。

喷雾热分解法有两种方法，一种方法是将溶液喷到喷雾热分解装置加热的反应器上，另一种方法是将溶液喷到高温火焰中。多数场合使用可燃性溶剂（通常为乙醇），以利用其燃烧热。

在喷雾热解法制备超细粉体过程中，雾化的气溶胶液滴进入干燥段反应器后，即发生如下的传热、传质过程：①溶剂由液滴表面蒸发为蒸气，蒸气由液滴表面向气相主体扩散；②溶剂挥发时的液滴体积收缩；③溶质由液滴表面向中心扩散；④由气相主体向液滴表面的传热过程；⑤液滴内部的热量传递。

前驱体溶液雾化后，液滴将发生如下过程：溶剂蒸发，液滴直径变小，液滴表面溶质浓度不断增加并在某一时刻达到临界过饱和浓度，液滴内将发生成核过程。成核的结果是液滴内部任何地方的浓度均小于溶质的平衡浓度。成核后，液滴内溶剂继续蒸发，液滴继续减小，液滴内溶质的质量分数继续增大，不考虑二次成核，液滴内超过其平衡浓度的那部分溶质将全部贡献于液滴表面晶核的生长；同时，晶核也会向液滴中心进行扩散。随着晶核进一步的扩散和液滴直径的进一步减小，液滴表面具有一定尺寸的晶核互相接触、凝固并直至完全覆盖液滴表面，则液滴外壳生成，此后液滴的直径不再发生变化。外壳生成后，液滴内的溶剂继续蒸发，超过其平衡浓度的溶质在液滴外壳以内的晶核表面析出（不含外壳），促使这部分晶核长大。如果外壳生成时，液滴中心也有晶核，则生成的粒子为实心粒子；如果液滴中心没有晶核，则生成的粒子为空心粒子。颗粒外壳是由晶核互相接触、凝固而形成的。

7.1.5.3 喷雾热解法分类

喷雾热解法与其它化学溶液沉积方法的不同之处在于基片放置于溶液外成膜，溶液的微滴喷洒到加热的基片上通过热分解或水解形成最终的薄膜。对于制备大面积均匀薄膜来说，这是一项简单易用的、便宜的技术。沉积速率和薄膜的厚度很容易得到控制，此外只要将所需数量的掺杂物加入喷洒的溶液中即可简单地实现掺杂。虽然与真空沉积相比所需的设备价格低廉，但是要制备大面积的薄膜所消耗的材料仍然是一笔不小的开销。这是因为只有小部分的材料用在沉积薄膜上，绝大部分的液滴都喷到成膜区外去了。另外喷射的很多液滴，尤其是小液滴，在到达基片前被汽化而对成膜没有贡献。

（1）喷雾水解

在热的基片表面水解金属卤化物制备薄膜的方法中，基片被预先加热到沉积温度，已压缩的 Ar 为载体将反应先驱物溶液喷射到一个开放空间，基片水平放置，喷嘴与基片成一定的角度。代表性的反应为：

$$SnCl_4 + 2H_2O \longrightarrow SnO_2 + 4HCl \tag{7-11}$$

反应物溶于酒精溶液中。而水的含量不管是来自潮湿的空气还是来自反应物，都很大程度上决定反应进程。高的基片温度也能提高沉积速率。一些掺杂或未掺杂的透明导电薄膜，如 SnO_2、SnO_2：Cd、In_2O_3 等都能用喷雾水解的方法制备。例如，掺有 Te 的 In_2O_3 薄膜可以用 $InCl_3$ 和 $TeCl_4$ 的酒精溶液在 $380\sim550℃$ 的玻璃或硅片上通过喷雾水解沉积，Te 与 In 的原子比为 $0.01\sim0.05$。在基片温度 $480\sim500℃$，基片与喷嘴距离 $50cm$，Te 与 In 的原子比为 0.028，喷射速率 $0.08cm^3/s$，喷射角 $30°\sim45°$时，得到了最低的电阻率和 90% 以上的可见光透射率。

（2）喷雾热解

喷雾热解最早用来制备硫化物和硒化物，如 CdS。喷雾热解包括不同种类的反应物微小液滴之间的吸热化学反应。含有所要制备的化合物中元素的可溶性盐溶液（通常为水溶液）就像喷雾水解法一样，由与基片成一定角度的喷嘴喷射液滴到加热的基片表面。到达热表面后，这些液滴受热分解在基片上形成薄膜。热表面提供了分解和合成化合物的热能，而输运气体在热解反应中并不起重要作用。其设备与喷雾水解的设备类似。

喷雾热解常用来制备大面积的多晶薄膜，并有很好的附着性，也很容易通过在溶液中添加定量的掺杂物进行掺杂。CdS 可以由含有 Cd 和 S 的化合物溶液制备，如 $0.09mol/L$ $CdCl_2$ 和掺杂 $InCl_3$ 的 $0.1mol/L$ 硫脲 $(NH_2)_2CS$ 可制备掺 In 的 CdS。沉积在基片温度 （320 ± 10）℃下于有 SnO_2 覆盖层的玻璃和普通玻璃上进行。基片放在距离喷嘴 $40cm$ 的垂直热板上。每次喷射时间为 $4s$，温度会下降 $20℃$。每次喷射有足够的间隔时间让基片恢复到预设温度。薄膜达到一定厚度后冷却到室温。DeSisto 等报道了用新型喷雾热解方法在蓝宝石基片上制备

（100）取向的 MgO 薄膜。如图 7-9 所示，基片分别为 Si 片（1.2cm×1.2cm）、熔融玻璃（2.5cm×2.5cm）和蓝宝石（直径 2.5cm）。基片温度为 400~550℃。喷射溶液用超声喷嘴超声雾化后喷出热解，同时向基片表面输送氧气，喷嘴的工作频率为 60kHz，液滴的尺寸为 30μm，喷射速率和氧气流量分别为 10cm^3/h 和 400cm^3/min。沉积的薄膜厚度为 0.1~0.5μm，沉积速率 1500$\mathring{A}$/h，光学透明。沉积的 MgO 薄膜结晶性较差，但在蓝宝石基片上经700~930℃氧气退火后具有很强的（100）取向。

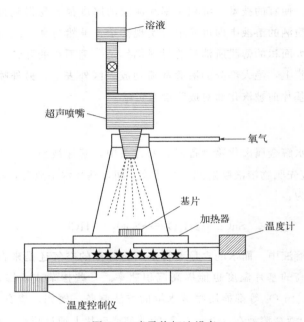

图 7-9　喷雾热解法设备

7.1.5.4　喷雾热解法工艺特点

　　虽然喷雾热解法的设备与工艺简单，但也可生长出与其它方法可比拟的优良的薄膜，且易于实现掺杂，是一种非常经济的薄膜制备方法，有望实现规模化扩大生产，用于商业用途。

　　喷雾热解实际是个气溶胶过程，属气相法的范畴，但与一般的气溶胶过程不同的是，它是以液相溶液作为前驱体，因此兼具气相法和液相法的诸多优点，如下。

　　① 原料在溶液状态下混合，可保证组分分布均匀，而且工艺过程简单，组分损失少，可精确控制化学计量比，尤其适合制备多组分复合粉末；

　　② 微粉由悬浮在空气中的液滴干燥而来，颗粒一般呈规则的球形，而且少团聚，无须后续的洗涤研磨，保证了产物的高纯度、高活性；

　　③ 整个过程在短短的几秒钟内迅速完成，因此液滴在反应过程中来不及发生组分偏析，进一步保证组分分布的均一性；

　　④ 工序简单，一步即获得成品，无过滤、洗涤、干燥、粉碎过程，操作简单方便，生产过程连续，产能大，生产效率高，非常有利于大工业化生产。

7.2 LB 薄膜法

7.2.1 LB 薄膜定义

1933 年 Langmuir 和 Blodgett 发现可以利用分子表面活性在气-液界面上形成凝结膜，并将该膜初次转移到固定基片上，形成单层或多层薄膜，称为 LB（Langmuir-Blodgett）薄膜，简称 LB 膜，该方法称为 LB 薄膜法。LB 膜是一种由某些有机大分子定向排列组成的单分子层或多分子层薄膜，其制膜原理不同于其它制膜技术。在有机物质中存在具有表面活性的物质，其分子结构有共同的特征，同时具有"亲水性基团"和"疏水性基团"。如果以同时具有亲水性基团和疏水性基团的有机分子为材料，由于二者平衡，这样的有机分子就会吸附于水-气界面。如果把这种具有表面活性的物质溶于苯、二氯甲烷等挥发性溶剂中，并把该溶液分布于水面上，待溶剂挥发后就留下垂直站立在水面上的定向单分子膜。这种在水面的单分子一端呈亲水性，一端呈疏水性，如脂肪酸或其它长链脂肪族材料、用很短的脂肪链替代的芳香族以及其它相似材料。长链的一端为亲水性（如 COOH），另一端为疏水性（如 CH_3），脂肪酸 [如 $CH_3(CH_2)_{16}COOH$] 即为此结构。

LB 膜技术是指将含有亲水基和疏水基的两性分子在水面上形成的一个分子层厚度的膜（即单分子膜）以一定的方式累积到基片上的技术，累积于基片上的膜称为 LB 膜。其制膜过程是先将成膜的双亲性分子溶于挥发性的溶剂中，滴在水面上，即可形成成膜分子的单分子层，然后施加一定的压力，并依靠成膜分子本身的自组织能力，得到高度有序、紧密排列的分子，最后把它转移到基片表面。

7.2.2 LB 膜材料在亚相上的展开机理

将一定量的微溶物或不溶物 B 置于液体 A 上（在 LB 膜方法中，A 称为亚相），使其开始时以适当的厚度存在，要使成膜材料在亚相上自发展开，必须将具有低表面张力的液体放在高表面张力的液体上。反之，高表面张力的液体预期不能在具有低表面张力的液体上展开。由于表面成膜物称重很不方便，所以制备 LB 膜的一般方法是将极其微量的成膜材料溶于挥发性溶剂中，然后滴于亚相表面上，展开成膜。当溶剂挥发后，留下单分子膜。这种挥发性溶剂在亚相水面上的展开系数必须大于零，才能使铺展得以进行。例如，氯仿、苯等便是满足此条件的溶剂。

LB 成膜材料必须具有双亲基团（也称作两性基团），即亲水基团和疏水基团，而且亲水基团和疏水基团的比例应比较合适。如果分子的亲水性强，则分子就会溶于水，如果疏水性强，则会分离成相。正是这种既亲水又疏水的特殊的 LB 膜材料，才能够保持"两亲媒体平衡"状态，它可以在适当的条件下铺开在液面上形成稳定的单分子膜，而又不凝聚成单独的相，从而可以直接沉积于基片上形成 LB 膜。可见具备亲水基和疏水基对于 LB 膜的形成具有重要意义。

常见的亲水基和疏水基如下：

亲水基：—COOK、—SO_4Na、—COONa、—SO_3Na、—NH_2、—COOH、—OH 等。

疏水基：$-CH_2-$、$-CH=CH-$、$-CH_2$、$-CO$、$-CH_2-$、$-CF_2-$、$-CF_3$ 等。

先将两性成膜材料溶解到诸如氯仿等有机溶剂中，再将其滴注到亚相液面上，待亚相液面上的溶剂挥发后，具有双亲基团的分子便留在液面上。

亲水与疏水共同作用的结果是：在液面上形成单分子层，亲水基团位于靠近水的一侧，而疏水基团则位于空气的一侧，当用挡板对亚相液面上的单分子层进行压缩时，由于亲水基团和疏水基团的作用，分子一个个整齐地"站立"于亚相表面上，从而形成了整齐有序密集排列的单分子层。

7.2.3 LB膜的沉积方法

LB膜的沉积方法包括：①垂直提拉法；②水平提拉法；③单分子层水平转移技术。

利用适当的机械装置，将固体（如玻璃载片）垂直插入水面，上下移动，单分子膜就会附在载片上而形成一层或多层膜。

在拉膜前，首先在固体载片上涂覆一层硬脂酸，然后将其水平接触液面上的单分子层膜（如图 7-10 所示）。同时将挡板置于固体载片两侧，提拉固体载片。重复此过程，就可形成 X 型 LB 膜。它可以很好地保留分子在液面上的凝聚态和取向。

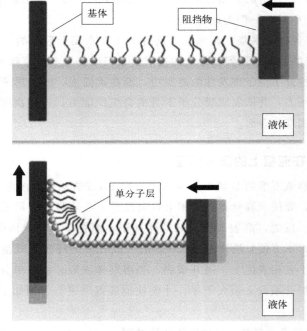

图 7-10　LB膜形成原理

在 Langmuir 原始方法中，一清洁亲水基片在待沉积单层扩散前浸入水中，然后单层扩散并保持在一定的表面压力的状态下，基片沿着水表面缓慢抽出，在基片上形成一单层膜。如图 7-11 所示，在水表面上分子无序分布，通过加上合适的恒定表面压力，分子被压紧，分子的长轴水平面垂直而有序排列。由于 LB 膜较脆，压缩时要小心避免膜的崩塌，整个系统应避免振动。

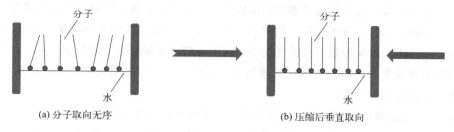

(a) 分子取向无序　　　　　　　　　　　(b) 压缩后垂直取向

图 7-11　在水表面上分散的分子

　　制备 LB 膜（Y 型，在基片下降和抽取时成膜）的过程如下（图 7-12）：首先将不亲水的基片通过单分子层插入水中，单分子层在基片运动的方向上折起，然后平铺在基片上，当抽取基片时，分子层沿基片运动方向卷起，形成第二层，基片再次向下运动沉积第三层，等等。最后得到的分子层为偶数层，膜的上下表面由不亲水的甲基组成。

　　当亲水基片浸入水中时会完全浸润，形成如图 7-13 所示的弯液面，当沉积发生时，弯液面在与基片运动的同一方向上卷曲，因此在基片最初浸润时将不会发生沉积。在抽取基片时，薄膜将沉积在基片上（弯月形曲线的分子层沿基片运动方向折起），分子亲水端吸附在基片表面的亲水点处，由此基片变成非亲水性。在第二个浸入过程中，发生薄膜沉积，导致薄膜变成亲水性。重复这一过程，最终形成奇数层的多层膜。

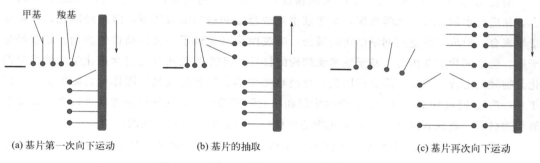

(a) 基片第一次向下运动　　　　　　(b) 基片的抽取　　　　　　(c) 基片再次向下运动

图 7-12　在疏水基片上 Y 型多层膜的沉积

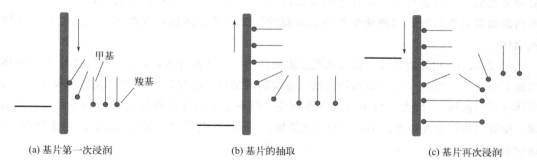

(a) 基片第一次浸润　　　　　　　(b) 基片的抽取　　　　　　(c) 基片再次浸润

图 7-13　在亲水基片上 Y 型多层膜的沉积

7.2.4　LB 膜技术的特点

　　LB 膜技术的优点包括：①膜厚为分子级水平（纳米数量级），具有特殊的物理化学性质；

②可以制备单分子膜，也可以逐层累积，形成多层 LB 膜或超晶格结构，组装方式任意选择；③可以人为选择不同的高分子材料，累积不同的分子层，使之具有多种功能；④成膜可在常温常压下进行，不受时间限制，所需能量小，基本不破坏成膜材料的高分子结构；⑤LB 膜技术在控制膜层厚度及均匀性方面远比常规制膜技术优越；⑥可有效地利用 LB 膜分子自身的组织能力，形成新的化合物。

总体而言，LB 膜结构容易测定，易于获得分子水平上的结构与性能之间的关系。

LB 膜技术的缺点则为：①LB 膜沉积在基片上的附着力是分子间作用力，属于物理键力，因此膜的力学性能较差；②要获得排列整齐而且有序的 LB 膜，必须使材料含有两性基团，这在一定程度上给 LB 成膜材料的设计带来困难；③制膜过程中需要使用氯仿等有毒的有机溶剂，这对人体健康和环境具有很大的危害性；④制膜设备昂贵，制膜技术要求很高。

7.3　溶胶-凝胶法

7.3.1　溶胶-凝胶法定义

溶胶-凝胶法（sol-gel 法）是以无机物或金属醇盐作前驱体，在液相将这些原料均匀混合，并进行水解、缩合化学反应，在溶液中形成稳定的透明溶胶体系，溶胶经陈化，胶粒间缓慢聚合，形成三维空间网络结构的凝胶，凝胶网络间充满了失去流动性的溶剂。凝胶经过干燥、烧结固化制备出分子乃至纳米亚结构的材料。溶胶-凝胶法就是将含高化学活性组分的化合物经过溶液、溶胶、凝胶而固化，再经热处理形成氧化物或其它固体化合物的方法。近年来，溶胶-凝胶技术在玻璃、氧化物涂层和功能陶瓷粉料，尤其是传统方法难以制备的复合氧化物材料、高临界温度（T_c）氧化物超导材料的合成中均得到成功的应用。

溶胶（sol）又称胶体溶液。溶胶不是单体的存在形态，而是一种分散体系，是一种或多种物质的一相或多相，以一定范围（1～100nm）分散于另一物质的连续相中，形成具有高度分散的多相分散体系。被分散的物质称为分散相，另一种物质称为分散介质。在此体系内的物质具有特殊的物理化学性质。溶胶的分散介质是液体，分散相可以是气体、液体或固体。

凝胶（gel）也称为冻胶，是溶胶失去流动性后，一种富含液体的半固态物质，其中液体含量有时可高达 99.5%，分散相物质则呈连续的网络体。凝胶是一种柔软的半固体（表面为固体内部含液体），由大量胶束组成三维网络，胶束之间为分散介质的极薄的薄层。一般来说，凝胶结构可分为四种：①有序的层状结构；②完全无序的共价聚合网络；③由无序控制，通过聚合形成的聚合物网络；④粒子的无序结构。

7.3.2　溶胶-凝胶法工艺

溶胶-凝胶法的工艺过程如图 7-14 所示。

溶胶-凝胶法的化学过程根据原料不同可以分为有机工艺和无机工艺，根据溶胶-凝胶过程的不同可以分为胶体型 sol-gel 过程、无机聚合物型 sol-gel 过程和络合物型 sol-gel 过程。

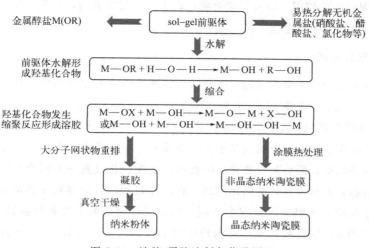

图 7-14　溶胶-凝胶法制备薄膜原理

（1）溶胶的制备

溶胶的制备是技术的关键，溶胶的质量直接影响最终所得材料的性能，因此如何制备满足要求的溶胶成为人们研究的重点。近年来主要从以下几个方面对它进行了研究。

① 加水量　加水量一般用摩尔比 $R = n(H_2O) : n[M(OR)n]$ 表示。加水量很少，一般 R 在 $0.5 \sim 1.0$ 的范围，此时水解产物与未水解的醇盐分子继续聚合，形成大分子溶液，颗粒不大于 1nm，体系内无固液界面，属于热力学稳定系统；而加水过多（$R \geqslant 100$），则醇盐充分水解，形成存在固液界面的热力学不稳定系统。

② 催化剂　酸碱作为催化剂，其催化机理不同，因而对同一体系的水解缩聚，往往产生结构、形态不同的缩聚物。研究表明，酸催化体系的缩聚反应速率远大于水解反应，水解由 H_3O^+ 的亲电机理引起，缩聚反应在完全水解前已开始，因而缩聚物的交联度低，所得的干凝胶透明，结构致密；碱催化体系的水解反应是由 OH^- 的亲核取代引起的，水解速度大于亲核速度，水解比较完全，形成的凝胶主要由缩聚反应控制，形成高分子聚合物，有较高的交联度，所得的干凝胶结构疏松，半透明或不透明。

③ 溶胶浓度　溶胶的浓度主要影响胶凝时间和凝胶的均匀性。在其它条件相同时，随溶胶浓度的降低，胶凝时间延长、凝胶的均匀性降低，且在外界条件干扰下很容易发生新的胶溶现象，所以为减少胶凝时间，提高凝胶的均匀性，应尽量提高溶胶的浓度。

④ 水解温度　提高温度对醇盐的水解有利，水解活性低的醇盐（如硅醇盐），常在加热下进行，以缩短溶胶制备及胶凝所需的时间，但水解温度太高，将发生多种产物的水解聚合反应，生成不易挥发的有机物，影响凝胶性质。

⑤ 络合剂的使用　添加络合剂可以解决金属醇盐在醇中的溶解度小、反应活性大、水解速度过快等问题，是控制水解反应的有效手段之一。

⑥ 电解质的含量　电解质的含量可以影响溶胶的稳定性，与胶粒带同种电荷的电解质离子可以增加胶粒双电层的厚度，从而增加溶胶的稳定性；与胶粒带不同电荷的电解质离子会降低胶粒双电层的厚度，降低溶胶的稳定性。

⑦ 高分子聚合物的使用　高分子聚合物可以吸附在胶粒表面，从而产生位阻效应，避免胶粒的团聚，增加溶胶的稳定性。

（2）溶胶-凝胶的转化

凝胶是一种由细小粒子聚集成的三维网状结构和连续分散相介质组成的具有固体特征的胶态体系。按分散相介质不同而分为水凝胶（hydrogel）、醇凝胶（alcogel）和气凝胶（aerogel）等，而沉淀物（precipitate）是由孤立粒子聚集体组成的。溶胶向凝胶的转变过程，可简述为：缩聚反应形成的聚合物或粒子聚集体长大为小粒子簇（cluster），小粒子簇逐渐相互连接成三维网络结构，最后凝胶硬化。因此可以把凝胶化过程视为两个大的粒子簇组成的一个横跨整体的簇，并形成连续的固体网络。在陈化过程中，胶体粒子逐渐聚集形成网络结构。但这种聚集和粒子团聚成沉淀完全不同。形成凝胶时，由于液相被包裹于固相骨架中，整个体系失去流动性，同时胶体粒子逐渐形成网络结构，溶胶也从 Newton 体向 Bingham 体转变，并带有明显的触变性。

（3）薄膜的制备

溶胶-凝胶法制备薄膜主要有旋涂法（spinning）和浸渍提拉法（dipping）。根据基片材料的尺寸和形状，对较大的或矩形基片多采用浸渍提拉法，而圆形基片适用旋涂法。制备薄膜时，凝胶膜通常是由于溶剂的快速蒸发而形成的，因此都需要热处理，才能得到所需薄膜。

浸渍提拉法工艺过程如图 7-15 所示，包括三个步骤：浸渍、提拉和热处理。首先将清洁基片浸入配制好的溶胶中，然后以匀速将基片从溶胶中平稳地提拉上来。在黏滞力和重力的共同作用下，基片表面将形成一层均匀的液膜，溶剂迅速蒸发，基片表面的溶胶迅速凝胶化而形成一层凝胶膜。凝胶膜在室温或低加热温度下完全干燥后，再进行适当的热处理，得到最终薄膜。薄膜的厚度取决于溶胶的浓度、黏度和提拉速度，提拉速度是影响膜厚的关键因素。在较低的提拉速度下，湿液膜中线形聚合物分子有较多时间使分子取向排列平行于提拉方向，这样聚合物分子对液体回流的阻力较小，即聚合物分子形态对湿膜厚度影响较小，因此形成的膜较薄。对于较快的提拉速度，由于湿液膜中线形聚合物分子的取向来不及平行于提拉方向，一定程度上阻碍了液体的回流，因而此时形成的膜较厚，薄膜质量较差。每次浸渍循环所得到的膜厚为 5～30nm。如要制备高质量的较厚的薄膜，可进行多次浸渍-干燥循环，每次循环之后必须充分干燥和进行适当的热处理。

旋涂法包括两个步骤：旋涂和热处理。同浸渍提拉法一样，溶剂的蒸发使得旋涂在基片表面的溶胶迅速凝胶化，再经过一定的热处理后得到所需薄膜。对于圆形基片而言，采用旋涂法很方便。

由于凝胶膜中含有液体，要进行干燥处理。干燥初期控制干燥速度非常关键，最好在接近室温的温度下控制干燥速度逐步地进行干燥，否则聚合结构中液体蒸发过快，使凝胶因膨胀承受很大压力而破碎。干燥过程开始时残余水及醇蒸发，接着有机物分解，凝胶转化成无机材料。为了减少开裂，还可采用超临界干燥、冰冻干燥以及增加凝胶强度等方法，以抵消或减少表面张力的作用。

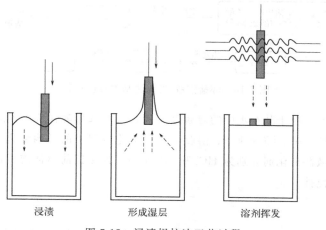

浸渍　　　　　形成湿层　　　　溶剂挥发

图 7-15　浸渍提拉法工艺过程

（4）干凝胶的热处理

凝胶经干燥、烧结转变成固体材料的过程是溶胶-凝胶法的重要步骤，由多孔疏松凝胶转变成可应用的材料至少有 4 个历程：毛细收缩、缩合-聚合、结构弛豫和黏滞烧结。热处理的目的是消除干凝胶中的气孔，使制品的相组成和显微结构能满足产品性能的要求。在加热过程中，干凝胶先在低温下脱去吸附在表面的水和醇，$265 \sim 300 ℃$ 发生—OR 基团的氧化，$300 ℃$ 以上则脱去结构中的—OH 基团。由于热处理过程伴随较大的体积收缩、各种气体的释放（CO_2、H_2O、ROH），加之—OR 基团在非充分氧化时还可能碳化，在制品中留下碳质颗粒，所以升温速度不宜过快。

7.3.3　溶胶-凝胶法反应过程

溶胶-凝胶法利用含材料成分的化合物液体试剂为前驱体原料，或将粉末添加到溶剂中，在液相下将这些原料均匀混合，经过一系列水解、缩合（缩聚）化学反应，在溶液中形成稳定的透明溶胶体系；溶胶经过陈化，胶粒间缓慢聚合，形成以前驱体为骨架的三维聚合物或者颗粒空间网络，网络中充满失去流动性的溶剂，成为凝胶；凝胶再经过干燥，脱去溶剂而成为一种多孔结构的干凝胶或气凝胶；最后，经过烧结固化，制备成所需材料。

醇盐水解法是溶胶-凝胶技术中应用最广泛的一种方法（见图 7-16）。该法将金属醇盐或金属无机盐溶于溶剂（水或有机溶剂）中形成均匀的溶液，通过加入各种添加剂，如催化剂、水、络合剂或螯合剂等，在合适的环境温度、湿度条件下，经过强烈搅拌，使之发生水解和缩聚反应，产生所需溶胶和凝胶。溶胶-凝胶法最基本的化学反应过程为溶剂化、水解反应、缩聚（聚合）反应。

（1）溶剂化

不论所用的前驱体为无机盐或金属醇盐，其主要反应步骤都是前驱体溶于溶剂（水或有机溶剂）中形成均匀的溶液。反应的通式为：

$$M(H_2O)_n^{z+} \longrightarrow M(H_2O)_{n-1}(OH)^{(z-1)^+} + H^+ \tag{7-12}$$

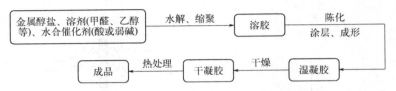

图 7-16 醇盐溶胶-凝胶法基本反应过程

以金属醇盐为例，由于其在水中的溶解度不大，一般选用醇作为溶剂，醇和水的加入应适量。催化剂对水解速率、缩聚速率、溶胶凝胶在陈化过程中的结构变化都有重要影响，常用的酸性催化剂和碱性催化剂分别为 HCl 和 NH_4OH。为保证前驱体溶液的均相性，在制备过程中需施以强烈搅拌。

（2）水解反应

溶质与溶剂产生水解或醇解反应，反应生成物聚集成尺度为纳米量级的微粒并组成溶胶。非电离式分子前驱体，如金属醇盐 $M(OR)_n$（n 为金属 M 的原子价，R 代表烷基）与水的反应即水解反应通式为：

$$M(OR)_n + x H_2O \longrightarrow M(OH)_x(OR)_{n-x} + x ROH \tag{7-13}$$

反应可连续进行，直至生成 $M(OH)_n$ 为止。

如果醇盐溶解在与其自身不同烷基的醇中，则发生醇解反应

$$M(OR)_n + m R'OH \longrightarrow M(OR)_{n-m}(OR')_m + m ROH \tag{7-14}$$

（3）缩聚（聚合）反应

缩聚（聚合）反应是析出凝胶的反应，是一种缩聚过程。缩聚反应可分为失水缩聚和失醇缩聚两种。

失水缩聚：

$$-M-OH + HO-M- \longrightarrow -M-O-M- + H_2O \tag{7-15}$$

失醇缩聚：

$$-M-OR + HO-M- \longrightarrow -M-O-M- + ROH \tag{7-16}$$

在实际的化学反应过程中，水解和缩聚反应相互交替发生，并无明显的先后，也就意味着没有明显的溶胶形成过程。

通过水解和缩聚反应得到湿凝胶，湿凝胶内包裹着大量溶剂和水，其干燥过程通常伴随着很大的体积收缩，因而很容易引起开裂。防止凝胶在干燥过程中开裂是至关重要的一个环节。最后还要对干凝胶进行热处理，其目的是消除干凝胶中的气孔，使制品的相组成和显微结构能满足产品性能要求。

总体而言，溶胶的制备、凝胶的干燥和热处理的温度都将影响最终制备材料的性能。

7.3.4 溶胶-凝胶法特点与应用

溶胶-凝胶法独特的优点为：

① 由于溶胶-凝胶法中所用的原料首先被分散到溶剂中而形成低黏度的溶液，因此，就可以在很短的时间内获得分子水平的均匀性，在形成凝胶时，反应物之间很可能是在分子水平上被均匀地混合；

② 由于经过溶液反应步骤，那么就很容易均匀定量地掺入一些微量元素，实现分子水平上的均匀掺杂；

③ 与固相反应相比，化学反应将更容易进行，而且仅需要较低的合成温度，一般认为溶胶-凝胶体系中组分的扩散在纳米范围内，而固相反应时组分扩散是在微米范围内，因此反应容易进行，温度较低；

④ 选择合适的条件可以制备各种新型材料。

溶胶-凝胶技术也有不足之处：

① 过程耗时较多，对于希望快速更新换代的技术需求，溶胶-凝胶产品研发很难在短时间内完成；

② 由于反应机理很难彻底研究清楚，合成过程控制过多依赖经验，溶胶-凝胶技术不容易自动控制；

③ 作为一种流体，在实际应用中，溶胶的流体力学性质会随时间变化，这也给生产带来不便。

由于溶胶-凝胶技术在控制产品的成分及均匀性方面具有独特的优越性，近年来已用该技术制成 $LiTaO_2$、$LiNbO_3$、$PbTiO_3$、$Pb(ZiTi)O_3$ 和 $BaTiO_3$ 等各种电子陶瓷材料。特别是制备出形状各异的超导薄膜、高温超导纤维等。在光学方面，该技术已被用于制备各种光学膜如高反射膜、减反射膜等和光导纤维、折射率梯度材料、有机染料掺杂型非线性光学材料以及波导光栅、稀土发光材料等。在热学方面，用该技术制备的 SiO_2-TiO_2 玻璃非常均匀，热膨胀系数很小，化学稳定性也很好；已制成的 InO_3-SnO_2（ITO）大面积透明导电薄膜用于透明热镜具有很好的光热性能；制成的 SiO_2 气凝胶具有超绝热性能等特点。

在化学材料方面，用该技术制备的下列产品都具有独特的优点：超微细多孔滤膜具有耐温、耐压、耐腐蚀等特点，而且孔径可以调节；超细氧化物已被广泛应用在金属、玻璃、塑料等表面作为氧化物保护膜，其抗磨损和抗腐蚀能力大为增强；氧化物气敏材料具有良好的透气性、较大的比表面积和均匀分布的微孔；中孔性的 TiO_2/γ-Al_2O_3 复合颗粒具有良好的光催化和吸附性能，在氨催化降解方面有着良好的应用。

思考题

1. 电解液为什么能够导电？
2. 简述金属电沉积的基本过程及意义。
3. 在电镀时，往往通入镀槽 1F 的电量，在阴极上却得不到 1g 当量的金属镀层，是不是法拉第定律有误？
4. 简述化学镀镍溶液中柠檬酸钠的作用。
5. 简述阳极氧化的原理。

6. 以 Al 为例，简述阳极氧化膜的形成过程。

7. 什么是液相外延？有哪几种基本的液相外延工艺？

8. 简述喷雾热解制备 SnO_2 薄膜的原理和过程。

9. 什么是 LB 薄膜？LB 薄膜的沉积原理是什么？有哪些沉积方法？

10. 以 TiO_2 为例，简述溶胶凝胶法制备薄膜的原理和过程。

第8章

纳米薄膜组装

近年来，纳米技术的发展使人们对纳米薄膜材料产生了极大的关注，纳米薄膜（nanomembrane）材料被定义为厚度限制在一到几百纳米、横向尺寸相对更大（通常至少大两个数量级，甚至达到宏观尺寸）的结构。纳米薄膜易于精确加工，并集成到功能性器件和系统中。本章以半导体、金属、绝缘体、聚合物和复合材料为例，介绍纳米薄膜的技术前景。例如，由纳米薄膜组装的褶皱结构可用于柔性电子器件及用于光学和热电中的堆叠结构；受剪纸/折纸启发，可通过应变工程构建纳米薄膜自组装三维结构。研究人员已经探索出由多种先进材料构成的纳米薄膜，并实现了各种应用。纳米薄膜作为一种新型的纳米材料结构，使纳米技术以可控、精确的方式应用于实际，为未来纳米相关产品的开发提供了巨大的可能性。

8.1 概述

著名物理学家理查德·费曼（Richard Feynman）于 1959 年首次讨论了"纳米技术"的概念，谷口纪夫（Norio Taniguchi）于 1974 年首次使用了"纳米技术"一词。其最初的定义是通过直接操纵原子进行合成的技术。随着近几十年来集成电路工业的飞速发展，用于制造和表征具有小型特征尺寸器件的技术引起了越来越多的关注，"纳米技术"的范围得到了扩展。如今，尽管仍然缺乏精确的定义，但纳米结构通常是指尺度在 $1 \sim 100\text{nm}$ 之间的结构，其物理特性介于单个原子和块体之间。一般而言，三个维度中至少有一个维度在这个尺度范围的材料/结构即被认为是纳米材料/纳米结构。由于尺寸较小，纳米结构具有较高的比表面积，纳米结构的表面/界面状态变得更加重要，甚至占主导地位。此外，纳米结构的尺寸限制甚至可能导致量子尺寸效应，这可以显著改变能带结构及电子行为。因此，纳米材料和结构表现出许多有趣的现象以及特别的电子、光学、热、力学和化学性质。

纳米材料实际上是三维结构，但由于纳米材料在某些尺寸上的长度有限，可以根据其几何形状将纳米材料粗略地分类为准 0D［如纳米点和纳米颗粒，见图 8-1（a）中的透射电子显微镜（TEM）图像］，准 1D［如纳米线和纳米棒，见图 8-1（b）中的 SEM 图像］，和准 2D［如纳米片和纳米板，见图 8-1（c）中的原子力显微镜（AFM）图像和图 8-1（d）中的 SEM 图像］。值得注意的是，这些低维结构的组合可能会通过组装或自组装构成具有纳米级尺寸特征的三维结构。例如，图 8-1（e）展示了通过化学气相沉积合成的 PbS 纳米线树的 SEM 图像，而图 8-1（f）展示了通过压缩褶皱制成的三维结构。各种三维结构也可以通过微/纳米制造技术（例如 3D 打印或直接激光写入）直接制造，图 8-1（g）给出了一个典型示例。此外，4D 打印能够在空间和时间上控制材料和几何形状的组合，可制备动态可重构材料/结构。如图 8-1（h）所示，打印的双层体系结构具有局部溶胀各向异性，浸入水中后会发生复杂的形状变化，具有重要的潜在应用前景。

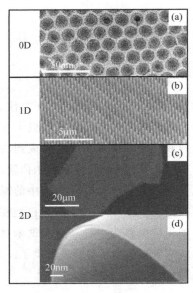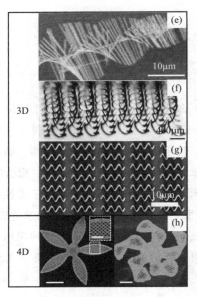

图 8-1　不同几何形状的纳米材料图像

（a）直径约为 13.5nm 的 Sn 纳米晶体的 TEM 图像；（b）有序单晶硅纳米线阵列的 SEM 图像；（c）石墨烯的 AFM 图像；（d）柔性纳米薄膜的 SEM 图像；（e）PbS 纳米线树的 SEM 图像；（f）通过压缩褶皱制成的三维结构的光学显微镜图像；（g）由激光直写制成的螺旋结构阵列的 SEM 图像；（h）由 4D 打印制成的结构膨胀前后图像（比例尺为 5mm）

　　近年来，人们对具有不同几何特征的纳米结构和纳米材料进行了深入研究。尤其是自 2004 年以来，Novoselov 等首次报道石墨烯晶体管的电学特性后，有关超薄二维材料的研究开始广泛开展。科学家对于厚度仅为一个或几个原子层的二维材料投入更多关注。二维纳米材料/纳米结构的快速发展催生了对纳米薄膜的研究。纳米薄膜被人们定义为厚度限制在约一到几百纳米并且横向尺寸很大（通常至少两个数量级，甚至达到宏观尺寸）的结构。纳米薄膜结构通常在两侧都与其环境隔离（例如，通过空气、真空或引入的其它不同材料）。值得注意的是，相对纳米材料/结构的定义，纳米薄膜厚度的上限略有扩展，这是因为在较厚的情况下也可以获得一些独特的物理属性，例如柔性。另外，作为一个发展迅速的领域，纳米薄膜的定义在不同的文献中可能有所不同，目前尚无广泛接受的定义，在文献中被称为纳米片、薄膜、纳米层、纳米带的结构也可以被认为是纳米薄膜。实际上，纳米薄膜的横向尺寸大，而在垂直方向上具有处于原子级和宏观级尺寸之间的特征尺寸，因此其填补了纳米级和宏观级之间的空隙。本章首先介绍制备组装纳米薄膜结构所采用的技术，接着讨论组装的纳米薄膜器件在许多领域（如电子和光子学）中的应用，然后介绍由二维纳米薄膜组装形成的三维微纳结构，最后介绍仿生纳米薄膜和纳米薄膜形式的二维材料。我们相信，可控且可精确制造的纳米薄膜及其三维组装结构将成为有吸引力的研究方向，并将在未来展示更多应用。

8.2 纳米薄膜技术

8.2.1 纳米薄膜设计制备

对于纳米薄膜，作为其最重要的特征，厚度至关重要。气相沉积是制备纳米薄膜的常用方法，例如化学气相沉积、物理气相沉积、原子层沉积、分子束外延等。迄今为止，研究人员已通过这些方法制备了高质量和厚度精确可控的纳米薄膜，材料包括半导体、金属、绝缘体、聚合物和复合材料。图 8-2 (a) 中 (i) 展示了通过化学气相沉积合成的 GaN 纳米薄膜。此外，通过在沉积期间改变实验参数或外延生长不同晶格常数的晶体薄膜，可以很容易地调整纳米薄膜中的应变状态。然而，气相沉积通常需要专用设备，成本相对较高。因此，在先前的文献中也报道了纳米薄膜的液相制备。一些材料（例如有机材料）可以简单地通过旋涂工艺或逐层组装工艺形成纳米薄膜结构。此外还有通过溶胶-凝胶法、水热/溶剂热合成法等方法制备的纳米薄膜。

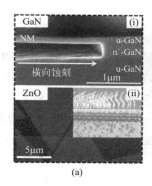 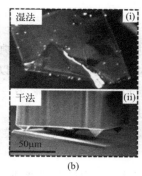 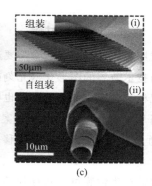

(a)   (b)   (c)

图 8-2   纳米薄膜的制备、释放及三维组装

(a) 典型的纳米薄膜结构：(i) 蚀刻下方牺牲层后的 GaN 纳米薄膜的 SEM 图像，(ii) ZnO 纳米膜的 SEM 图像，插图展示了相应的合成机制；(b) 通过湿法或干法释放纳米薄膜：(i) 漂浮在水面的 Si 纳米薄膜的照片，(ii) 附有纳米薄膜的印章的 SEM 图像；(c) 使用纳米薄膜构建三维结构：(i) 一堆旋转和平移的硅纳米薄膜，(ii) 由金刚石纳米薄膜自组装构成的管中管结构的 SEM 图像

除了这些众所周知的方法外，研究人员还不断地根据具体情况开发了新的方法。例如，Schrettl 等使用含有己烷链段的两亲物作为亚稳态前体，并在空气/水界面处将其自组装成有序单分子层，随后用紫外线照射，使己烷层碳化。通过这种方法制备的碳纳米薄膜厚度为1.9nm，而横向尺寸在厘米量级。为了获得大面积的纳米薄膜，特别是对于那些非层状材料，一种常见的策略是使用优先吸附在特定晶面上的表面活性剂阻止其纵向生长，以形成平面结构。通过采用类似的方法，Wang 等制备了表面活性剂（例如，十二烷基硫酸钠或油基硫酸钠）单分子膜，用作软模板引导离子成核，并控制纳米薄膜的外延生长［称为适应性离子层外延，如图 8-2 (a) 中的 (ii)］。采用这个方法，研究人员在空气/水界面合成了 1～2nm厚、横向尺寸达几十微米的单晶自支撑 ZnO 纳米薄膜，如图 8-2 (a) 中 (ii) 所示，并可望拓展到其它材料。

除了利用离子/原子组装纳米薄膜，纳米颗粒或纳米线也可以用于组装纳米薄膜。这些"人工原子"的组装成为一种制备纳米薄膜的非传统方法。例如，表面修饰的金属纳米结构在空气/水界面的自组装可形成纳米薄膜，其厚度为纳米级，而横向尺寸为毫米级。此外，还可以将 DNA 组装成纳米薄膜，并且通过调整 DNA 长度控制自支撑纳米薄膜的结构和功能。这类纳米薄膜由于通过配体连接而表现出极好的强度，同时其弹性模量和弹性系数随 DNA 长度而变化。

纳米薄膜也可以通过减薄块体材料来获得。针对不同的材料体系，人们开发了不同的减薄方法。对于层状材料，可通过机械剥离方法来获得纳米薄膜。该方法首先被用于制备石墨烯，之后扩展到其它层状材料。为了提高剥离方法的产率，研究人员针对特定层状材料开发了超声波剥离和化学剥离等方法。此外，离子注入已成为制备无机纳米薄膜，特别是非层状单晶半导体纳米薄膜的一种方法。通常，对于硅，可通过高温退火过程将埋置的高剂量注入氧转化为氧化硅，并将顶层硅（即硅纳米薄膜）与基片分离。为了改善顶部硅层的均匀性和晶体质量，研究人员进一步发明了一种被称为"智能切割"的技术，将氢离子注入单晶半导体。氢离子的注入和随后的退火破坏了某些位置的共价键，形成了一个可分隔的平面，从而以大面积、高质量、低成本的特点制备了多种单晶半导体纳米薄膜。

8.2.2 纳米薄膜释放过程

在应用之前纳米薄膜通常需要进一步处理，其中一个典型的后处理是图形化。通过与传统硅平面技术兼容的图形化（光刻或电子束曝光）步骤可以实现各种复杂结构。此外，通过简单的机械刻画形成图案的方法也可以用于快速测试。另一个重要的后处理是释放纳米薄膜，使其与基片脱离。常见的解决方案是在纳米薄膜下方插入一个可移除层，通常称为牺牲层，其可以通过化学蚀刻被选择性移除，同时保持纳米薄膜完好无损，如图 8-2（a）中（i）所示。

释放的纳米薄膜可以转移到其它基片上用以制造器件，因为高质量的纳米薄膜可能无法直接生长在这些基片上。其中湿法转移过程简单，无须特殊设备即可完成。该方法首先将释放的纳米膜转移到水中［图 8-2（b）中（i）］，然后将目标基片浸入水中捞起纳米薄膜。但是，如果需要将纳米薄膜准确转移到某个位置，则应采用干法转移工艺。Rogers 课题组开发了一种被称为"转印"的干法转移工艺。该工艺使用具有微结构的弹性印章（在大多数情况下为聚二甲基硅氧烷，PDMS）来选择性地从源基片［图 8-2（b）中（ii）］"拾取"图案化纳米薄膜甚至器件，然后在目标基片上"放置"/"打印"纳米薄膜。在这种干法转移过程中，印模可被设计，能够一次性转移数百到数千个纳米薄膜结构，因此这个过程可用于大规模制备。具体来说，转印依赖于不同界面上的黏附力。为了有效地转移，黏附力的大小应按以下顺序排列：源基片底/纳米薄膜<印模/纳米薄膜<目标基片/纳米薄膜。这个需求可以通过使用化学处理或热处理处理表面、引入精细结构等进行动态黏附力控制来满足，还可以使用转印机或类似设备来提高位置控制的精度。除此以外，研究人员还可以利用转印技术制备复杂结构。例如，利用切边效应改进转印工艺，可以将纳米薄膜转化为纳米带结构并转移到目标基片上。由于纳米带的宽度取决于牺牲层刻蚀时间，因此这种工艺能够制备宽度超过光刻分辨率极限的纳米带，为器件制造提供了极大的便利。

8.2.3　纳米薄膜结构的构建

许多三维微/纳米结构可以通过使用纳米薄膜来构建。值得注意的是，尽管材料的力学参数（如弹性模量）不变，但由于厚度显著减小，纳米薄膜的刚度显著降低。因此，纳米薄膜的柔性使其非常适合于各种构建过程。构建过程通常包括组装和自组装，如图 8-2（c）中（i）所示，通过调节界面的黏附力，纳米薄膜被组装成具有平移和旋转的多层堆垛结构。另外，如果纳米薄膜的内部应变和/或厚度得到调节，则可以通过自组装过程构建独特的三维结构。图 8-2（c）中（ii）显示了通过局部减薄纳米薄膜来构建的自组装（自卷曲）管中管结构。

8.3　面向电学和光学应用的纳米薄膜组装

由于其独特的性能，研究人员已经基于不同材料纳米薄膜制备了多种电学和光学器件。特别是，由于纳米薄膜很软，它们可以很容易地组装成三维结构以实现各种应用。此外，带有褶皱的纳米薄膜可以适应很大的应变，这为其在可穿戴、可拉伸系统中的应用铺平了道路。

8.3.1　基于组装纳米薄膜的光电器件

借助这一领域的快速发展，研究人员现在可以通过垂直堆叠纳米薄膜实现异质集成来组装复杂的三维器件。例如，为保证高载流子迁移率，研究人员使用两步转移工艺在 Si/SiO$_2$ 基片上组装 InAs 和 InGaSb 纳米薄膜，并获得 CMOS 反相器。图 8-3（a）中（i）和（ii）分别为该器件的示意图和显微镜图像。图 8-3（a）中（iii）给出了器件的性能测试结果。电学特性表明，n-MOSFET 的电子迁移率可达 $1190 cm^2/(V \cdot s)$，p-MOSFET 的空穴迁移率可达 $370 cm^2/(V \cdot s)$。这表明纳米薄膜结构保留了高载流子迁移率。值得注意的是，器件可以在转移和组装过程中直接制备。Guo 等将 p 型 Si 纳米薄膜和 n 型 Ge 纳米薄膜依次转移形成垂直范德瓦耳斯异质结，观察到 pn 结具有良好的整流性能。

具有独特物理性质的组装纳米薄膜在光学器件和光电子器件中也具有应用潜力。图 8-3（b）中（i）展示了由堆叠纳米薄膜构成的垂直微腔表面发射激光器（VCSEL）示意图。转移的Ⅲ-Ⅴ InGaAsP 量子阱有源层夹在两个硅光子晶体纳米薄膜反射器之间，如图 8-3（b）的（ii）所示。纳米薄膜反射器的使用使得激光装置直接构建在硅基片上，但厚度大大减小。测试表明，该器件的阈值泵浦功率为 8mW，发射光谱线宽从阈值以下的 30nm 减小到阈值以上的 $0.6\sim0.8$nm。图 8-3（b）中（iii）显示了泵浦功率在阈值以下、阈值、阈值以上得到的发射光谱。插图是 VCSEL 器件的实测远场图像（对应光谱 4），具有平行圆形单模输出。

组装技术同样也可以用于组装具有不同功能的器件组合。最近，研究人员将单片集成微机电系统和基于半导体量子点的量子光源进行了组合，这为片上量子光子应用提供了新的机会。图 8-3（c）中（i）显示了器件的横截面示意图。将压电 $(1-x)$Pb$(Mg_{1/3}Nb_{2/3})$O$_{3-x}$PbTiO$_3$（缩写为 PMN-PT）层作为驱动器键在 Si 基片上，然后将含有量子点的 GaAs

纳米薄膜转移到器件顶部。该器件的顶视图如图 8-3（c）中（ii）所示。当施加电压时，PMN-PT 层在平面内膨胀或收缩，从而对量子点施加准单轴应力。实验结果表明激子发射在一个大范围内移动（高达 10nm，对应能量变化为 0.012eV），如图 8-3（c）中（iii）所示。这种垂直组装的装置高度集成，纳米薄膜的极小厚度将器件上的电压负载从几百或几千伏降低到几伏。

近年来，复旦大学材料科学系研究团队提出了利用转印技术将信号检测和分析功能集成在同一个芯片中的全新概念。研究团队将单晶硅薄膜柔性光电晶体管与智能薄膜材料相结合，构造了对不同环境变量进行检测和分析的柔性硅薄膜芯片传感系统。这一思路具有优异的可扩展性，并与当前集成电路先进制造工艺相兼容，具有广阔的应用前景。

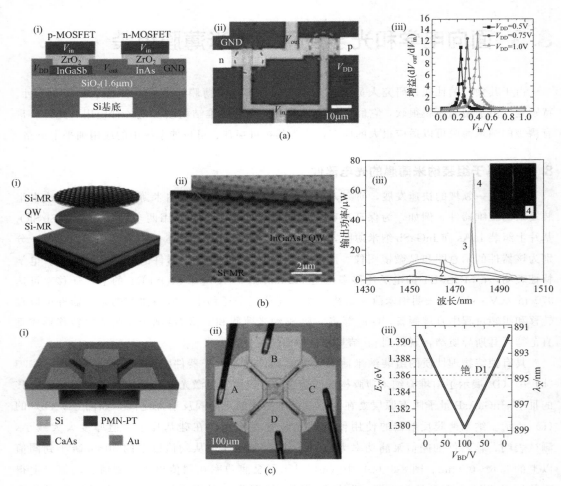

图 8-3　基于组装纳米薄膜的新型光电器件

（a）通过在 Si/SiO$_2$ 基片上转印Ⅲ-Ⅴ族化合物半导体纳米薄膜制成的 MOSFET 器件：（i）器件示意图，（ii）器件的光学显微镜图像，（iii）反相器增益-输入电压特性曲线；（b）通过转印组装得到的 VCSEL：（i）器件结构，（ii）器件的 SEM 图像，InGaAsP 量子阱层夹在顶部和底部 Si 纳米薄膜之间，（iii）在四个泵浦功率水平下 ［（1）低于阈值，（2）处于阈值，（3）和（4）高于阈值] 测量所得的输出光谱，插图为高于阈值下的远场图像；（c）组装的波长可调纠缠光源：（i）器件横截面示意图，（ii）器件的光学显微镜照片，中心区域是键合的含量子点的纳米薄膜，（iii）典型器件的性能

8.3.2 用于柔性和可穿戴电子产品的褶皱纳米薄膜

为了获得更好的可伸缩性，研究人员将褶皱纳米薄膜用作电路的互连，甚至用作器件层。褶皱结构通常通过在纳米薄膜上施加压力来制造，这样器件可以在拉伸和弯曲时保持良好的电气性能。该策略目前适用于多种不同种类电子系统，在安全和医疗保健监测、电子产品和电子皮肤器件等方面具有巨大的潜力。

图 8-4（a）的（i）中的光学显微镜照片展示了具有褶皱结构的 Si CMOS 反相器，其预应变 $\varepsilon_{pre} = 2.7\%$。研究表明，褶皱首先在弯曲刚度最小的区域形成，并随着预应变的增加而扩展。借助有限元分析，研究人员从理论上研究了这种现象。当对装置施加外力时，沿作用力方向的褶皱的振幅和周期分别减小和增大，以适应产生的应变（ε_{appl}），而泊松效应导致正交方向上的压缩，使沿该方向褶皱的振幅和周期分别增大和减小。电学测试表明，器件在这种外加应变下工作良好：n 型沟道电子迁移率和 p 型沟道空穴迁移率分别为 290cm²/(V·s) 和 140cm²/(V·s)，器件的开关比 $>10^5$。图 8-4（a）中（ii）总结了沿 x 和 y 的不同 ε_{appl} 下的最大增益电压（V_M），其变化归因于电子和空穴迁移率的变化。图 8-4（b）展示了一种基于单模光纤上包裹 Si 纳米薄膜的新型光电探测器。这种器件是通过在一根 20cm 长的光纤上组装 Si 纳米薄膜来实现的。如图 8-4（b）中（i）所示，Si 纳米薄膜与银浆接触形成金属-半导体-金属光电探测器，沟道长度约为 100μm。小厚度的 Si 纳米薄膜和其中的褶皱结构确保了非常好的柔韧性，纤维弯曲不会造成器件断裂。当光纤弯曲时，部分光可能从纤芯泄漏到外表面，然后被检测到。图 8-4（b）中（ii）显示了光、暗电流的比值随光纤曲率变化而变化，实现了灵敏的光电检测。

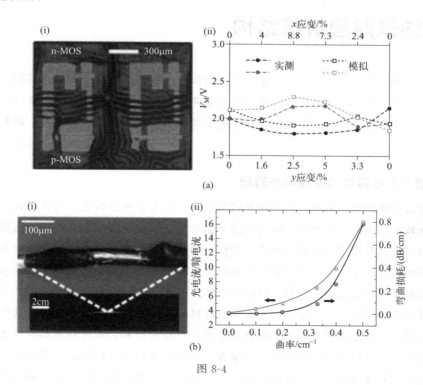

图 8-4

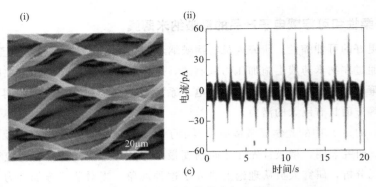

图 8-4 褶皱纳米薄膜及相应器件

(a) PDMS 上的波浪形 Si CMOS 反相器：(i) 基于 2.7% 预应变制备的典型器件的形态，(ii) 沿 x 和 y 施加的不同应变下的实测和模拟反相器阈值电压；(b) 基于 Si 纳米薄膜的光电探测器：(i) 光学显微镜图像显示了弯曲的 Si 纳米薄膜包裹的单模光纤，带有两个 Ag 胶电极，插图为器件的低倍数照片，(ii) 左为光、暗电流的比值与曲率的关系，右为计算得到的弯曲损耗（dB/cm）；(c) 褶皱压电 PZT 纳米带，用于能量收集：(i) 褶皱 PZT 纳米带的 SEM 图像，(ii) 在周期性拉伸（8% 应变）和释放下，由 10 个纳米带组成的器件中的电流

　　压电纳米薄膜也可以受益于褶皱结构。图 8-4（c）中（i）显示了具有褶皱结构的锆钛酸铅（PZT，$Pb[Zr_{0.52}Ti_{0.48}]O_3$）纳米带，这些 PZT 纳米带可以承受较大的拉伸应变。由于钙钛矿薄膜褶皱结构的再取向或极化，应变显著影响了压电响应，褶皱 PZT 纳米薄膜的压电响应提高了 70%。基于其良好的可拉伸性，可以通过反复拉伸和释放褶皱纳米薄膜来制造简单的能量转换器件。图 8-4（c）中（ii）展示了能量收集行为。

8.4　纳米薄膜折纸结构

　　受折纸和剪纸的启发，研究人员建立了由纳米薄膜实现更复杂三维结构的概念。折纸指的是纸张的折叠，而剪纸指纸张的切割。通过卷曲、切割、弯曲、折叠纳米薄膜，研究人员已经实现了 200 多种不同的三维结构，并应用于微电子电路、传感器、天线、超材料、机器人等领域。

8.4.1　用于三维器件的卷曲纳米薄膜

　　从能量最小化的角度来看，纳米薄膜的组装可以降低总弹性性能。具体来说，如果纳米薄膜中存在较大的纵向应变梯度，则会使纳米膜弯曲或卷起，形成卷曲结构。该技术已经制造出许多由各种材料制成的微管或纳米管结构。先前的研究表明，可以利用晶格失配、在纳米薄膜沉积过程中改变参数、利用表面张力制备纳米颗粒等方法引入纵向应变梯度，卷曲方向可以由实验参数和表面结构控制。同时，管状结构的直径由材料的应变梯度和力学性能决定，因此可以进行调整。近年来，复旦大学材料科学系研究团队通过在薄膜与基片的缝隙中加入液体减弱了两者之间的黏附，实现对薄膜剥离过程的控制，从而精准调控了薄膜卷曲行为。薄膜卷曲技术已经基于许多材料组合制备了大量具有柱对称特性的三维结构。这些结构结合了材料的优异性能和独特的几何结构，使其在电子、电磁波、生物学、机器人学以及储能等领域具有新的特点和潜在的应用。以下介绍几个典型例子。

随着电动汽车和大型固定电网对电源的需求不断增加，迫切需要更大能量密度的高性能储能装置。但是许多电极材料在充电/放电过程中体积变化较大而导致容量急剧下降。在减小体积变化引起的应变方面，卷曲结构可以起到结构缓冲作用，并进一步提高容量和循环性能。研究人员已成功将卷曲纳米薄膜用作锂离子电池的阳极。图 8-5（a）中（i）为卷曲的 C/Si/C 纳米薄膜的示意图。在这里，Si 层作为锂离子存储的活性材料，而 C 层由于其高稳定性和优良的导电性而被用作支撑层。相应的卷曲纳米薄膜阳极显示出优异的电化学性能。图 8-5（a）中（ii）展示了阳极稳定的倍率性能。随着电流密度从 0.1A/g 增加到 25A/g，容量逐渐降低，一旦电流恢复到 0.5A/g，容量可逆地恢复到约 1000mA·h/g。除了稳定性提高之外，基于卷曲纳米薄膜的储能装置还具有体积小和占地面积小的优点。

卷曲纳米薄膜还可被用作光学微腔，在其中可以获得光学谐振。管状微腔实际上提供了对光的三维限制：环形横截面是回音壁型腔，而光沿轴向传播产生轴向模式。对于如图 8-5（b）中（i）所示的由纳米晶金刚石纳米薄膜制成的直径 $20\mu m$ 的卷曲微管，光致发光光谱 [图 8-5（b）中（ii）所示] 显示出明显的强度调制，这是色心发出的光与微管的回音壁模式耦合所致。详细的表征表明，光学谐振的波长和偏振受卷曲纳米薄膜几何特征的显著影响。此外，光学谐振模式与管壁附近的周围介质（包括管壁内部和管壁外部）之间的渐逝场相互作用会导致谐振波长的偏移，因此无须任何标记过程即可实现传感应用，灵敏度可以高达每单位折射率 880nm。复旦大学材料科学系科研团队基于管壁表面的分子动力学过程对谐振模式的影响，开发了高灵敏度光学传感器件，既可结合微流体器件实现对流体的实时光学检测，也可结合环境敏感材料对周围环境的变化进行有效的检测。

在射频领域，电感是射频集成电路的重要组成部分。然而，普通的片上二维电感器占地面积大，并且相应的寄生耦合电容和基片欧姆损耗导致品质因数和谐振频率低。因此，研究人员设计了基于卷曲技术的片上电感器。如图 8-5（c）中（i）所示，金属条与 SiN_x 纳米膜一起卷曲，形成三维结构。如图 8-5（c）中（ii）所示，旋转圈数和横向单元数量对总有效电感（L_{e_total}）-工作频率关系产生影响。通过增加每个单元中的旋转圈数或串联连接更多单元，可以获得较大的电感。这种独特的卷曲式三维结构有助于更好地限制电磁场，从而增强磁储能，制造占地面积更小的大电感器件，并有效减少寄生电容。

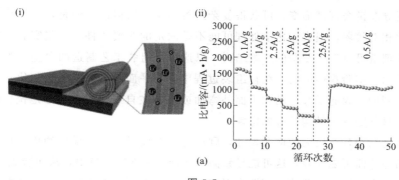

图 8-5

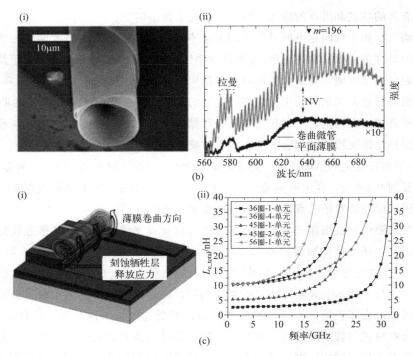

图 8-5　基于卷曲纳米薄膜的三维器件

（a）卷曲纳米薄膜用于锂离子电池阳极：(ⅰ) 卷曲的 C/Si/C 多层纳米薄膜示意图，(ⅱ) 电极倍率性能；（b）由卷曲
纳米晶金刚石纳米薄膜制成的光学谐振腔：(ⅰ) 卷曲纳米膜的 SEM 图像，(ⅱ) 平面纳米薄膜和卷曲微管的发光谱；
（c）片上卷曲电感器：(ⅰ) 器件结构图，(ⅱ) 有效电感随工作频率的变化关系

8.4.2　用于智能器件的纳米薄膜折纸/剪纸结构

研究人员通常使用压缩褶皱来实现三维结构的确定性组装，现对其典型制备过程进行介绍。首先通过传统的光刻和腐蚀将纳米薄膜图案化（如纳米带）。然后将图案化结构转移到水溶性胶带上以暴露背面。在光刻辅助下采用表面化学处理（例如，紫外线/臭氧处理）将羟基引入背面的某些键合位置。然后，图案化的纳米薄膜最终被转移到一种预拉伸的硅树脂弹性体上，其表面也用羟基进行了修饰。这样，键合部位的共价键导致了很强的黏附力。释放弹性体的预应变，使弹性体恢复到原来的形状，这给纳米薄膜施加了很大的压缩力。通过这种自组装过程诱导非键合区域形变，可获得复杂三维结构。值得注意的是，尽管范德瓦耳斯力与共价键相比相对较弱，但表面化学处理可能不是固定的必要条件，一些实验工作证明了无须表面化学处理就可以产生复杂的三维结构。以这种自组装工艺制造的典型三维螺旋结构如图 8-6（a）所示。实验观察证明，在自组装过程中，与平面外弯曲或扭转相比，平面内弯曲在能量上是不利的，因此平移运动和平面外弯曲或扭转在自组装中占主导地位。此外，能量最低原理可使最终的三维结构具有确定性。

如果图案化结构具有较大的横向尺寸，则应考虑弯曲过程中的横向约束。自组装过程中面内拉伸和面外弯曲可能并存，这可能导致高应变能的局部应力集中，从而造成失效。此外，对于横向尺寸较大的结构，范德瓦耳斯力引起的表面黏附可能会阻碍平面外屈曲。受剪纸启发的应变消除方法可以避免这些限制。以精确的方式（例如，通过光刻和蚀刻）引入切口和

缝隙可以显著降低压缩过程中的局部应变集中，并可以获得多种结构。图 8-6（b）展示了从二维纳米薄膜产生三维结构的自组装过程，其中切口将这个图案从一个大正方形分成四个小正方形。模拟结果表明，由于切口的存在，此类折纸型结构中的应变峰值相对较小（低于断裂阈值）。显然，切口在定义最终三维几何结构中起着关键作用，其位置应：①消除局部形变；②避免不同部分自锁。

上述三维结构的自组装依赖于曲率平滑变化的整体弯曲。然而，如果折纸的情况一样，许多三维结构需要局域的弯曲。研究发现，厚度的变化能够引导特定位置的折叠。对自组装过程的模拟证明，当厚度比值较小（例如 <1/3）时，较厚区域的形变可以忽略不计，而较薄区域则通过折叠来适应压缩，在较薄区域（折痕/铰链）处将出现最大应变。减少折痕厚度和增加宽度可以减少最大应变，以避免断裂。图 8-6（c）展示了通过双向折叠构建三维结构的例子。在二维纳米薄膜中，四个三角形结构在中心用折痕连接。通过设置特定的双轴预应变可以将该纳米薄膜组装成金字塔结构。其它复杂三维结构也可以采用类似的方法，通过设计特定折痕来实现。值得注意的是，除了简单的厚度控制之外，还可以使用其它技术来产生折痕。例如，研究人员使用高能离子来实现纳米级别的应变控制，获得了各种三维结构的折纸组件。

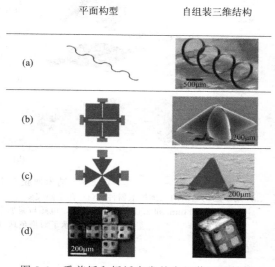

图 8-6　受剪纸和折纸启发的自组装三维结构

此外，研究人员也探索出了一些改进方法，以进一步扩大三维结构的多样性。例如，设计具有厚度分布的柔性基片来产生所需的应变分布，从而获得复杂的三维结构。此外，驱动力也可以不来自基片，相关文献报道了利用磁场、聚合物溶胀、热驱动、超声波脉冲等能量实现三维折纸结构的可能性。图 8-6（d）的左图显示了由金属纳米薄膜制成的图案化结构。在熔融焊料表面张力的影响下二维纳米薄膜可自组装成立方体结构［图 8-6（d）右图］。

剪纸和折纸组装结构的发展提供了制备特殊光电器件的可能性。图 8-7（a）展示了用于近场通信的三维螺旋电感器，外部应变可导致器件发生明显形态变化［参见图 8-7（a）中(i) 的模拟］。在 13.56MHz 频率下测得的电感随外部应变改变，如图 8-7（a）中（ii）所示。随着应变的增加，电感略有增加，这可能是由于形态的变化和相应的能量损失。

利用能够响应外场刺激的结构可以制造出智能器件。例如，折纸结构形态的动态控制可通过在折痕/铰链位置添加聚合物层来实现。这是由于聚合物的力学性能可以通过加热或化学反应来改变。图 8-7（b）展示了用改性折痕制备的微夹持器结构。在加热之前，聚合物是坚硬的，可阻止铰链弯曲，从而使夹持器处于打开状态。当聚合物在 40℃ 以上软化后，下面的 Cr/Cu 双层会发生弯曲，从而导致夹持器的闭合。图 8-7（b）中（i）～（iv）表明，当被热触发时，微夹持器可以用于回收微珠，在传感和生物领域有重要的应用。复旦大学材料科学系团队设计了基于金属钯材料的薄膜卷曲结构。当这一结构处于氢气环境时，金属钯材料会吸收氢气并产生晶格膨胀，相应应变梯度的变化造成卷曲结构的改变，可用于氢气探测。可以预测，在未来各种对外部刺激更敏感的材料可以与纳米薄膜结构结合，大大扩展功能化智能器件的应用。

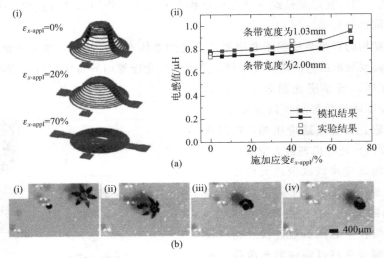

图 8-7　纳米薄膜三维折纸/剪纸结构器件

(a) 用于近场通信的三维折纸器件：(ⅰ) 在不同应变（0%、20%和70%）下模拟器件的三维结构，(ⅱ) 对于两种不同宽度（1.03mm和2.00mm）的器件，电感与施加应变的关系；(b) 热触发的微夹持器：(ⅰ)～(ⅳ) 光学显微镜照片，展示了对染色珠（275μm）进行远程热触发捕获

8.5　仿生纳米薄膜

实际上，从细菌到人体细胞，每个活细胞都有纳米薄膜作为细胞质和细胞外基质之间的界面。所有的代谢过程都是通过纳米薄膜进行的。与生物学中的纳米薄膜相比，人工纳米薄膜具有相似的几何特征，但缺乏复杂的功能。目前，研发具有潜在生物功能的纳米薄膜主要有以下两种途径。

第一种方法是设计具有特定组成和结构的纳米薄膜，使其具有一定的生物功能。宏观尺寸和纳米厚度的人造纳米薄膜已经在药物载体、仿生系统、生物传感器、伤口敷料，甚至人工器官等方面找到了应用场景。特别地，研究人员已经在由磷脂或类似磷脂的合成物组装的纳米薄膜方面做了大量工作。Jin 等设计了一系列两亲性类脂类肽，并通过蒸发诱导结晶过程将类肽组装成纳米薄膜。模拟显示了在纳米薄膜表面沿 x 方向形成的亲水条带结构。该纳米薄膜在水中被加热到 60℃ 仍可长时间保持稳定。组装的纳米薄膜具有与生物纳米薄膜相似的特性，因此可作为一个强大的研究平台，在电子、水净化、表面涂层、生物传感、能量转换和生物催化中具有广泛应用前景。

第二种方法是使用纳米薄膜作为细胞培养的基质或支架，为细胞生物学行为的研究提供平台。生物组织中的细胞外基质具有理想的结构和功能来引导细胞的结合，从而实现组织和器官的再生。为了模拟这种基质，研究人员制备了由不同材料构成的纳米薄膜并进行了官能团修饰。这些纳米薄膜可以作为细胞黏附、迁移、增殖和分化的良好微环境,并用于研究细胞的力学性能。作为一项开创性的工作,Kang 等研究了由肾细胞系形成的上皮层。研究人员将 MDCK 细胞接种在纳米薄膜上并培养细胞使其融合。实验结果表明上皮细胞形成了良好的细胞间连接。在 10% 和 20% 的拉伸条件下,细胞间的紧密连接得到保留,而 30% 和 40% 的拉伸条件则导致连接逐渐消失。在 80% 拉伸状态下 20 分钟后,连接处明显断裂。详细的定量分析表明,完整细胞单层的弹性模量约为 20kPa。这项工作表明,仿生纳米薄膜能够无创、近实时地监测细胞与介质的相互作用。

纳米薄膜自组装三维结构也可用于生物学应用。作为典型的自组装结构,由卷曲的纳米薄膜制成的微管已用于细胞培养实验。研究表明,细胞和卷曲纳米薄膜之间的力学相互作用会影响细胞内部的排列。由于营养不足,微管内细胞的生物活性受到抑制。对于神经元细胞,微管的几何结构可以引导轴突的生长方向。最近,Schmidt 及其同事进一步研究了卷曲微管与不同哺乳动物细胞之间的相互作用及其对细胞生物行为的影响。可以预计,这些三维结构可用于在分子级别获得细胞在三维微环境中的生理活动的信息。

管状几何结构还可被认为是血管在体外的模拟物。事实上,具有管状结构的组织在高等动物体内非常丰富。体内的管状结构在特定位置由不同类型的细胞组成。因此,研究人员试图制造由多种类型的细胞组成的卷曲纳米薄膜,具体方法是在卷曲之前使用微流控技术在纳米薄膜上移植不同类型的细胞并图案化。图 8-8(a)中(i)展示了这样一个卷曲微管,其放大的图像如图 8-8(a)中(ii)所示。这种结构类似于人体血管:血管壁有三层,每层由一种类型的细胞构成,即内皮细胞、平滑肌细胞和成纤维细胞。实验证明,大多数细胞可以在管壁内存活。这种方法有可能被用于组织工程中的功能性管状结构制备。

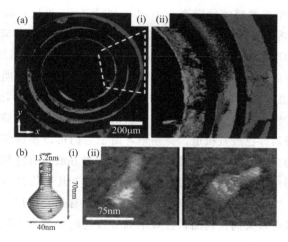

图 8-8 三维仿生纳米薄膜
(a) 模仿组织中管状结构的卷曲纳米薄膜:(i) 不同的细胞以类似于血管的方式分布在三维管壁上,从内到外依次为内皮细胞、平滑肌细胞和成纤维细胞,(ii) 是 (i) 的局部放大侧视图;
(b) 三维 DNA 折纸:(i) 纳米瓶,(ii) 纳米瓶的 AFM 图像

近期,有一种新的由 DNA 制成的三维纳米薄膜结构——DNA 折纸,引起了大量的研究兴趣。通过与数百条短 DNA 链杂交,一条长的 DNA 单链被折叠成任意形状,这种结构可以用各种生物分子来进一步功能化。图 8-8(b)中所示的 DNA 折纸"纳米瓶"反映了使用这

种技术可以制备复杂结构。该纳米瓶的颈部具有 13.2nm 的直径，圆形底部是由几个不同尺寸的环组成的［图 8-8（b）中（i）］，面外弯曲是通过调整相邻 DNA 链之间的交叉引入的。图 8-8（b）中（ii）展示了纳米瓶相应的 AFM 图像。DNA 折纸被认为在抗肿瘤药物递送平台等临床应用中具有巨大潜力。

仿生纳米薄膜在生物学以外的其它领域也具有广泛的应用前景。例如利用软纳米压印技术在纳米薄膜表面制备了仿生纳米结构蛾眼。这种结构在整个太阳光谱范围内都能有效地捕捉光线，并在太阳能电池中实现了 22.2% 的光收集提升。研究人员还探索了将仿生纳米薄膜作为质子交换膜用于燃料电池。目前更多具有有趣特性的仿生纳米薄膜正在研究中。

8.6 纳米薄膜形式的二维材料

由天然层状材料（范德瓦耳斯固体）制成的二维材料具有原子级别的厚度，可以认为是纳米薄膜中最薄的一类，而多层堆叠的二维材料也符合纳米薄膜的定义。迄今，除了石墨烯之外，已知的二维材料超过 140 种。作为纳米薄膜的二维材料主要是从层状块体材料中获取或通过气相沉积和湿化学合成等多种方法制备的。一些科学家还采用了两步工艺，首先沉积金属，然后对金属层进行硫化，以制备二维材料纳米薄膜。目前，研究人员已经对二维材料纳米薄膜的各种性能进行了研究。例如，Wang 等通过纳米压痕研究了自支撑羟基十二烷基硫酸锌（ZHDS）六边形纳米薄膜的力学性能。与 ZnO 纳米薄膜相比，层状 ZHDS 纳米薄膜表现出不同的力学性质：ZHDS 纳米薄膜具有黏弹性。此外，ZHDS 纳米薄膜非常柔软，硬度为 0.2GPa，而 ZnO 纳米薄膜的硬度为 3.2GPa。Sledzinska 等从实验和理论两方面研究了 MoS_2 多晶纳米薄膜的热性能，并验证了相对于块材，纳米薄膜热导率降低至其百分之一。这种大幅降低与晶界上的散射有关，因此可以通过控制纳米薄膜中的晶粒尺寸来调控热导率。Mortazavi 等通过模拟详细研究了 Mo_2C 纳米薄膜的力学性能。结果表明，在不同的加载方向上，复合材料的弹性性能相近。此外，Mo_2C 纳米薄膜呈现负泊松比，因此可归类为拉胀材料。

由于这些有趣的特性，基于二维材料纳米薄膜的诸如晶体管、存储器、光电探测器和光催化制氢反应器等多种器件已经被报道。特别地，由于它们可以使选定的离子或分子更快地通过，厚度为几纳米的自支撑纳米薄膜被认为在材料分离方面具有优越的性能。有研究人员利用带有纳米孔的石墨烯纳米薄膜实现了 DNA 转运。由于其平均自由程长、费米速度高以及电荷解离能力优异，二维材料纳米薄膜在光伏器件中具有重要应用，可以获得高效率的太阳能电池。此外，其具有较大的比表面积且对不同分析物的亲和力不同，一些二维材料纳米薄膜可用于高灵敏度气体传感器。

制备二维材料纳米薄膜的另一种方法是制备含有二维材料的复合纳米薄膜。由二维材料和碳纳米管、无机材料、聚合物等制成的复合纳米薄膜已有报道。例如，有研究报道了 $Ti_3C_2T_x$-海藻酸钠（SA）复合物的层状结构，该复合纳米薄膜具有电导率高、加工性好、相对密度低、机械柔韧性好等优点。它们的电磁干扰（EMI）屏蔽能力也得到了验证：随着 $Ti_3C_2T_x$ 含量的变化，复合纳米薄膜的 EMI 屏蔽效率（SE）最高可达 57dB。

随着二维材料及其（自）组装结构合成技术的不断发展，方便、低成本的新制备技术以及这些材料/结构的潜在应用受到了广泛的关注。与前面提到的折纸/剪纸结构类似，研究人员还利用二维材料制作了三维结构。如图8-9（a）所示，石墨烯剪纸结构可以承受较大的应变，拉动剪纸结构会导致石墨烯链弹出并在平面外发生形变。Mu等制备了石墨烯基双层纸，其中一层由石墨烯-聚合物复合材料组成，该层可对环境湿度、温度或近红外光等外界刺激产生响应，发生膨胀/收缩，导致纳米薄膜弯曲/伸直。图8-9（b）表明，在近红外辐射下，由于光致热，纳米薄膜自折叠成盒子状。当近红外辐射被关闭时，盒子会展开回到原来的平面状态。还有一些其它驱动力，如电场、二维材料和液体之间的相互作用、摩擦力、表面氢化、磁场和纳米颗粒聚集，可被用于制备基于二维材料纳米薄膜的三维结构。作为一个典型示例，图8-9（c）中的TEM图像展示了利用二维材料和液体之间的相互作用制备的卷曲石墨烯，可以清楚地观察到中空管状结构。

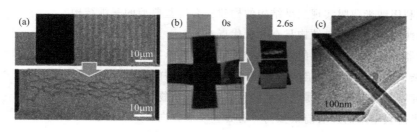

图 8-9　三维石墨烯结构

（a）石墨烯剪纸结构拉伸至约70%应变；（b）在近红外辐射下石墨烯纳米薄膜的自折叠；（c）石墨烯卷曲结构的TEM图像

8.7　小结

纳米薄膜结构弥补了纳米尺度和宏观尺度之间的空隙，具有准二维几何结构，具备横向尺寸大及柔性好的特征，并且可以（自）组装成特定曲面的三维结构，可以预期其具有独特的性质和有趣的应用。纳米薄膜材料的范围涵盖了各种无机和有机材料，包括仿生材料和二维材料，同时也已经发展了许多技术方法来制备相应的纳米薄膜结构。在这种情况下，材料的优良性能与三维组装结构的结合为纳米薄膜领域附加了新的价值。

目前这一领域正在快速发展中，我们期望能够开发出更多有针对性的制造技术，以实现对于特定材料纳米薄膜的精确可控制备，并精准操控纳米薄膜的力学性能及应变，用于确定性构建纳米薄膜三维结构。基于这些三维结构，我们期望可以制造出更多具有实际应用价值的器件。更进一步，可以将更多能够响应外部刺激的材料整合到纳米薄膜中，从而制造出4D结构。基于这样的思路，相关研究已经报道了基于纳米薄膜的微/纳米致动器或微/纳米机器人。未来还需要更多的研究工作来实现结构的优化，使其能够以大作用力、高灵敏度、高选择性和高速度的方式响应不同的刺激。总的来说，未来在这一领域的研究应在基础科学和功能应用两个方面并行。我们期望纳米薄膜及其三维组装结构能在电子学、光学器件、能量收集装置、单细胞分析系统、细胞/组织工程、片上实验室、微/纳米机电系统等方面发挥其巨大的潜力。

思考题

1. 纳米薄膜与薄膜在概念上有什么区别？

2. 纳米薄膜主要通过哪些方法制备获得？

3. 纳米薄膜制备过程中，如果想要获得大面积的纳米薄膜，如何阻止薄膜的纵向生长？

4. 纳米薄膜一般通过什么方式实现薄膜的释放、转移？

5. 湿法转印和干法转印的步骤分别是什么？二者有怎样的区别？

6. 为什么宏观刚性材料的纳米薄膜变得具有柔性？

7. 如何利用纳米薄膜实现三维结构的构建？有哪些典型的三维结构？

8. 纳米薄膜制备成褶皱结构具有什么优点？

9. 光学器件中，卷曲结构的纳米薄膜能够实现什么特殊作用？

10. 复杂三维结构确定性组装的典型制备过程是怎样的？

11. 研究者目前主要通过哪些途径研发具有潜在生物功能的纳米薄膜？

12. 纳米薄膜未来的发展前景如何？有哪些发展方向？

第 9 章

薄膜的物理性质

9.1 薄膜厚度的测量与监控

薄膜的厚度是薄膜研究和应用中的一个重要参数。目前用来测量薄膜厚度的方法和仪器已有很多种，但还没有一种方法能适用于各种不同的材料、不同的厚度范围、不同的环境，满足不同的精度要求。由于所用的方法不同，对于同一薄膜的测量可能得到不同的结果。有些方法能用于薄膜生长过程中的实时监控；有的方法只能用来测试已经制备好的薄膜；有的方法在测量过程中会对薄膜产生破坏作用；有些方法则是非破坏性的；还有一些方法需要大型的仪器设备。原则上任何与薄膜厚度有关的物理、化学现象都可以用来测量薄膜厚度。

9.1.1 薄膜厚度的测量

9.1.1.1 探针法

探针法（台阶仪法）的原理类似于测量精密机械零件表面粗糙度的方法。首先将样品表面做出台阶，然后用台阶仪测出台阶的高度，这样也就测量出了薄膜的厚度。当用台阶仪测量膜厚时，将该仪器上的金刚石或蓝宝石触针均匀地滑过基片-薄膜处的台阶（一般可移动样品），触针在台阶处产生上下的机械移动，然后用机械的、电学的或光学的方法放大移动距离，进行读数。触针针尖的曲率半径为 $0.5 \sim 5\mu m$，针的荷重为 $0 \sim 400mg$，纵向的放大倍数可达 10^6 左右，考虑噪声在内，测量的精度可达 1nm 左右。该方法的优点是可以将薄膜的剖面记录下来，因而比较直观。由于触针前端的面积非常小，虽然测量时所加的荷重只有 $0 \sim 400mg$，但按压强计算就变得相当大了。所以该方法只适用于测量 SiO_2 等较硬的薄膜，而对于软膜（如 Al 膜）就容易划伤薄膜表面，以至于影响精确度。

9.1.1.2 光学方法

（1）等厚干涉

入射光是波长为 λ_0 的单色光，并且垂直入射。当薄膜的光学厚度为 $\lambda_0/4$、$3\lambda_0/4$、$5\lambda_0/4$……时反射光出现极大值（或极小值），厚度为 $\lambda_0/2$、λ_0、$3\lambda_0/2$……时反射光出现极小值（或极

大值）。当蒸发透明或半透明的介质膜时常用这种方法来监控薄膜的厚度，只要适当选择入射光波长并控制蒸发过程中出现极值的次数，即可使薄膜达到预定的厚度。

如果有两块镀有半透明 Ag 膜的玻璃板，形成一个角度 α 的很小的接触，即两板间的空气间隙沿一个方向逐渐增加。在间隙宽度满足干涉条件的地方将出现明暗交替的条纹。

测量薄膜样品厚度时，将薄膜的一半腐蚀掉，或腐蚀出一条沟槽，并在其上面镀一层半透明 Ag 膜。用这块样品代替一块玻璃板，这时将产生等厚干涉条纹。但在沟槽处由于两板间隙突增，增大量为膜厚 d，即间隙宽度由 d_0 突变为 d_0+d，所以对应的干涉条纹位置也由与 d_0 对应的位置突然移向与 d_0+d 相对应的位置，结果得到如图 9-1 所示的干涉条纹。设干涉条纹的位移为 Δt，两条干涉条纹之间的距离为 t，那么薄膜的厚度为

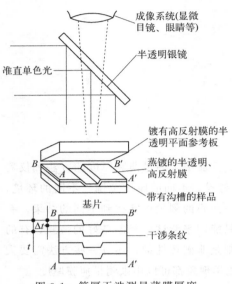

成像系统(显微目镜、眼睛等)

半透明银镜

准直单色光

镀有高反射膜的半透明平面参考板

蒸镀的半透明、高反射膜

带有沟槽的样品

基片

干涉条纹

图 9-1　等厚干涉测量薄膜厚度

$$d=\frac{\Delta t}{t}\times\frac{\lambda_0}{2} \tag{9-1}$$

为了得到最佳效果，提高测量精度，要求所用的玻璃平板表面具有平滑的光学表面，两块板都用相同材料镀成反射膜，使反射时的相位变化相同，反射膜要同时具有高反射率和低吸收系数（如 Ag），所用的光源要有很好的单色性和准直性。用这种方法可以实现对厚度 $3\sim2000\mathrm{nm}$ 的薄膜进行常规测量，其准确度可达 1nm 左右。

（2）等波长干涉

与等厚干涉条纹法不同，这里所用的光源是白光而不是单色光。所以当薄膜厚度等于某一波长的四分之一及其奇数倍时，其反射光强度增大；若薄膜的厚度为其偶数倍，其反射光强度减小，所以薄膜反射的颜色对应这些强度增大的光波波长。

如果在制备薄膜的过程中，可以在白光下进行观察，则随着厚度的增加，薄膜会呈现出各种颜色，依次为紫、蓝、绿、黄、红等，并且随着干涉级数的增加而重复出现，但是对于颜色的辨别各人都带有主观性，因此所得结果也带有一定的主观性。

另一种测量范围更大、准确度更高的等波长干涉法是等色干涉条纹法（FECO），其原理如下。准直白光垂直入射到两块平行板，两板间隙为 t，把反射光聚焦到摄谱仪的进口狭缝，使薄膜沟槽的像垂直于摄谱仪的入口狭缝。当 k 为整数时将出现一个暗的尖锐的干涉条纹。通过摄谱仪改变波长 λ，当 $\lambda=2t/k$ 时就观察到这种条纹，同时记录下，得到如图 9-2 所示的干涉条纹。当波长减小时，干涉条纹的级数就增加，由干涉条纹的级数和波长可以计算出薄膜厚度。

设 k_1 是对应于波长 λ_1 的干涉级数，那么 k_1+1 便是下一个更短波长 λ_0 的干涉级数。忽略微小的相位变化可得

$$k_1\lambda_1=(k_1+1)\lambda_0=2t \tag{9-2}$$

$$k_1 = \frac{\lambda_0}{\lambda_1 - \lambda_0} \qquad (9\text{-}3)$$

$$t = \frac{k_1 \lambda_1}{2} = \frac{\lambda_1 \lambda_0}{2(\lambda_1 - \lambda_0)} \qquad (9\text{-}4)$$

为决定膜厚，假定沟槽深度 d（即膜厚）导致干涉级数条纹移到波长 λ_1'，则有

$$t + d = \frac{k_1 \lambda_1'}{2} \qquad (9\text{-}5)$$

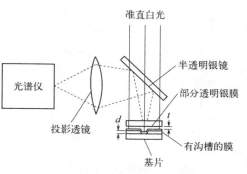

$$d = \frac{k_1 \lambda_1'}{2} - \frac{k_1 \lambda_1}{2} = \frac{(\lambda_1' - \lambda_1)\lambda_0}{2(\lambda_1 - \lambda_0)} \qquad (9\text{-}6)$$

如果平板是很好的光学平面，精度可达 $0.1 \sim 0.2\text{nm}$。

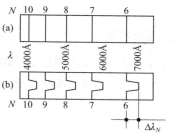

图 9-2　等波长干涉测量薄膜厚度

（3）椭圆偏振法

在测量透明薄膜、吸收薄膜的光学常数中精度最高的方法是椭圆偏振法。从光源发出的光的振动方向完全是任意的，假设入射光 p、s 分量 r_p、r_s 的振幅为 ρ_p、ρ_s，相位为 δ_p、δ_s。定义 p、s 分量的振幅比为 $\tan\psi$，相位差为 Δ，则有

$$\frac{r_p}{r_s} = \frac{\rho_p}{\rho_s} \exp[-\mathrm{i}(\delta_p - \delta_s)] \equiv \tan\psi \exp(-\mathrm{i}\Delta) \qquad (9\text{-}7)$$

当这种光通过起偏镜时，就变成由起偏镜的方位角 θ 所决定的某一振动方向的光，即成为直线偏振光。特别是当 $\theta = \pi/4$ 时，振动的 x、y 分量，即 s、p 分量的振幅相等。当这种直线偏振光碰到透明薄膜或吸收薄膜表面时，就会引起振幅和相位的变化。从而光的振幅和相位的 x、y（或 s、p）分量就发生变化。若将 x、y 方向上不同振幅和不同相位的振动合成，显然振动状态就成为椭圆偏振光。假定这一椭圆偏振光的长轴和短轴分别为 ξ、η，如图 9-3 所示，则该椭圆具有如下特征：x 轴和 ξ 轴的夹角就是椭圆的倾角 θ，短轴与长轴之比也就是椭圆率 χ，$a_{\min}$ 为短轴长度，$a_{\max}$ 为长轴长度，$\tan\chi = \dfrac{a_{\min}}{a_{\max}}$。经过计算可以得到关系式

$$\begin{cases} \sin 2\chi = -\sin 2\psi \sin\Delta \\ \tan 2\theta = \tan 2\psi \cos\Delta \end{cases} \qquad (9\text{-}8)$$

从样品表面反射出的椭圆偏振光通过 $\lambda/4$ 波长片，这是一片具有复数折射率的晶体，在晶片的特定方位上偏振光和与该方位垂直方向上偏振光之间产生相当于 $\lambda/4$ 的相位差。假如能使该晶片的特定方位与 ξ 轴一致，那么就能得到与 ξ 轴倾斜 χ 角的直线偏光，这时 $\lambda/4$ 波长片的方位就是 θ。当该偏振光遇到与其偏光方位成直角的另一检偏镜时，光完全不能通过，就能得到方位 χ。通过以上过程测出 θ、χ，再求解式（9-8）可得 ψ、Δ，进而可计算出膜厚 d。椭圆偏振法测量膜厚示意图如图 9-4 所示。

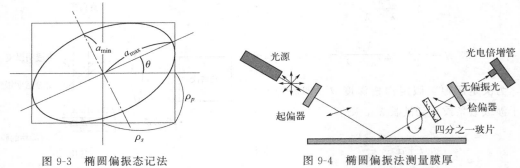

图 9-3 椭圆偏振态记法   图 9-4 椭圆偏振法测量膜厚

（4）光强吸收法

光强吸收法是一种基于测量光吸收系数的膜厚测量方法。其原理是，由强度为 I_0 的光源发出的光在通过一层能吸收光的薄膜之后，光的强度 I 按照下述的方程式递减：

$$I = I_0(1-R)^2 \exp(-\alpha d) \tag{9-9}$$

式中，d 是薄膜的厚度；α 是给定薄膜的吸收系数；R 是空气-薄膜界面的反射率（这里仅考虑光在空气-薄膜界面与薄膜-基片界面的两次反射，忽略光在薄膜两界面的多次反射）。光强度 I 可用适当的光电池测量，利用上式就能得到薄膜的厚度 d，且 $d \propto \lg\left(\dfrac{1}{T}\right)$。

该方法比较简单，可以在蒸发后测量，也可以用于蒸发过程中控制膜厚和监控沉积速率。在沉积速率恒定时，在半对数坐标系中，透射光强度与时间的关系是直线。用该方法还可以检验给定面积上薄膜厚度的均匀性。

必须指出，该方法只适用于那些厚度很薄时仍能形成连续微晶的薄膜材料（如 Ni-Fe 合金），其透射光强度和膜厚之间存在着指数递减的函数关系。而有的材料（如 Ag），在厚度很薄时（<30nm），透射光强度和膜厚呈线性递减关系，只是在 Ag 薄膜的厚度超过 30nm 之后，才变成指数递减关系。所以对每一种材料都必须预先考虑它是否具有上式所规定的特性后才能使用，必要时还必须测出它的校准曲线。

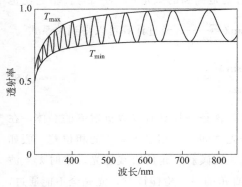

图 9-5 弱吸收的介质薄膜的透射率曲线示意图

（5）透射光谱法

对于具有一定厚度的透明或弱吸收的介质薄膜，可通过透射光谱计算其光学常数（折射率 n、消光系数 k）及膜厚 d。图 9-5 是弱吸收的介质薄膜的透射率曲线示意图，当膜厚较厚时，由于光在薄膜上下表面之间的干涉，其透射率值随波长振荡，具有一系列极大值和极小值，对应透射光各光束之间的干涉增强和干涉相消。透射率曲线随着薄膜吸收的增强，其振荡幅度会减小乃至消失。因此这种方法不适合于吸收较强的薄膜。

薄膜的振幅透射系数 t 为

$$t = \frac{t_1 t_2 \exp(-i\delta)}{1 + r_1 r_2 \exp(-2i\delta)} \qquad (9\text{-}10)$$

式中，t_1、r_1、t_2、r_2 分别为外层介质（通常为空气）-膜和膜-基片界面的透射与反射的菲涅耳系数；δ 为相邻两束光的相位差。

$$\delta = \frac{2\pi}{\lambda}(n - ik)d \qquad (9\text{-}11)$$

式中，λ 为入射光波长；n 为折射率；k 为消光系数；d 为膜厚。

根据文献，透射率 T 为

$$T = \frac{n_1}{n_0}|t|^2 \qquad (9\text{-}12)$$

$$T = \frac{16 n_0 n_s (n^2 + k^2)\alpha}{A + B\alpha^2 + 2\alpha\left[C\cos\left(\dfrac{4\pi nd}{\lambda}\right) + D\sin\left(\dfrac{4\pi nd}{\lambda}\right)\right]} \qquad (9\text{-}13)$$

式中，$\alpha = \exp\left(-\dfrac{4\pi kd}{\lambda}\right)$；$n$、$k$ 分别为薄膜的折射率和消光系数；A、B、C、D 为与薄膜、基片折射率有关的不同常数；n、n_0、n_s 分别为薄膜、空气和基片的折射率。

对于弱吸收，可假设 $k^2 \ll (n - n_0)^2$，$k^2 \ll (n - n_s)^2$，$D \ll C$。因此可简化为

$$T = \frac{16 n_0 n_s n^2 \alpha}{C_1^2 + C_2^2 \alpha^2 + 2C_1 C_2 \alpha \cos\left(\dfrac{4\pi nd}{\lambda}\right)} \qquad (9\text{-}14)$$

式中，$C_1 = (n + n_0)(n_s + n)$；$C_2 = (n - n_0)(n_s - n)$。

在透射曲线上，连接所有峰值极大值，得到包络线 $T_{\max}(\lambda)$，同理，连接所有峰值极小值，得到包络线 $T_{\min}(\lambda)$，即对于每一个波长 λ，有两个对应值 $T_{\max}(\lambda)$ 和 $T_{\min}(\lambda)$。

由于 $C_2 < 0$，可得 $T_{\max} = \dfrac{16 n_0 n_s n^2 \alpha}{(C_1 + C_2 \alpha)^2}$，$T_{\min} = \dfrac{16 n_0 n_s n^2 \alpha}{(C_1 - C_2 \alpha)^2}$

由以上两式可得 $\sqrt{\dfrac{T_{\max}}{T_{\min}}} = \dfrac{C_1 - C_2 \alpha}{C_1 + C_2 \alpha}$

解得

$$\alpha = \frac{C_1}{C_2} \times \frac{1 - \sqrt{T_{\max}/T_{\min}}}{1 + \sqrt{T_{\max}/T_{\min}}} \qquad (9\text{-}15)$$

折射率 n 可由下式计算得到：

$$\frac{1}{T_{\max}} = \frac{(C_1 + C_2 \alpha)^2}{16 n_0 n_s n^2 \alpha}$$

$$\frac{1}{T_{\min}} = \frac{(C_1 - C_2\alpha)^2}{16n_0 n_s n^2 \alpha}$$

得

$$\frac{1}{T_{\max}} - \frac{1}{T_{\min}} = \frac{C_1 C_2}{4n_0 n_s n^2} = \frac{(n+n_0)(n_s+n)(n-n_0)(n_s-n)}{4n_0 n_s n^2}$$

化简得

$$n^4 - 2C'n^2 + n_0^2 n_s^2 = 0$$

其中 $C' = \dfrac{n_0^2 + n_s^2}{2} + 2n_0 n_s \dfrac{T_{\max} - T_{\min}}{T_{\max} T_{\min}}$

解得折射率

$$n^2 = C' \pm \sqrt{C'^2 - n_0^2 n_s^2} \tag{9-16}$$

在透射率振荡曲线的峰值处满足条件：

$$\frac{4\pi n d}{\lambda} = m\pi \tag{9-17}$$

式中，m 为干涉级次。

取相邻的极大（极小）值，波长分别为 λ_1、λ_2，对应折射率 n_1、n_2，对特定干涉级次 m_1 则有

$$\frac{4\pi n_1 d}{\lambda_1} = m_1\pi, \quad \frac{4\pi n_2 d}{\lambda_2} = (m_1 + 2)\pi$$

可得薄膜厚度

$$d = \frac{\lambda_1 \lambda_2}{2(n_1 \lambda_2 - n_2 \lambda_1)} \tag{9-18}$$

包络线法适合透明或弱吸收薄膜，同时要求薄膜要有一定的厚度。薄膜太薄，形成的振荡峰太少，就很难做出包络线来。

9.1.1.3　电学方法

（1）电阻法

电阻法是根据电阻的测量来求出膜厚，电阻的测量可以采用电桥电路。在测量电路中，使用的基片的两端沉积导电膜（如 Al 膜），然后求出长度 a 和宽度 b，将该基片放入镀膜室内，加上一定的电压 V，再开始沉积薄膜，测量基片的电阻，可以得知薄膜的厚度。薄膜的电阻率为 ρ，则厚度可由 $R = \rho a/bd$ 得 $d = \rho a/bR$。该法可用于测量金属和半导体材料薄膜的厚度，对于绝缘体薄膜不适用。

（2）电容法

电容法适用于测量绝缘体材料薄膜的厚度。该方法是在特制的平板监控电容器基片上，测量其电容变化。在基片上沉积一层 Al 膜，用一般的光刻技术腐蚀成梳齿状样板。如在 SiO_2 基片上可得到起始电容量为 65pF 的电容器。在薄膜沉积时，将电容监控片放在欲测膜厚的基片附近同时沉积薄膜，测量出沉积薄膜后的电容量变化就可以得出膜厚。例如在沉积 SiO 薄膜时，电容量变化 13%，膜厚为 $10\mu m$。

该方法经常用来测量在金属表面上形成的氧化物薄膜。用该方法测量时需要知道材料的介电常数。介电常数本身的不确定性，加上在确定合成的电容器表面积时的误差，造成了这种电容测量方法有较大的误差。

（3）品质因数法

另一种利用电学方法来测量膜厚的是品质因数（Q 值）变化测量法。其原理是，如果在距厚度为 d 的金属薄膜不远的 h 处放置一个半径为 r 的通有交流电的线圈，那么在金属膜中感生的涡电流会损耗掉线圈中的一部分电能。因此线圈的 Q 值和它的共振频率都要有所变化。使用的交流电的频率范围在几十至几百兆赫之间，因而可以测量的膜厚范围在几十微米至几百微米之间。在测量时，将线圈接入电桥的一臂，上面所述的相互作用会破坏电桥的平衡，即引起了沿电桥对角线方向上的可测电流。通过测量线圈的 Q 值变化并计算，可以得到膜厚的变化值。如果需要使用很高的频率进行测量，这时就不能使用电桥装置，而要把线圈装成一谐振电路，然后测量电路的阻尼和失谐，再计算 Q 值。这个方法的优点是非破坏性测量，也可以用来监控蒸发过程；缺点是误差较大。

9.1.2 薄膜厚度的监控

9.1.2.1 气相密度测量

如果蒸发粒子密度的瞬时值在沉积过程中可以测量，则可确定撞击到基片上的粒子速率，由于这一方法没有累积性，因此必须通过积分运算得到每单位面积上的膜质量或膜厚。该方法又称电离规法，如图 9-6 所示，当电离规暴露在蒸气中，气体原子由于电离产生电子，这些电子被加速到阳极，离子则被收集极捕获。相应的收集极离子电流 I_i 正比于离子的数目，设气体的粒子密度为 n，电子电流为 I_e，则有

$$I_i \propto I_e n \qquad (9-19)$$

设随时间 t 改变的膜厚为 $u(t)$，气体粒子密度 n 与生长速率 $\dfrac{du}{dt}$ 相关

$$\frac{du}{dt} \propto n\bar{v} \qquad (9-20)$$

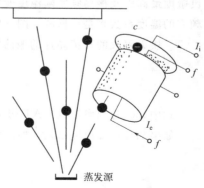

图 9-6　电离规法监控膜厚

用平均粒子速度 $\bar{v}$ 做替换可得

$$\frac{du}{dt}=C\ \frac{I_{\mathrm{i}}}{I_{\mathrm{e}}}\sqrt{\frac{8kT}{\pi m}} \tag{9-21}$$

式中，C 为常数；T 为蒸发源温度；m 为气体分子质量；k 为玻尔兹曼常数。这一方法的缺点是真空中残余气体对离子流也有贡献，为去除残余气体的作用，可以有两种方法。方法一是用同样结构的电离规放在无蒸气流处测残余气体的离子流，相减后可得蒸发粒子产生的离子流。方法二可用一个旋转挡板调制蒸气流，残余气体产生离子电流的直流分量而蒸气流则产生调制分量。分子束外延常用此法监控。

9.1.2.2　平衡法

平衡法又称微量天平法。如图 9-7 所示，微小质量的称量可用微量天平在真空系统内进行。这种天平的灵敏度高，机件是刚性的，横梁用石英丝制成，可以进行高温除气。横梁的一侧有一块轻质的云母片，薄膜可以沉积在上面，另一侧装有电磁铁，沉积薄膜时平板重量增加使天平失去平衡，这时改变通过电磁铁的电流，可使天平恢复平衡。测量电流即可得到沉积材料的质量 m，薄膜的厚度为 $d=m/\rho A$，ρ 为薄膜密度，A 为沉积面积。据报道，检测的厚度极限可达 1nm。

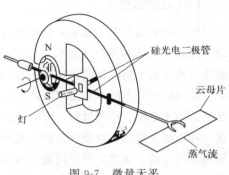

图 9-7　微量天平

9.1.2.3　石英振荡法

为了使薄膜的厚度能控制在一定的精度内，并且是可重复的，就必须在薄膜生长过程中对薄膜的厚度进行测量，并将结果反馈给蒸发源（或溅射源）以便对沉积速率进行控制。现在最常用的方法就是石英振荡法。因为石英振荡法不仅可以用来测量薄膜厚度，还可以用来控制沉积速率和厚度。石英振荡法就是利用压电石英晶体的厚度剪切模振荡的谐振频率 f 与厚度 d 有关这一性质。如果将薄膜材料镀到石英晶体的一个表面就会改变谐振频率，测出其谐振频率的改变量 Δf 就可计算出薄膜厚度。因为频率还与温度有关，所以实际上总是选择灵敏度最高以及振荡频率随温度变化最小的方向对石英晶体进行切割（图 9-8）。得到的谐振频率的温度系数将是最低的。图 9-9 为石英振荡法探头结构示意图。

一块无限大的石英晶片的振荡频率为 f，晶片厚度为 d_{q}，波的传播速度为 v_{q}

$$f=\frac{v_{\mathrm{q}}}{2d_{\mathrm{q}}}=\frac{C}{d_{\mathrm{q}}} \tag{9-22}$$

式中，C 为频率常数。AT 切割时 C 为 1665kHz·mm。

如果晶片增加厚度 Δd_{q}，振荡频率增加 Δf

$$\frac{\Delta f}{f}=-\frac{\Delta d_{\mathrm{q}}}{d_{\mathrm{q}}}=-\frac{\Delta m}{\rho_{\mathrm{q}}A d_{\mathrm{q}}}$$

式中，Δm 为增加的质量；ρ_{q} 为晶片的密度；A 为晶片的面积。

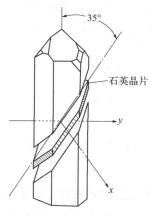

图 9-8　石英晶体的 AT 切割

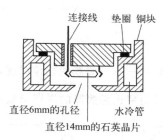

图 9-9　石英振荡法探头结构

实际上增加的 Δm 为薄膜的质量，ρ_f 为薄膜的密度，d_f 为薄膜厚度，则

$$\Delta m = \rho_f d_f A$$

可得

$$\frac{\Delta f}{f} = -\frac{\rho_f d_f}{\rho_q d_q} = -\frac{\rho_f d_f}{C\rho_q} f$$

$$\Delta f = -\frac{\rho_f d_f}{C\rho_q} f^2 = -\frac{\rho_f f^2}{C\rho_q} d_f$$

设 C_f 为石英晶体的质量灵敏度（单位面积上振动频率改变 1Hz 时质量变化的绝对值），则 $C_f = \left| \dfrac{\Delta m}{A\Delta f} \right| = \dfrac{\rho_q C}{f^2}$

$$d_f = -\frac{C_f}{\rho_f} \Delta f \tag{9-23}$$

在实际工作中还存在一些因素会影响石英晶体振荡频率的稳定性，从而引起薄膜厚度测量的误差。其中最重要的一个因素是晶体温度的变化。尽管采用了 AT 切割，但晶体的基频还会随温度发生可观的变化。蒸发过程中晶体温度受蒸发源的辐射热影响，此外，蒸气在晶体上凝聚时会直接释放出热量，凝聚热使局部温度发生明显变化。原则上，这两种热源是无法消除的，为了尽可能减少晶体受热，晶体被装在一个有冷却水的支架上，并在其下方装上一挡板，只让晶体的一小部分暴露在蒸气分子流中。

9.1.2.4　光学监控

（1）极值法

极值法是一种常用的光学监控方法，利用当每层膜的光学厚度为四分之一入射光波长时膜系的反射率或透射率达到极值这一特点进行监控。

先讨论单层膜情况。设单层膜的折射率为 n_1、厚度为 d_1，入射介质折射率为 n_0，基片的折射率为 n_s，在光线垂直入射到膜系时，膜系的反射率 R 是 n_1d_1 的函数，即

$$R = \frac{(n_0-n_s)^2\cos^2\delta_1 + \left[\dfrac{n_0n_s}{n_1}-n_1\right]^2\sin^2\delta_1}{(n_0+n_s)^2\cos^2\delta_1 + \left[\dfrac{n_0n_s}{n_1}+n_1\right]^2\sin^2\delta_1} \tag{9-24}$$

其中，$\delta_1 = \dfrac{2\pi n_1 d_1}{\lambda}$ 为膜的相位厚度，λ 为监控波长。上式中 $\sin\delta_1$ 和 $\cos\delta_1$ 是膜厚的周期函数，所以反射率也是膜厚的周期函数。

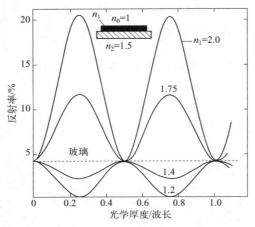

图 9-10 玻璃基片上单层膜反射率
在监控波长处随膜厚变化情况

图 9-10 是监控单色光波长膜系反射率随膜厚变化的情况。由图可以看出，膜系反射率随膜厚呈周期性变化，当膜层的光学厚度为监控波长的四分之一整数倍时反射率出现极值。当这个倍数为偶数时，膜系的反射率极值为

$$R = \left(\frac{n_0-n_s}{n_0+n_s}\right)^2 \tag{9-25}$$

即为未镀膜时基片的反射率。当这个倍数为奇数时，反射率极值为

$$R = \left(\frac{n_0-\dfrac{n_1^2}{n_s}}{n_0+\dfrac{n_1^2}{n_s}}\right)^2 \tag{9-26}$$

$n_1 > n_s$ 时，极值为极大值；$n_1 < n_s$ 时，极值为极小值。

如果在这层膜上再接着镀一层 $\lambda/4$ 的折射率为 n_2 的第二层膜，那么这层膜就像镀在等效折射率为 $Y = \dfrac{n_1^2}{n_s}$ 的基片上，其反射率与第一层膜有类似的变化规律，即当 n_2d_2 等于监控波长的四分之一整数倍时，膜系的反射率出现极值。这个规律可以推广到多层 $\lambda/4$ 膜系的情况。这样人们利用膜层沉积过程中反射率随膜厚变化的这种规律，通过光电膜厚监控仪检测沉积过程中反射率出现的极值点来监控四分之一波长整数倍的膜系。这种方法被称为"极值法"。

对于透射光，不考虑介质膜的吸收，由于 $T=1-R$，也有类似的变化规律，监控也可以用透射光来完成。监控中使用透射光好，还是使用反射光好，需要具体情况具体分析。图 9-11 为反射率极值法监控镀膜的一个实例。

极值法的缺点是判断极值时，信号的变化缓慢而造成较大的监控误差。

（2）波长调制法

波长调制法的系统安排如图 9-12 所示，由光源发出的白光透过（或反射）监控片将单色仪的入射狭缝照明。从单色仪狭缝出射的单色光被光电接收元件接收，然后由电子学系统显示。如果采用振动狭缝或者振动色散元件的方法，对出射的光谱进行有限的调制，实现对波

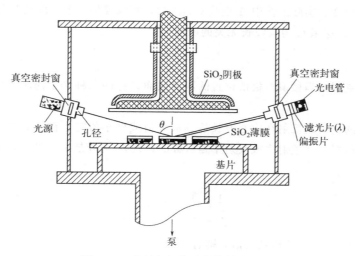

图 9-11　反射率极值法监控镀膜实例

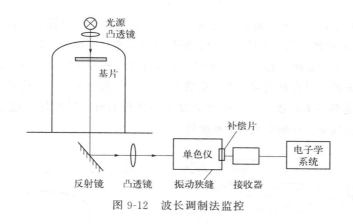

图 9-12　波长调制法监控

长的扫描，则

$$\lambda = \lambda_0 + a\cos(2\pi f t) \qquad (9\text{-}27)$$

式中，λ 为单色仪狭缝出射的光波波长；λ_0 为单色仪刻度指示的中心波长；f 为振动频率；a 为振幅和单色仪波长色散有关的常数，可以适当选择 $a \ll \lambda_0$。

这时将被测膜层的分光透射特性 $T(\lambda)$ 进行泰勒展开

$$T(\lambda) = T(\lambda_0) + a\frac{\mathrm{d}T}{\mathrm{d}\lambda}\big|_{\lambda_0}\cos(2\pi f t) + \frac{a^2}{2!}\times\frac{\mathrm{d}^2 T}{\mathrm{d}\lambda^2}\big|_{\lambda_0}\cos^2(2\pi f t) + \cdots \qquad (9\text{-}28)$$

考虑到光电接收器的响应函数 $A(\lambda)$，则相应的光电流 $I = T(\lambda)A(\lambda)$。

如果用选频放大器滤去监控信号中的直流分量和高次谐波分量，而仅仅将式中的第二项振幅为 $A(\lambda)a\dfrac{\mathrm{d}T}{\mathrm{d}\lambda}\big|_{\lambda_0}$ 的基波分量作为控制膜厚的有用信号进行监控。当膜层的光学厚度为监控波长的四分之一及其整数倍时，$\mathrm{d}T/\mathrm{d}\lambda = 0$，此时与振动元件同频率的基波分量也为零。在这些特殊的厚度上，膜层厚度有一微小的变化，相对于极值法能够得到较大的信号变化，因

此有较高的监控精度。实际工作中 A 也是 λ 的函数，所以要加一个与波长 λ 有关的元件 $B(\lambda)$ 使 $A(\lambda)B(\lambda)=C$，这里 C 为与波长无关的函数。

（3）双色法

这也是为了克服光强极值对极值位置的不灵敏而设计的一种光学薄膜厚度监控方法，其基本原理如下。

当周期膜层的透射或反射在中心波长达到极大值或极小值时，在偏离中心波长两边的波数差相等的波长位置，其透射率或反射率是对称的，设 λ_0 为膜层中心波长，如果有两个波长 λ_1 和 λ_2 满足

$$\frac{1}{\lambda_1}-\frac{1}{\lambda_0}=\frac{1}{\lambda_0}-\frac{1}{\lambda_2}$$

而膜层的透射率在 λ_0 处达到极值，则有

$$T(\lambda_1)=T(\lambda_2)$$

这样在控制光学薄膜的厚度时，不控制中心波长的光强变化而控制波长 λ_1 和 λ_2 处光强（采用双单色仪）的差值，当其差值为零时，膜层厚度便满足在中心波长的透射率极值条件。

监控仪的光学系统如图 9-13 所示。调制光束透过镀膜基片之后，用分束镜分成两束，再通过干涉滤光片 F 然后各自投射到一个光电管 P 上。每个光电管输出的信号通过一个前置放大器和一个双 T 选频放大器放大，再经差分放大器进行差放。只要仔细地选择两个测量波长，双色法有望达到波长调制法相当的精度。

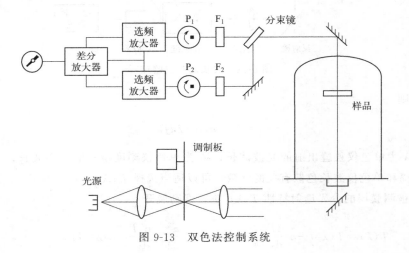

图 9-13 双色法控制系统

9.2 薄膜的力学性质

薄膜的厚度一般小于 $1\mu m$，因此单凭薄膜本身的力学强度是无法单独存在的，一般总是要将它们附着在各种基片上。薄膜与基片之间的附着性能将直接影响薄膜的各种性能，附着

性能不好将导致薄膜无法使用。此外薄膜在制作过程中，其结构受工艺条件影响很大，薄膜内部因此而产生一定的应力。基片材料与薄膜材料之间热膨胀系数不同，也会使薄膜产生应力。过大的内应力将使薄膜卷曲和开裂，导致失效。所以在各种应用领域中，薄膜的附着力与内应力都是首先需要研究的问题。在某些场合还要考虑薄膜的其它力学性能，如超硬薄膜主要应用于增强基片的硬度与耐摩擦能力，则需要研究薄膜的硬度。

9.2.1 薄膜的附着力

薄膜的附着性能在很大程度上决定了薄膜应用的可能性和可靠性，这是在薄膜制作过程中普遍关心的问题。目前还没有一种公认为准确的测量技术，同时由于对薄膜与基片间界面的了解还不够深入，所以对附着力的了解也是初步的。薄膜与基片保持接触，二者的原子互相受到对方的作用，这种状态称为附着。

9.2.1.1 附着机理

薄膜之所以能附着在基片表面上，是范德瓦耳斯力、扩散附着、机械锁合、静电引力等综合作用，如图 9-14 所示。也有一些薄膜材料与基片形成化合物，这时化学键力就是主要的力。

范德瓦耳斯力是在薄膜原子和基片原子之间普遍存在着的一种力。范德瓦耳斯力又分为取向力、诱导力、色散力。前两种力来源于永久偶极矩。而色散力则是由电子在围绕原子核的运动中所产生的瞬时偶极矩产生的。极性材料中取向力和诱导力的作用较强，但是大部分材料只有色散力。范德瓦耳斯力产生的是单纯的物理附着，因而薄膜附着中的范德瓦耳斯力一般比较小，其附着能的范围在 $0.04 \sim 0.4 \mathrm{eV}$ 之间。

扩散附着是在薄膜和基片之间通过基片加热、离子注入、离子轰击等方法实现原子的互扩散，形成一个渐变界面，使薄膜与基片的接触面积明显增加，因而附着力也就增加了。例如，用基片加热法制备光学铝膜时，先在 250℃ 时蒸发一层很薄的铝层，然后将基片温度降至 150℃，继续蒸发，可增加铝膜的附着。此外还可用离子轰击法，先在基片上沉积一层很薄的金属膜，然后用高能氩离子

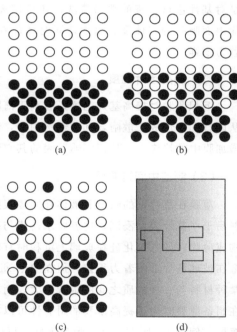

图 9-14 不同类型的薄膜-基片界面
(a) 突变界面；(b) 复合界面；
(c) 扩散界面；(d) 机械锁合

(100keV) 对它进行轰击，以实现扩散，最后再继续沉积加厚薄膜。

机械锁合是一种宏观的作用。基片表面总有些微观的凹凸，有时还有微孔或微裂缝。在沉积薄膜时，部分原子进入凹凸之中或微孔、微裂缝中，其效果如同薄膜往基片内钉入了钉子一样，因而也增加了附着力。大多数使用薄膜的元件与器件中薄膜的厚度都很薄，要求基片十分平整，即使有少量的微孔或微裂缝也会严重影响薄膜的性能。在实际生产中都力求避

免基片上有微孔或微裂缝，只有表面不可避免的微观凹凸才起着机械锁合的作用。

薄膜与基片间的电荷转移也是增加附着力的原因之一，两种功函数不同的材料互相接触时，它们之间会发生电子转移，在界面两边聚集起电荷，形成所谓双电层，具有静电吸引能。

化学键力是指在薄膜与基片之间形成化学键后的结合力。产生化学键的原因是有的价电子发生了转移，不再为原来的原子独有。化学键力是一种短程力，其值通常远大于范德瓦耳斯力，一般为 $0.4 \sim 10eV$。

9.2.1.2 增加附着力的方法

了解了薄膜在基片上的附着机理之后，就可以采取适当的措施来增加薄膜的附着力，通常可采用如下几种方法。

（1）对基片进行清洁处理

基片的表面状态对附着力的影响很大，如果表面有一层污染层，将使薄膜不能和基片直接接触，范德瓦耳斯力大大减弱，扩散附着也不可能，从而附着性能极差。解决的方法是对基片进行常规的严格清洗，还可用离子轰击法进行处理。高能离子轰击基片表面可排除表面吸附的气体及有机物，同时还能在一定程度上增加表面的微观粗糙度，使薄膜的附着力增强。

（2）提高基片温度

沉积薄膜时提高基片温度，有利于薄膜和基片间原子的相互扩散，而且会加速化学反应，从而有利于形成扩散附着和化学键附着，使附着力增大。但基片温度过高会使薄膜晶粒粗大，增加膜中的热应力，从而影响薄膜的其它性能。因此在提高基片温度时应作全面考虑。

（3）制造中间过渡层

薄膜在基片上的附着和液体在固体表面的浸润可以进行类比。所谓附着性好就是薄膜材料易于在基片表面浸润，这就要求薄膜与基片之间的附着力大于薄膜的内应力，否则不可能构成薄膜。如二氧化硅在玻璃上沉积时有较大的附着力，而在 KDP 晶体上附着性不好。又如金在玻璃基片上附着力很差，但在 Pt、Ni、Ti、Cr 等金属基片上附着力却很好。这都说明了某种材料与一些物质之间的附着力大，而与另一些物质的附着力却可能很小。基于这种情况，在制备薄膜时为了提高薄膜的附着性可以在薄膜与基片之间加入另外一种材料，组成中间过渡层。例如 Au 膜在玻璃上附着不好，可以先在玻璃上蒸发一层很薄的 Cr 或 Ni-Cr。Cr 能从氧化物基片中夺取氧形成氧化物，有很强的化学键力，附着性能很好。然后再蒸发 Au 膜，Au 膜和 Cr 膜之间形成金属键，也有很大的附着力。这样通过中间过渡层就解决了 Au 膜在玻璃基片上的附着问题。

（4）采用溅射方法

在薄膜材料和基片选定的前提下，采用溅射方法比用蒸发方法制作的薄膜附着性好。这是因为溅射粒子的能量较高，既可排除表面吸附的气体，增加表面活性，又有利于薄膜原子向基片中扩散，因而薄膜的附着力明显得到提高。

9.2.1.3 附着力测量方法

测定附着力的方法是测量薄膜从基片上剥离时所需要的力或能量，如图 9-15 所示，这些方法包括拉张法、胶带法、划痕法、拉倒法。

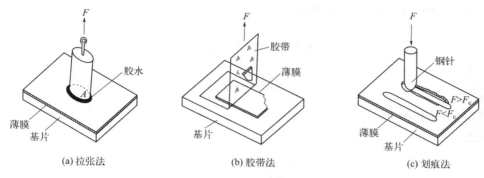

(a) 拉张法   (b) 胶带法   (c) 划痕法

图 9-15　不同附着力测量方法

（1）拉张法

其原理是在薄膜上黏结一个柱状体的拉杆，在拉杆上施加一垂直膜面的力，测量拉掉薄膜时的力便可得附着力。其实验装置如图 9-15（a）所示，如果拉掉薄膜的最小的拉力为 F，黏结的底面积为 A，则单位面积的附着力 $f = F/A$。在利用拉张法测量时，拉力的方向一定要和膜面的法线方向一致，即保证施加的拉力通过基片平面的中心点，否则将产生力矩而出现测量误差。另外该方法适合于附着力较小的薄膜，即薄膜与基片的附着力必须小于薄膜与黏结剂之间的黏结力。所选用的黏结剂当其固化后体积的收缩率应该很小，一般采用环氧树脂类的黏结剂。

（2）胶带法

如图 9-15（b）所示，在薄膜表面黏结上宽度一定的附着胶带，然后以一定的角度对附着胶带施加拉力，把附着胶带拉下来后，可根据薄膜被剥离的情况来判断附着力的大小。这种方法基本上是一种定性测量。

（3）划痕法

如果薄膜的附着力很强，要将力直接加到薄膜上使其剥离基片，常用的有划痕法［图 9-15（c）］、摩擦法、离心法等。

划痕法原理如图 9-16 所示，将一根硬针的尖端垂直地放在薄膜表面，钢针尖端的半径是已知的（一般为 0.05mm），在钢针上逐渐加大载荷，直到把薄膜刻画下来为止。一般把刚好能将薄膜刻画下来的载荷称为临界载荷，并用来作为薄膜附着力的一种量度。用光学显微镜观察划痕以确定临界载荷，其

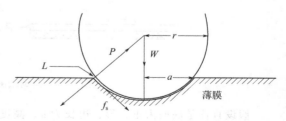

图 9-16　划痕法测量附着力原理

数值一般为几到几百克。

在垂直载荷作用下，钢针尖端下的基片表面严重形变。薄膜因随基片形变而延伸，因此在薄膜与基片之间产生剪切力，其中在压痕 L 处的剪切力最大。当垂直载荷达到临界值 W 时，压痕 L 处的剪切力增大到足以断裂薄膜对基片的附着，这种使单位面积的薄膜从基片上剥离所需要的临界剪切力 f_s 等于附着力。

$$f_s = P\tan\theta = P\,\frac{a}{\sqrt{r^2-a^2}}$$

$$W \approx \pi a^2 P$$

式中，a 为压痕半径。

因此 f_s 为

$$f_s = P\sqrt{\frac{W}{\pi r^2 P - W}} \tag{9-29}$$

式中，r 是针尖的曲率半径；P 是基片在 L 点处对针的反作用力，可以认为它和薄膜的布氏硬度大致相同。由上式可见，若使薄膜剥离所加的垂直载荷越大，膜的附着力也越大。当 P 值未知时，则可根据测出的压痕宽度 d 求得 P。

$$d = 2a = 2\sqrt{\frac{W}{\pi P}} \tag{9-30}$$

但划痕法受薄膜硬度的影响也十分明显，因此它只能是一种半定量的方法。

（4）拉倒法

在薄膜表面上垂直黏结一根直棒，向棒端施加一平行于薄膜表面的力，测量棒倒时所施加的力 F 就可计算出附着力 f，其原理如图 9-17 所示。

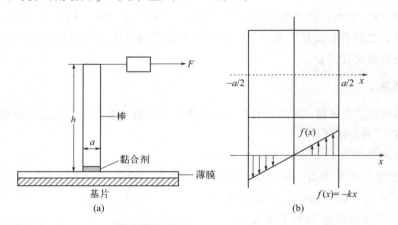

图 9-17　拉倒法测量附着力原理

假设直棒是底面为正方形、边长为 a、高度为 h 的方柱棒，以直棒底面中心为原点，力 F 的方向为 x 轴正方向，建立一维坐标系。力 f 与 x 成正比，设比例系数为 k，则薄膜单位

面积所受到的力

$$f(x) = -kx$$

根据力矩平衡条件可得

$$Fh = \int x f(x)\mathrm{d}S = \int_{-\frac{a}{2}}^{\frac{a}{2}} x(-kx)a\,\mathrm{d}x = \int_{-\frac{a}{2}}^{\frac{a}{2}} -kax^2\,\mathrm{d}x = -\frac{ka^4}{12}$$

可得

$$k = -\frac{12hF}{a^4}$$

如果把 $f(x)$ 的最大值看成是附着力 f，则 $f = f\left(\dfrac{a}{2}\right)$，即

$$f = \frac{6hF}{a^3} \tag{9-31}$$

可见测量出 F 便可计算出附着力 f，这是一种简单而又常用的方法。

9.2.2 薄膜的内应力

9.2.2.1 内应力的定义

薄膜内部任一截面上，单位截面的一侧受到另一侧施加的力称为薄膜的内应力。用真空蒸发、溅射、气相生长等方法制作的薄膜都有内应力，只不过由于薄膜材料与基片的不同和工艺条件的不同其应力大小也不同。应力最大可达 $10^9\,\mathrm{N/m^2}$，过大的应力常使薄膜开裂或起皱脱落，使薄膜元器件失效。

内应力从其性质来说可分为张应力和压应力。截面的一侧受到来自另一端的拉伸方向的力时，称为张应力。而受到推压方向的力时，称为压应力。或者说薄膜有收缩趋势时受到的是张应力，过大的张应力使薄膜开裂；薄膜有伸展趋势时受到的是压应力，过大的压应力使薄膜起皱或脱落。

金属薄膜中内应力常表现为张应力。易于氧化的金属薄膜在刚制作好时为张应力，但在空气中暴露一段时间后，由于金属逐渐氧化和扩散，应力也逐渐由张应力变为压应力。介质薄膜中的内应力则多是压应力。

内应力从其起源来分，可分为热应力和本征应力。在制备薄膜的过程中，薄膜和基片都处于比较高的温度，当薄膜制备完以后，它与基片又都恢复到常温状态，由于薄膜和基片的热膨胀系数不同，这样在薄膜内部就必然会产生内应力，这种仅由热效应产生的应力称为热应力。热应力随温度的不同而不同，当薄膜与基片的热膨胀系数与温度无关时，热应力随温度作线性变化，薄膜和基片的热膨胀系数越接近，热应力也就越小。

薄膜形成过程中由缺陷等引起的内应力称为本征应力。从总内应力中减去热应力就是本征应力的值。本征应力与薄膜厚度有关。在薄膜厚度很薄时（10nm 以下），构成薄膜的小岛互不相连，即使相连也呈网状结构，此时的内应力较小。随着膜厚的增加，小岛相互连接，

由于小岛之间晶格排列的差异以及小孔洞的存在，内应力迅速增大，并出现最大值。膜厚进一步增加，并形成连续膜时，膜中不再有小孔洞存在，此时应力减小并趋于一稳定值。

9.2.2.2 内应力的起因

许多人从不同角度对内应力进行了研究，提出了一些物理模型来解释。由于内应力比较复杂，还没有一种模型能对内应力进行全面的说明，可以认为薄膜内的实际内应力是以下各种因素的综合结果。

（1）热效应

热效应是热应力的来源。薄膜和基片的热膨胀系数不同造成热应力。因此在选择基片时应尽量选择热膨胀系数与薄膜相接近的材料，或者选择可使薄膜处于压应力状态的材料。另外基片温度对薄膜的内应力影响也很大，在蒸发过程中，蒸发原子具有一定的能量，同时受蒸发源热辐射的影响较大，所以薄膜的温度较高。基片的温度直接影响吸附原子在基片表面的迁移能力，从而影响薄膜的结构、晶粒的大小、缺陷的数量和分布，而这些都与应力大小有关。

（2）相变

薄膜的形成过程实际上也是一个相变的过程，即由气相变为液相再变为固相，这种相变肯定带来体积上的变化，从而产生内应力。Bauer 对此提出一个模型，认为在形成薄膜的过程中，首先是在基片上凝聚成短程有序的类液体固相，这时薄膜并没有本征应力，当类液体固相向稳定的晶相转变以后，由于两相密度不同，就产生了本征应力。例如 Ga 由液相变为固相时体积将发生膨胀，与此对应薄膜内将产生内应力。Sb 在常温下形成的薄膜一般是非晶态，当膜厚超过某一临界值时将发生晶化，晶化时体积收缩，薄膜内就产生张应力。

（3）微孔消失

Wilcook 提出应力起因模型。薄膜在形成过程中含有许多晶格缺陷、微孔、空隙等。在一定的退火温度下，这些缺陷、微孔向表面扩散而消失，薄膜的体积因此收缩，内部相互产生张应力。

（4）界面影响

当薄膜材料的晶格结构与基片材料的晶格结构不同时，薄膜最初几层的结构将受到基片的影响，形成接近或类似基片的晶格尺寸，然后逐渐过渡到薄膜材料本身的结构尺寸。这种在过渡层中的结构畸变，将使薄膜产生内应力。这种由于界面上晶格的失配而产生的内应力称为界面应力。基片表面的晶格结构应尽量与薄膜相匹配以减少界面应力。

（5）杂质效应

在沉积薄膜时，环境气氛对内应力影响很大。真空室内的残余气体或其它杂质进入薄膜结构中将产生压应力，这种气体分子或杂质进入得越多，压应力就越大。如在水蒸气或氧分压较高的真空室中沉积的 SiO、Al 膜等，压应力都较大，有时甚至使薄膜起皱。

制备好的薄膜置于大气中，也会受环境气氛的影响，例如 Cu 膜的表面遇到空气会在表面生成一层很薄的氧化层，它也会使薄膜压应力增加。进入薄膜中的残余气体还可能再跑出来，在薄膜中留下空位或微孔，从而出现张应力。

晶界扩散使杂质进入薄膜中也会使薄膜产生压应力。例如在 Si 基片上沉积 Ni 膜，200℃时 Ni 的晶粒大小约为 100nm，此时部分 Si 扩散进入 Ni 的晶粒中，可使薄膜产生压应力。

（6）锤击效应

对于溅射薄膜来说，膜内常有压应力存在，这是溅射时特有的锤击效应引起的。溅射时放电气体中的加速离子或原子其能量为 $10^2 \sim 10^4 \mathrm{eV}$，它们常常在撞击薄膜后被捕获，成为薄膜中的杂质，在撞击的同时还可能将薄膜表面的原子撞入内部，这就是所谓锤击效应，其结果是体积增加，从而增大了压应力。

除了以上几种原因以外，在薄膜生长过程中小岛的合并或晶粒的合并引起表面张力的变化等也会引起膜内应力的变化。

9.2.2.3 内应力的测量

测量薄膜内应力的方法比较多，大体上可以分为两大类，即机械法（悬臂梁法、弯盘法）和衍射法（X 射线衍射法）。前者测量基片受应力作用后弯曲的程度，后者则测量薄膜晶格常数的畸变。

（1）悬臂梁法

将薄膜沉积在基片上，基片受到薄膜应力的作用后将发生弯曲。当薄膜的内应力为张应力时，蒸有薄膜的基片表面成为凹面，向蒸发方向弯曲。当薄膜的内应力为压应力时，蒸有薄膜的基片表面就变成凸面，反蒸发方向弯曲。根据这个道理将长方形基片的一端固定，另一端悬空，形成所谓悬臂梁。当基片蒸发上薄膜后，受薄膜应力的影响基片发生形变，悬空的一端将发生位移，测量位移量并应用给定的公式就可以算出薄膜中的内应力，如图 9-18 所示。为了便于测量，并达到较高的灵敏度，要求基片弹性好、厚度均匀、厚度与长度的比值很小。常用的基片是云母片和玻璃片，有时也用 Si、Cu、Al 和 Ni 等。

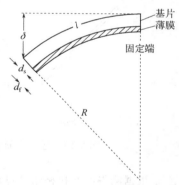

图 9-18 悬臂梁法测量原理

该法的灵敏度取决于能测量出的基片一端的最小位移量。检测基片悬空端的位移量有多种方法，如目镜直视法、光杠杆法、单缝衍射法、微量天平法、电容法等。

根据弹性理论计算薄膜的内应力 σ

$$\sigma = \frac{E_s d_s^2}{3(1-\gamma_s)l^2 d_f}\delta \tag{9-32}$$

式中，E_s 是基片的弹性模量；γ_s 是基片的泊松比；d_s 和 l 分别是基片的厚度和长度；d_f 是薄膜的厚度；δ 是基片末端的位移量。

由于 δ 是停止沉积以后，薄膜和基片处于平衡状态下的位移量，因而据此计算出的 σ 也是系统处于平衡时的薄膜内应力。

（2）弯盘法

弯盘法的基本原理与悬臂梁法相同，也是利用基片的形变测定内应力的。所不同的是基片为圆形，在沉积薄膜前后测量基片的曲率半径 R_1 和 R_2，然后可以计算出膜中的应力。与悬臂梁法类似，为了保证测试系统有较高的灵敏度，需要选用合适的基片和检测方法。常用的基片是玻璃、石英、单晶硅等，其表面要进行光学抛光。

在沉积前后，将基片放在石英板的光学平面上，测量其曲率半径。测量方法有牛顿环法、X 射线衍射法、光纤法等，其中最常用的是牛顿环法，其检测原理如图 9-19 所示。把样品放在光学平面上后，用垂直于表面的光照射，这时在样品表面和光学平面之间由于光的干涉将产生牛顿环，测量牛顿环的间隔就可以测定基片的曲率半径，从而算出内应力。

（3） X 射线衍射法

用 X 射线衍射法可以测量出薄膜结构的面间距，将测量值与材料的标准面间距相比可以求出薄膜的应变，从而求出薄膜的内应力，其原理如图 9-20 所示。采用该方法时，用普通的 X 射线衍射仪就可以测定薄膜的内应力。为了使衍射峰不过于弥散，薄膜的厚度至少要数十纳米。

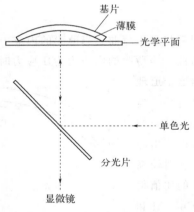

图 9-19　弯盘法测量原理

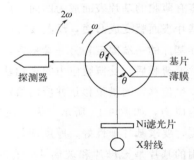

图 9-20　X 射线衍射法测量原理

根据测得的布拉格角 θ 可用布拉格公式

$$2d\sin\theta = \lambda \tag{9-33}$$

算出面间距 d，而标准卡片给出的面间距为 d_0，据此可算出在垂直膜面方向上的应变 ε

$$\varepsilon = \frac{d - d_0}{d} \tag{9-34}$$

再由应力与应变关系可得薄膜的内应力

$$\sigma = \frac{E}{2\gamma} \times \frac{d - d_0}{d} \tag{9-35}$$

式中，E 和 γ 为薄膜材料的弹性模量和泊松比。

用 X 射线衍射法测出的是薄膜内晶粒的内应力，不包含膜内无定形区和微晶区的内应力。因此用该方法所测出的内应力值，比用悬臂梁法测出的数值偏小。

9.2.3 薄膜的硬度

物质的硬度定义为一种物质相对于另一种物质的抗摩擦或抗可划的能力。有些薄膜的硬度很高，将它们沉积在工件表面可起保护作用，有些膜还能明显提高工件的抗摩擦性，所以有时也将这类薄膜称为超硬薄膜。例如 TiN 薄膜蒸发在齿轮或刀具的表面，可以延长它们的寿命；TiN 薄膜呈金黄色，在手表等表面上不仅具有保护作用，还有装饰作用。光学器件的表面常常需要保护层，硬度极高、耐腐蚀性好、透光性能优良的类金刚石薄膜可用于太阳能电池的表面保护。由于这类力学性能良好的薄膜有着广泛的应用前景，对薄膜硬度的研究已越来越引起人们的注意。

对材料进行硬度试验时，选用一种坚硬的材料（如金刚石）作压头，以一定的速度和重量压向样品，根据在样品上留下的压痕的大小来判断硬度的高低。试验方法不同，尤其是压头的形状不同时，所得的结果也不相同。现在最常用的是维氏（Vickers）硬度，其次为努氏（Knoop）硬度和布氏（Brinell）硬度。

维氏硬度计是以金刚石压头压入样品后，用所得压痕对角线的长度值进行计算而求得硬度值。金刚石压头是一四方角锥体，锥面夹角为 136°，它的压痕是一凹下去的四方角锥体，如图 9-21 所示。

$$HV = \frac{2P\sin\left(\frac{136°}{2}\right)}{d^2} \qquad (9-36)$$

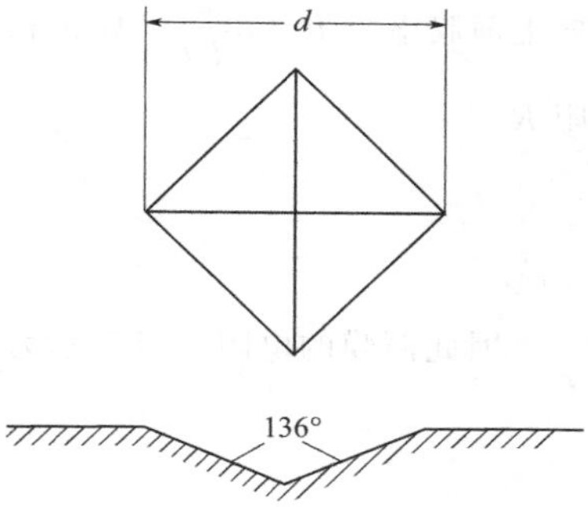

图 9-21 维氏硬度测量

如果测得压痕对角线的平均长度为 d，施加于压头的荷重是 P，则维氏硬度 HV（kgf[❶]$/mm^2$）为

$$HV = \frac{1854P}{d^2}$$

对薄膜进行硬度试验，一般采用显微硬度计，用显微镜测出压痕对角线的长度，再计算得到维氏硬度。通常在数值后面加 HV 表示是维氏硬度，如不锈钢硬度约为 200HV。

对超硬薄膜目前还没有明确定义，一般指硬度远高于钢材，且镀在工具模具的表面可以明显提高耐磨性能的薄膜，如 TiN、TiC、立方 BN 和类金刚石膜等。目前工艺比较成熟、应用比较广泛的主要有金刚石膜、类金刚石膜、TiN 和 TiC 等，其中 TiC 的维氏硬度可达 2900～3800HV，TiN 为 2000～2400HV，类金刚石膜为 3000～5000HV。用离子镀制备的 TiN 和 TiC 膜用于高速钢和碳钢的表面硬化，可大大改善耐磨性能，用于模具上，寿命也明显提高。

---

❶ 1kgf＝9.80665N。

9.3 薄膜的电学性质

材料的电学性能内容广泛，针对薄膜电学性质所进行的实验研究，包括电阻率（电导率）、电阻温度系数、霍尔系数、磁阻等测量。薄膜的电学性能之所以具有特殊性，主要是由两个原因所引起的：一个是结构缺陷效应，即薄膜在形成时是由气相经过急剧的相变形成固相的，在这一特殊过程中引起了结构缺陷（除了通常的晶格缺陷、晶格畸变、杂质等还包括极薄的薄膜所特有的岛状结构）；另一个是尺寸效应，这是由薄膜的厚度很薄而产生的，包括经典的电子表面散射效应和量子尺寸效应。

9.3.1 薄膜电阻

9.3.1.1 薄膜方块电阻

设金属薄膜的电阻为 R、电阻率为 ρ、薄膜长度为 a、宽度为 b、厚度为 d，则沿长度方向上薄膜电阻 $R = \rho \dfrac{a}{bd}$，如果薄膜形状为正方形（$a = b$），定义此时薄膜的电阻为方块电阻 $R_\square$

$$R_\square = \frac{\rho}{d} \tag{9-37}$$

因此薄膜的电阻率可表示为

$$\rho = R_\square d \tag{9-38}$$

9.3.1.2 四探针测量法

为了免除测量薄膜方块电阻时制作正方形薄膜的麻烦，就必须发展一种能测量任意形状薄膜方块电阻的方法，这类方法有直线等距四探针法、正方形四探针法等。这些方法还可以用来测量薄膜中不同位置处的方块电阻。

（1）直线等距四探针法

如图 9-22（a）所示，探针间距为 S_1、S_2 和 S_3，电流 I 由探针 1 输入，从探针 4 输出，电压 V 由探针 2 和 3 测量。由探针 1 输入的电流同时沿薄膜平面方向及薄膜厚度方向传输，因而可以看作是以圆柱面形式流出的。为求得离探针 1 距离 r 处的电流密度，可以认为此处的电流是通过一个半径为 r、高等于薄膜厚度 d 的圆柱面流出，圆柱面的面积为 $2\pi rd$，因此与探针 $1r$ 距离处的电流密度 j 为

$$j = \frac{I}{2\pi rd}$$

r 处的电场强度

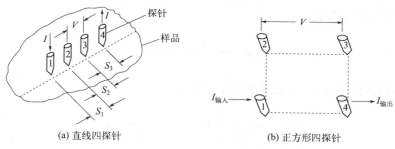

(a) 直线四探针　　　　　　(b) 正方形四探针

图 9-22　薄膜方块电阻的四探针测试

$$E = \frac{j}{\sigma} = \frac{I}{\sigma \times 2\pi r d} = \frac{I}{2\pi r} \times \frac{\rho}{d} = \frac{I}{2\pi r} R_\square$$

式中，σ 为薄膜电导率；ρ 为薄膜电阻率，$\sigma = 1/\rho$。在 r 处的电势

$$\varphi = -\int E \, dr = -\frac{I}{2\pi} R_\square \ln r$$

由此探针 2 处电势为

$$\varphi_2 = -\frac{I}{2\pi} R_\square \ln S_1 + \frac{I}{2\pi} R_\square \ln (S_2 + S_3) = \frac{I}{2\pi} R_\square \ln \frac{S_2 + S_3}{S_1}$$

由于探针间距相等，$S_1 = S_2 = S_3 = S$，因此

$$\varphi_2 = \frac{I}{2\pi} R_\square \ln 2$$

同理，探针 3 处电势为

$$\varphi_3 = -\frac{I}{2\pi} R_\square \ln 2$$

因此测得的探针 2 与探针 3 之间的电势差 V 为

$$V = \varphi_2 - \varphi_3 = \frac{I}{\pi} R_\square \ln 2$$

方块电阻 $R_\square$ 为

$$R_\square = \frac{V}{I} \times \frac{\pi}{\ln 2} = 4.532 \frac{V}{I} \tag{9-39}$$

（2）正方形四探针法

如图 9-22（b）所示，四探针间等间距，间距为 S。电流 I 由探针 1 输入，从探针 4 输出，电压 V 由探针 2 和 3 测量。

探针 2 处电势为

$$\varphi_2 = -\frac{I}{2\pi} R_\square \ln S + \frac{I}{2\pi} R_\square \ln \sqrt{2} S = \frac{I}{2\pi} R_\square \ln \sqrt{2}$$

同理，探针 3 处电势为

$$\varphi_3 = -\frac{I}{2\pi} R_\square \ln\sqrt{2}$$

因此测得的探针 2 与探针 3 之间的电势差 V 为

$$V = \varphi_2 - \varphi_3 = \frac{I}{\pi} R_\square \ln\sqrt{2} = \frac{I}{2\pi} R_\square \ln 2$$

方块电阻 $R_\square$ 为

$$R_\square = \frac{V}{I} \times \frac{2\pi}{\ln 2} = 9.06 \frac{V}{I} \qquad (9\text{-}40)$$

9.3.2 连续金属薄膜的电学性质

在具有连续结构的金属薄膜中，很多电性能如电导率等都与块材不同，而与膜厚有关，这称为尺寸效应。从金属材料是由离子和电子的晶格构成这一基本概念出发，我们可以得出结论，电阻是由自由电子与晶格缺陷、杂质等碰撞造成的，电子的平均自由程越长则材料的电导率越高。这里，电子在相继两次碰撞之间通过的自由距离的平均值称为平均自由程

$$\sigma = \frac{ne^2\lambda}{mv_0} \qquad (9\text{-}41)$$

式中，n 是自由电子浓度；λ 是在体材料中电子的平均自由程；m 和 e 是电子的有效质量和电荷；v_0 是电子热运动的平均速度。电子碰撞次数的增加使得电导率下降，即电阻率增加。理论进一步指出，如果晶格是完善的，则电子与晶格的碰撞并不会使电导率下降，电子与非完善晶格碰撞时，电阻率才会增大。这种非完善性可以是晶格中实际存在的不规则性（如杂质、非对称缺陷），也可以是给定晶格点位热位移的结果。

电阻率可以分成对应于特定散射类型的各个分量。对于体材料有

$$\rho = \rho_{ph} + \rho_g \qquad (9\text{-}42)$$

式中，ρ_{ph} 与晶格振动有关（声子相互作用）；ρ_g 对应于在几何结构缺陷上的散射。随着温度的下降，声子相互作用也下降，在极低温时仅仅存在着与缺陷相互作用相对应的剩余电阻率。

如果减小给定样品的一个尺度会发生什么情况？若这个尺度仍远大于体材料内电子的平均自由程则看不到有任何影响。但是一旦样品的厚度可以与电子平均自由程相比，就出现了新的散射机理，即在薄膜两个表面上的散射。一部分电子还未走完它的整个自由程长度时就已到达薄膜表面，因而电子的有效自由程的长度变小了，这相当于电阻率增大了，因此电阻率可写作

$$\rho = \rho_{ph} + \rho_g + \rho_s \qquad (9\text{-}43)$$

式中，ρ_s 为对应于表面散射的分量。散射既可以是漫散射也可以是镜面散射，前者意味着在相互作用后电子运动并不具有某一特定方向。

根据统计的 Boltzman 传输方程，可用半经典的方法推导出薄膜电导的尺寸效应。设 $K = \dfrac{d}{\lambda}$，d 为薄膜厚度，λ 为电子平均自由程，当 $K \gg 1$ 时

$$\frac{\sigma_f}{\sigma_b} = 1 - \frac{3}{8K} \tag{9-44}$$

式中，σ_f 为薄膜电导率；σ_b 为相应的体材料电导率。

上面都假定电子在表面处为漫反射，如果存在镜面反射，比例为 p，漫反射比例为 $1-p$，则

$$\frac{\sigma_f}{\sigma_b} = 1 - \frac{3}{8K}(1-p) \tag{9-45}$$

9.3.3 非连续金属薄膜的电学性质

薄膜在形成初期为非连续的小岛，从薄膜的厚度看，例如金薄膜，其厚度在 7nm 以下的为不连续薄膜，图 9-23 为金薄膜的方块电阻与膜厚及温度关系的测量结果。可以看到最薄的不连续膜的方块电阻之间相差 $10^{12} \sim 10^{13}$ 倍之多。不连续薄膜的方块电阻与温度的关系和连续薄膜正好相反，即具有半导体（绝缘体）的性质。

不同测试温度下不连续 Ni 薄膜的电导率与外加电场之间的实测结果如图 9-24 所示。不连续薄膜的电导率 σ 与电场 E 之间有非线性关系，而且测试温度不同时，这种非线性关系也不同。这一结果意味着不连续薄膜的导电机理与连续薄膜不同。

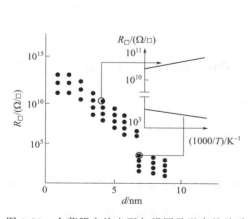

图 9-23　金薄膜方块电阻与膜厚及温度的关系　　　图 9-24　不连续 Ni 薄膜的电导率与外加电场的关系

图 9-25 为不连续 Pt 膜的电导率与温度的关系，从图中可以看出，温度在 250K 到 300K 时 $\lg\sigma$ 与 $1/T$ 有着很好的线性关系。但是随着膜厚的减小，由图中直线斜率所求得的激活能增大，即薄膜越薄或者说不连续薄膜的小岛越小或小岛间间隔越大时，激活能越大。

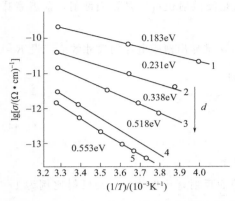

图 9-25　不连续 Pt 膜的电导率与温度的关系

尽管不连续薄膜电性质很难定量描述，但可以得到以下定性结果。

① 不连续薄膜的电阻率比连续薄膜的高得多。

② 不连续薄膜的电阻温度系数和连续薄膜完全不同，具有半导体温度特性。

③ 不连续薄膜的电导率与外加电场的关系具有非欧姆定律性质，且与激活温度有关。

④ 不连续薄膜的激活能与膜厚有关。

为了说明不连续薄膜的上述导电性质，科学家曾提出若干种模型，其中最主要的也是最基本的是热电子发射和热激活隧道效应。

9.3.3.1　热电子发射

热电子发射是指随着金属温度升高，金属中电子动能增加，部分电子动能超过逸出功，温度升高到一定值时，大量电子由金属中逸出的现象。热电子发射的导电机理就是薄膜受热后，小岛的导电电子通过热电子发射在小岛间移动而产生电导。电子电导率为 $\sigma = \dfrac{ne^2\tau}{m}$（式中，$n$ 为电子密度；e 为电子电荷；τ 为电子弛豫时间；m 为电子质量），薄膜中相邻小岛间的平均距离为 b，热电子在两小岛间的平均速度为 $\bar{v}$，则热电子通过距离 b 所需要的时间 $t = \dfrac{b}{\bar{v}}$，等于电子碰撞的弛豫时间 τ，则热电子密度为 $n = \dfrac{j}{e\bar{v}}$。综合上式可得 $\sigma = \dfrac{jeb}{m\bar{v}^2}$，而热电子的平均动能为 $\dfrac{1}{2}m\bar{v}^2 = \dfrac{3}{2}kT$，因此可得

$$\sigma = \frac{eb}{3kT}j \tag{9-46}$$

为了求出电导率，需要求出电流密度 j，实际上根据理查森公式 $j = AT^2\exp\left(-\dfrac{\Phi}{kT}\right)$，其中 Φ 为功函数，A 为常数，k 为玻尔兹曼常数，因此

$$\sigma = A'bT\exp\left(-\frac{\Phi}{kT}\right) \tag{9-47}$$

式中，$A' = \dfrac{Ae}{3k}$。上式只考虑电子的热发射过程，但有两点与实际情况不符。一是电导率 σ 与岛的间距 b 成正比，而实际情况正好相反；二是电导率 σ 与功函数 Φ 有着指数关系，这与实际相差太远。导致上述结果的一个重要原因是当电子从小岛跳出后立即就要受到来自小岛的异号电荷的所谓镜像力的作用。因此电子逸出金属的功函数就不应是 Φ，而是另一个功函数值。

考虑电子镜像力后得到的功函数修正值 $\Delta\Phi$ 为

$$\Delta\Phi = -\frac{e^2}{2\pi\varepsilon_0 b}$$

因此功函数应用 $\Phi + \Delta\Phi$ 代替 Φ，由此可得电导率

$$\sigma = A'bT\exp\left(-\frac{\Phi - \dfrac{e^2}{2\pi\varepsilon_0 b}}{kT}\right) \tag{9-48}$$

这就是考虑镜像力后由热电子发射引起的不连续薄膜的电导率。可以看到：

① 当温度 T 增加时，电导率增大，这与实验得到的不连续薄膜电导率的温度特性相一致。

② 当小岛间距增大时，电导率由于和 b 有指数关系而下降，与物理概念一致，也修正了前式。

③ 当有外加电场 E 时，功函数的变化还要加上由外加电场而引起的那一部分。则

$$\Phi^* = \Phi - \frac{e^2}{2\pi\varepsilon_0 b} - C\sqrt{eE}$$

因此有外加电场 E 时的电导率为

$$\sigma = A'bT\exp\left(-\frac{\Phi - \dfrac{e^2}{2\pi\varepsilon_0 b} - C\sqrt{eE}}{kT}\right) \tag{9-49}$$

当电场增大时，电导率增大，与实验相符。当外加电场很大时，势垒宽度变窄而导致电子的场致发射。

9.3.3.2 电子热激活隧道效应

岛状不连续薄膜的导电机理，除了热电子发射外还有隧道效应。从能量角度看，小岛之间被一定势垒隔开。按照经典力学，电子具有的能量比势垒低，被封闭在小岛内不能穿过势垒。而按照量子力学，不管电子具有的能量比小岛间的势垒高还是低，都能以一定的概率迁移于小岛之间，从而产生电导，产生的电流称为隧道电流。此处来自小岛的电子发射与一般场致发射不同，在一个中性的两小岛系统中，当电子从一小岛跳出后两小岛系统的能量就增加了，增加的能量来自热能。因此这种热激活隧道效应的电导与温度有关，而不像电子冷发射那样与温度无关。

9.3.4 薄膜的介电性质

利用介电薄膜可以制作出小体积大容量的电容，因此要研究其介电性质，即介电常数、介电损耗以及击穿强度（介电强度）。

9.3.4.1 绝缘薄膜的电荷输运

在测量介质（绝缘）薄膜的电导时，需要在其中形成电场，因而需要在它的两面加上电极，形成金属-介质-金属（MIM）结构。这种结构，常称作夹层结构，有时也简称为隧道结。

因此测出的电导实际上不是介质薄膜的电导而是这种夹层结构的电导。只有在电极与介质的接触是欧姆接触时，所测出的电导才是介质薄膜的电导。

介质薄膜的电导分为离子电导和电子电导两种。在外加直流电压下，夹层结构的电子电导主要有以下几种。

① 热电子发射　这是在外加电场下的热电子发射，简称肖特基发射。这是电子的能量高于界面势垒时，电极中的电子向介质薄膜的导带中发射。

② 场致发射　外加电场使势垒变窄，电子在能量低于势垒时，隧穿过势垒进入介质的导带。

③ 空间电荷效应　电子在导带中聚集和被陷阱能级捕获，从而在介质中出现空间电荷。在导带中之所以能聚集电子是由于电子在运动中受到各种散射机制的作用。

④ 直接隧穿　电子不进入介质薄膜的导带，而直接从阴极隧穿到阳极。在介质薄膜中，当介质足够薄时，虽然外加电场很小，但由于直接隧穿，在这种结构中仍有相当的电流。

9.3.4.2　介电常数

考虑薄膜是否具有与大块材料相同的介电常数，即介电常数是否和薄膜厚度有关。从理论计算可知，除非厚度变得非常薄，约为几个原子层厚，介电常数才会改变。迄今为止这个结果仅仅在一种情况下即硬脂酸镉的实验中得到证实。在其它情况下，实验中发现，厚度降至单原子层介电常数也没有变化。若薄膜是用蒸发方法制备的，情况就不一样了，因为这时薄膜不再连续，它们的结构是多孔性的，所以介电常数下降，与基片温度、基片材料和蒸发速率等实际蒸发条件有关。另外，用阳极氧化或热氧化制备的无定形氧化物薄膜，直至几个纳米的厚度时仍是连续的，比如 Ta_2O_5 和 Al_2O_3 膜等已实际应用在电容器上。近来发现用溅射方法沉积的某些介质薄膜，在这方面有非常合适的性能。

9.3.4.3　介电损耗

用介电薄膜作为电容器的介质时，当向电容器施加交流电场而介电薄膜内极化效应赶不上电场变化速度时，便会出现介电损耗。介电损耗由三部分组成：一部分是由直流电导引起的损耗，另一部分是弛豫型损耗，还有一部分是非弛豫型损耗。第一种损耗在直流和交流下都存在，后两种只存在于交流情况下。直流电导损耗在低频下非常显著，因为直流电导不随频率发生改变，其损耗角正切 $\tan\delta = \dfrac{1}{\omega CR}$（式中，$\omega$ 为角频率；C 为电容；R 为直流电阻），它随着频率上升而下降。弛豫型损耗的峰值频率在 $10^2 \sim 10^6$ Hz 范围外，即出现在甚低频或甚高频。而非弛豫型损耗则在 $10^2 \sim 10^6$ Hz 范围内，大小基本上保持不变。

产生弛豫型损耗的原因有多种，高频型是弛豫过程很快，即弛豫时间很短，引起这种损耗的是介质薄膜中的微观弛豫过程，如点缺陷对的弛豫、杂质离子的弛豫、陷阱电子的弛豫、隧道电子的弛豫、分子链节的弛豫以及因应力或结构不匀而导致的晶格弛豫。低频型是弛豫过程较慢，弛豫时间较长，因此对应于宏观或显微过程，例如在金属-介质界面或者介质-介质界面建立起空间电荷，在介质表面或多孔性材料的孔中吸附有水层或在不均匀介质中有电荷积聚等。原则上离子和电子都可能在界面聚积，只要载流子的到达速率超过其逸出或放电速率即可。具体来说其弛豫时间约等于载流子从起始处移动到聚积处所需要的时间。

非弛豫型损耗在绝大多数介质中都可以观察到。这种损耗的特征是其 tanδ 不随或很少随时间发生变化。其出现的根本性原因是介质内部的不均匀性，即介质中各种微观缺陷和杂质的不均匀性，导致电子、离子、原子等所处的微观环境不同，而形成连续的分布能态，从而使它们具有连续的分布时间常数。因此，非弛豫型损耗实质上是许多连续的微弱的弛豫型损耗之和。

9.3.4.4　击穿强度

介质薄膜的击穿分为本征性击穿和非本征性击穿，前者是介质本身的击穿，击穿场强较高，后者是由介质中的缺陷、杂质和不均匀性引起。

非本征性击穿场强远低于本征值。降低的原因有：缺陷处的电流密度大，且电极材料易于向它扩散；杂质和不均匀处使电场畸变；介质薄处和晶界处电流密度大，导致电极局部熔化或者造成热应力破坏。在电极足够薄时，特别是在高阻抗电压源情况下，伴随着非本征击穿常发生"自愈"过程。所谓自愈就是在发生击穿时，由于电极熔化和挥发，弱点处被隔离开，介质重新又能承受较高的电压。

由于薄膜的尺寸和结构排除了几种击穿机理，所以它的击穿场强比体材料高，例如优质介质薄膜的击穿场强可达 10MV/cm，而最好的块状材料，除了云母和几种塑料，其击穿场强只能达到 1MV/cm。对于介质薄膜，其本征性击穿可能有两种机理，一种是晶格的碰撞电离而导致的电子雪崩式击穿；另一种是焦耳热击穿。在前种机理中，有许多理论解释因巡游电子对晶格碰撞电离而导致的击穿，其中有齐纳理论，该理论认为电子的产生是由于价带和导带间的隧道效应。这个理论仅限于很薄的薄膜（2nm）。另一个理论是蔡斯提出的类似气体击穿的单电子流理论，适合于电极较厚时发生的单点击穿。还有一种理论认为碰撞电离的起始电子来源于阴极的场致发射。这些理论都表明，随着介质薄膜厚度的增加，击穿场强有所降低。

9.4　薄膜的光学性质

光在薄膜内的干涉效应形成了复杂的各种光学现象，利用光学薄膜可以得到各种光学特性。可以减少表面的反射率，增加光学元件的透射率，即减反膜（又称增透膜）。或者增加表面的反射率，减少透射率，即反射膜。或者在某一个波段具有高的透射率、低的反射率，而在其余的波段则有低的透射率、高的反射率，即滤光片。

对于多层的薄膜系统，光束在每一个界面上多次反射，如果薄膜内存在吸收，则情况更加复杂，即使是一个只有几层膜的组合，如果直接用多光束干涉的特性计算将非常烦琐，因此常采用矩阵方法来分析光学薄膜系统的特性。

9.4.1　特征矩阵

9.4.1.1　麦克斯韦方程组

光是一种电磁波，研究薄膜系统的光学特性，从理论上说，就是研究平面电磁波通过分

层介质的传播。因此就需要解麦克斯韦（Maxwell）方程组，对于各向同性介质，麦克斯韦方程组为

$$\nabla \cdot \boldsymbol{D} = 4\pi\rho \tag{9-50}$$

$$\nabla \times \boldsymbol{E} = -\frac{1}{c} \times \frac{\partial \boldsymbol{B}}{\partial t} \tag{9-51}$$

$$\nabla \times \boldsymbol{H} = \frac{4\pi}{c}(\boldsymbol{J} + \boldsymbol{J}_{\boldsymbol{D}}) \tag{9-52}$$

$$\nabla \cdot \boldsymbol{B} = 0 \tag{9-53}$$

式中，∇ 为散度运算；$\boldsymbol{E}$ 为电场强度；$\boldsymbol{D}$ 为电位移矢量；$\boldsymbol{H}$ 为磁场强度；$\boldsymbol{B}$ 为磁感应强度；$\boldsymbol{J}$ 为电流密度；$\boldsymbol{J}_{\boldsymbol{D}}$ 为位移电流；ρ 为电荷密度；c 为真空中光速。

在两种介质的交界处，电场强度 $\boldsymbol{E}$ 和磁场强度 $\boldsymbol{H}$ 的切向分量连续，此为边界条件。

$$\boldsymbol{E}_{1t} = \boldsymbol{E}_{2t} \tag{9-54}$$

$$\boldsymbol{D}_{1n} = \boldsymbol{D}_{2n} \tag{9-55}$$

$$\boldsymbol{B}_{1n} = \boldsymbol{B}_{2n} \tag{9-56}$$

$$\boldsymbol{H}_{1t} = \boldsymbol{H}_{2t} \tag{9-57}$$

式中，t 代表切向方向；n 代表法向方向。

要求解麦克斯韦方程组还要加上联系电磁场基本矢量的物质方程

$$\boldsymbol{D} = \varepsilon \boldsymbol{E} \tag{9-58}$$

$$\boldsymbol{B} = \mu \boldsymbol{H} \tag{9-59}$$

$$\boldsymbol{J} = \sigma \boldsymbol{E} \tag{9-60}$$

式中，ε 为介电常数；μ 为磁导率；σ 为电导率。理论上由麦克斯韦方程组、边界条件及物质方程就可以求解所有的光传播问题。

9.4.1.2　光学导纳

电场 $\boldsymbol{E}$ 和磁场 $\boldsymbol{H}$ 相互垂直，各自都与波的传播方向 k 垂直，并符合右旋法则，表明电磁波是横波。对于介质中的任一点，$\boldsymbol{E}$ 和 $\boldsymbol{H}$ 不但相互垂直，而且数值间也有一定比值，定义 N 为光学导纳（也称复折射率）

$$N = \frac{|\boldsymbol{H}|}{|\boldsymbol{k} \times \boldsymbol{E}|} \tag{9-61}$$

在光波段，磁导率 μ 足够接近于 1，介质的光学导纳 N 在数值上等于介质的折射率 n。

对于斜入射，如图 9-26 所示，引入有效光学导纳 η，定义如下（正向波为 $\boldsymbol{H}_t^+$、$\boldsymbol{E}_t^+$，反向波为 $\boldsymbol{H}_t^-$、$\boldsymbol{E}_t^-$）

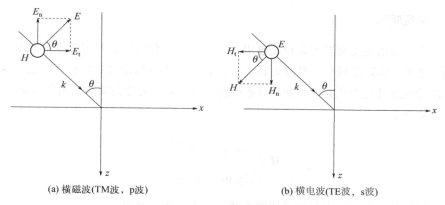

(a) 横磁波(TM波，p波)　　　　　　　(b) 横电波(TE波，s波)

图 9-26　斜入射界面上的横磁波和横电波

$$\boldsymbol{H}_t^+ = \eta(\boldsymbol{k} \times \boldsymbol{E}_t^+)$$

$$\boldsymbol{H}_t^- = -\eta(\boldsymbol{k} \times \boldsymbol{E}_t^-)$$

对于横磁波（TM 波，p 波），入射角为 θ，由边界条件

$$\boldsymbol{H}_t = \boldsymbol{H}$$

$$\boldsymbol{E}_t = \boldsymbol{E}\cos\theta$$

因此

$$\boldsymbol{H}_t = \frac{N}{\cos\theta}(\boldsymbol{k} \times \boldsymbol{E}_t)$$

$$\eta_p = \frac{N}{\cos\theta}$$

对于横电波（TE 波，s 波），入射角为 θ，由边界条件

$$\boldsymbol{H}_t = \boldsymbol{H}\cos\theta$$

$$\boldsymbol{E}_t = \boldsymbol{E}$$

因此

$$\boldsymbol{H}_t = N\cos\theta(\boldsymbol{k} \times \boldsymbol{E}_t)$$

$$\eta_s = N\cos\theta$$

综上所述，可得有效光学导纳 η

$$\eta = \begin{cases} N/\cos\theta & \text{TM 波（p 波）} \\ N\cos\theta & \text{TE 波（s 波）} \end{cases} \tag{9-62}$$

式中，N 为光学导纳，$N = n - \mathrm{i}k$，n 为折射率，k 为消光系数。

9.4.1.3 特征矩阵

在原则上只需引述麦克斯韦方程及应用适当的边界条件就可直接确定膜系的反射或透射光的振幅或强度。实际上所得的最终方程十分复杂，在估计给定膜系的性质时含有大量麻烦的计算。因此在处理这类问题时，利用薄膜的特征矩阵表示光学薄膜系统的特性最为方便。

通常将如下矩阵

$$M = \begin{bmatrix} \cos\delta & \dfrac{i\sin\delta}{\eta} \\ i\eta\sin\delta & \cos\delta \end{bmatrix} \tag{9-63}$$

称为薄膜的特征矩阵，它包含了薄膜全部的有用参数，其中

$$\delta = \frac{2\pi}{\lambda} N_d \cos\theta \tag{9-64}$$

式中，δ 为有效相位厚度；λ 为入射光波长；θ 为折射角；N_d 为光学厚度；$N_d\cos\theta$ 为有效光学厚度。

（1）单层膜

对于单层膜，可以将薄膜与基片组成的光学系统等同于光学导纳为 Y，此处是将膜层与基片等效成一种介质所对应的光学导纳，为与 N 区别，用 Y 表示单层介质导纳。

$$\begin{bmatrix} B \\ C \end{bmatrix} = \begin{bmatrix} \cos\delta_1 & i\sin\delta_1/\eta_1 \\ i\eta_1\sin\delta_1 & \cos\delta_1 \end{bmatrix} \begin{bmatrix} 1 \\ \eta_s \end{bmatrix} \tag{9-65}$$

式中，η_1 为单层膜的有效光学导纳；δ_1 为其有效相位厚度；η_s 为基片的光学导纳。θ_1 为在薄膜中的折射角，符合斯内尔定律，$N_0\sin\theta_0 = N_1\sin\theta_1$。

$$\eta_1 = \begin{cases} N_1/\cos\theta_1 & \text{TM 波（p 波）} \\ N_1\cos\theta_1 & \text{TE 波（s 波）} \end{cases}$$

$$N_1 = n_1 - ik_1$$

$$\delta_1 = \frac{2\pi}{\lambda} N_1 d_1 \cos\theta_1$$

B、C 是与单层膜加基片等效的单层介质矩阵元，其光学导纳 Y

$$Y = \frac{C}{B} \tag{9-66}$$

由菲涅耳公式，振幅反射系数 r 为

$$r = \frac{\eta_0 - Y}{\eta_0 + Y} \tag{9-67}$$

式中，η_0 为空气光学导纳。

反射率 R 为

$$R = rr^* = \left| \frac{\eta_0 - Y}{\eta_0 + Y} \right|^2 \tag{9-68}$$

式中，r^* 为 r 的共轭复数。

（2）多层膜

如图 9-27 所示的多层薄膜结构，假设膜层有 m 层，下标 j 代表第 j 层薄膜，其有效光学导纳为 η_j，厚度为 d_j，光在该层的折射角为 θ_j，δ_j 为该层有效相位厚度。从外到内编号依次增加，下标 0 代表最外层介质（这里通常为空气），下标 s 代表基片。

同样，将多层膜与基片组成的光学系统等同于光学导纳为 Y 的单层介质。

$$\begin{bmatrix} B \\ C \end{bmatrix} = \prod_{j=1}^{m} \begin{bmatrix} \cos\delta_j & \mathrm{i}\sin\delta_j / \eta_j \\ \mathrm{i}\eta_j \sin\delta_j & \cos\delta_j \end{bmatrix} \begin{bmatrix} 1 \\ \eta_s \end{bmatrix} \tag{9-69}$$

式中，η_j 为第 j 层膜的有效光学导纳；δ_j 为其有效相位厚度；η_s 为基片的光学导纳。θ_j 为在薄膜中的折射角，符合斯内尔定律，$N_0\sin\theta_0 = N_1\sin\theta_1 = \cdots = N_j\sin\theta_j$。

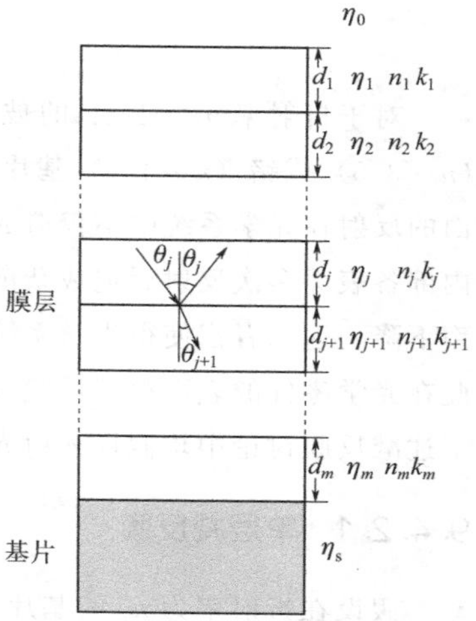

$$\eta_j = \begin{cases} N_j / \cos\theta_j & \text{TM 波（p 波）} \\ N_j \cos\theta_j & \text{TE 波（s 波）} \end{cases}$$

$$N_j = n_j - \mathrm{i}k_j$$

式中，N_j 为复折射率；n_j 和 k_j 分别为第 j 层膜的折射率和消光系数。

$$\delta_j = \frac{2\pi}{\lambda} N_j d_j \cos\theta_j$$

B、C 是与整个多层膜加基片等效的单层介质矩阵元，其光学导纳 Y

$$Y = \frac{C}{B}$$

由菲涅耳公式，振幅反射系数 r 和反射率 R 分别为

$$r = \frac{\eta_0 - Y}{\eta_0 + Y}$$

$$R = rr^* = \left| \frac{\eta_0 - Y}{\eta_0 + Y} \right|^2$$

图 9-27　多层膜结构

9.4.2　减反膜

当光线从折射率为 n_0 的介质入射到折射率为 n_1 的另一种介质时，在两种介质的分界面

上就会产生光的反射。如果介质没有吸收，分界面是一光学表面，光线垂直入射，则反射率 R 为

$$R = \left| \frac{n_0 - n_1}{n_0 + n_1} \right|^2 \tag{9-70}$$

对于无吸收的透明介质，透射率 T 为

$$T = 1 - R \tag{9-71}$$

对于折射率 $n_1 = 1.52$ 的玻璃，每个表面的反射率为 4.2%，对于红外光谱区常用的硅（$n = 3.5$）或锗（$n = 4.0$）基片材料，每个表面的光损失分别可以达到 31% 或 36%。这种表面的反射在光学系统中不仅造成光能量的损失，使像的亮度降低，而且表面反射光经过系统内部各表面多次反射后造成杂散光，这部分光最后也会到达像面，造成像的衬度降低，分辨率下降。这二者都使得光学系统的成像质量下降，对于复杂光学系统，后果会更加严重。因此在光学零件的表面镀减反膜（又称增透膜）是克服这些缺点的有效方法。为简单起见，在下述减反膜讨论中均假设入射光垂直入射，所选用介质薄膜不考虑吸收（即 $k = 0$）。

9.4.2.1 单层减反膜

假设在折射率为 n_s 的基片上镀单层折射率为 n_1、厚度为 d_1 的介质材料，有效相位厚度为 δ_1。根据薄膜干涉矩阵理论

$$\begin{bmatrix} B \\ C \end{bmatrix} = \begin{bmatrix} \cos\delta_1 & \mathrm{i}\sin\delta_1/n_1 \\ \mathrm{i}n_1\sin\delta_1 & \cos\delta_1 \end{bmatrix} \begin{bmatrix} 1 \\ n_s \end{bmatrix} = \begin{bmatrix} \cos\delta_1 + \mathrm{i}\sin\delta_1 n_s/n_1 \\ n_s\cos\delta_1 + \mathrm{i}n_1\sin\delta_1 \end{bmatrix}$$

$$Y = \frac{C}{B} = \frac{n_s\cos\delta_1 + \mathrm{i}n_1\sin\delta_1}{\cos\delta_1 + \mathrm{i}\sin\delta_1 n_s/n_1}$$

$$R = \left| \frac{n_0 - Y}{n_0 + Y} \right|^2 = \left| \frac{n_0 B - C}{n_0 B + C} \right|^2$$

$$= \left| \frac{(n_0 - n_s)\cos\delta_1 + \mathrm{i}(n_0 n_s/n_1 - n_1)\sin\delta_1}{(n_0 + n_s)\cos\delta_1 + \mathrm{i}(n_0 n_s/n_1 + n_1)\sin\delta_1} \right|^2$$

$$= \frac{(n_0 - n_s)^2\cos^2\delta_1 + \left(\dfrac{n_0 n_s}{n_1} - n_1\right)^2\sin^2\delta_1}{(n_0 + n_s)^2\cos^2\delta_1 + (n_0 n_s/n_1 + n_1)^2\sin^2\delta_1}$$

对于两种特殊情况，可简化为

① $n_1 d_1 = \dfrac{\lambda}{4}(2k+1)$；$\delta_1 = \dfrac{\pi}{2}(2k+1)$；$\cos\delta_1 = 0$；$\sin\delta_1 = \pm 1$

$$\begin{bmatrix} B \\ C \end{bmatrix} = \begin{bmatrix} 0 & \mathrm{i}/n_1 \\ \mathrm{i}n_1 & 0 \end{bmatrix} \begin{bmatrix} 1 \\ n_s \end{bmatrix} = \begin{bmatrix} \dfrac{\mathrm{i}n_s}{n_1} \\ \mathrm{i}n_1 \end{bmatrix}$$

$$Y = \frac{C}{B} = \frac{n_1^2}{n_s}$$

$$R = \left| \frac{n_0 - Y}{n_0 + Y} \right|^2 = \left| \frac{n_0 n_s - n_1^2}{n_0 n_s + n_1^2} \right|^2 = \left(\frac{n_0 n_s - n_1^2}{n_0 n_s + n_1^2} \right)^2 \tag{9-72}$$

② $n_1 d_1 = \dfrac{\lambda}{4}(2k)$；$\delta_1 = k\pi$；$\cos\delta_1 = \pm 1$；$\sin\delta_1 = 0$

$$\begin{bmatrix} B \\ C \end{bmatrix} = \begin{bmatrix} 1 & 0 \\ 0 & 1 \end{bmatrix} \begin{bmatrix} 1 \\ n_s \end{bmatrix} = \begin{bmatrix} 1 \\ n_s \end{bmatrix}$$

$$Y = \frac{C}{B} = n_s$$

$$R = \left| \frac{n_0 - Y}{n_0 + Y} \right|^2 = \left| \frac{n_0 - n_s}{n_0 + n_s} \right|^2 = \left(\frac{n_0 - n_s}{n_0 + n_s} \right)^2 \tag{9-73}$$

根据 R 表达式，当 $n_1 d_1 = \dfrac{\lambda}{4}$，在 n_s 的基片上镀一层 $\lambda/4$ 薄膜，当 $n_1 = \sqrt{n_0 n_s}$ 时，表面的反射率 R 可降为零。由相位公式可知，对非垂直入射的情况，由于镀层的有效相位厚度减小，反射率极小值移向较短的波长。

由于所用材料的折射率有一定的范围，单层减反膜的效率也受到一定的限制，实际上当 $n_s < 1.9$ 时就不能实现理想的减反。然而即使基片的折射率为 1.52，如选用折射率为 1.38 的 MgF_2 为膜层材料，当膜层厚度为 $\lambda/4$ 时反射率可降至 1.26%，如选用折射率为 1.34 的冰晶石，可将反射率降到 0.69%，这和玻璃基片本身的反射率（4.1%）相比有了很大的改善。应指出即使使用了合适材料，也只能在特定波长处实现反射率的降低，更加有效的减反膜应用双层或多层的结构。

9.4.2.2 双层减反膜

由双层膜的特征矩阵可知

$$\begin{bmatrix} B \\ C \end{bmatrix} = \begin{bmatrix} \cos\delta_1 & i\sin\delta_1/n_1 \\ in_1\sin\delta_1 & \cos\delta_1 \end{bmatrix} \begin{bmatrix} \cos\delta_2 & i\sin\delta_2/n_2 \\ in_2\sin\delta_2 & \cos\delta_2 \end{bmatrix} \begin{bmatrix} 1 \\ n_s \end{bmatrix}$$

$$Y = \frac{n_s\cos\delta_1\cos\delta_2 - (n_s n_1/n_2)\sin\delta_1\sin\delta_2 + i(n_1\sin\delta_1\cos\delta_2 + n_2\sin\delta_2\cos\delta_1)}{\cos\delta_1\cos\delta_2 - (n_2/n_1)\sin\delta_1\sin\delta_2 + i[(n_s/n_1)\sin\delta_1\cos\delta_2 + (n_s/n_2)\sin\delta_2\cos\delta_1]}$$

$R = 0$ 条件是 $Y = n_0$，即分式中的实部与虚部均为零。

$$\begin{cases} n_s\cos\delta_1\cos\delta_2 - (n_s n_1/n_2)\sin\delta_1\sin\delta_2 = n_0\cos\delta_1\cos\delta_2 - (n_0 n_2/n_1)\sin\delta_1\sin\delta_2 \\ n_1\sin\delta_1\cos\delta_2 + n_2\sin\delta_2\cos\delta_1 = (n_0 n_s/n_1)\sin\delta_1\cos\delta_2 + (n_0 n_s/n_2)\sin\delta_2\cos\delta_1 \end{cases}$$

得 $\tan\delta$ 表达式

$$\begin{cases} \tan\delta_1 \tan\delta_2 = \dfrac{n_1 n_2(n_s - n_0)}{n_1^2 n_s - n_2^2 n_0} \\[3mm] \tan\delta_2/\tan\delta_1 = \dfrac{n_2(n_1^2 - n_0 n_s)}{n_1(n_0 n_s - n_2^2)} \end{cases} \tag{9-74}$$

进一步可得

$$
\begin{cases}
\tan^2\delta_1 = \dfrac{n_1^2(n_s-n_0)(n_0 n_s - n_2^2)}{(n_1^2 n_s - n_2^2 n_0)(n_1^2 - n_0 n_s)} \\[4mm]
\tan^2\delta_2 = \dfrac{n_2^2(n_s-n_0)(n_1^2 - n_0 n_s)}{(n_1^2 n_s - n_2^2 n_0)(n_0 n_s - n_2^2)}
\end{cases}
\tag{9-75}
$$

从上面的讨论可知设计双层减反膜有两种途径。

① 根据已有的具有一定折射率的材料，利用上面 $\tan^2\delta_1$ 和 $\tan^2\delta_2$ 的关系计算得到反射率为零的膜层厚度，这样所算得的膜厚不是 $\lambda/4$ 的整数倍，制备时不能用极值监控法等手段来进行监控，所以以不是很方便。

② 根据膜层厚度是 $\lambda/4$ 的整数倍算得所需材料的折射率。

对于每层厚度均为 $\lambda/4$ 的双层减反膜，当垂直入射光波长为 λ，每层膜厚度均为 $\lambda/4$ 时，则有

$$n_1 d_1 = n_2 d_2 = \lambda/4$$

$$\delta_1 = \delta_2 = \pi/2$$

$$
\begin{bmatrix} B \\ C \end{bmatrix} =
\begin{bmatrix} 0 & \mathrm{i}/n_1 \\ \mathrm{i}n_1 & 0 \end{bmatrix}
\begin{bmatrix} 0 & \mathrm{i}/n_2 \\ \mathrm{i}n_2 & 0 \end{bmatrix}
\begin{bmatrix} 1 \\ n_s \end{bmatrix} =
\begin{bmatrix} -n_2/n_1 \\ -n_s n_1/n_2 \end{bmatrix}
$$

$$Y = \frac{C}{B} = \frac{n_s n_1^2}{n_2^2}$$

$$R = \left| \frac{n_0 n_2^2 - n_s n_1^2}{n_0 n_2^2 + n_s n_1^2} \right|^2 \tag{9-76}$$

完全增透时反射率 $R=0$，必须满足

$$n_0 n_2^2 = n_s n_1^2 \tag{9-77}$$

如果玻璃 $n_s=1.52$，第一层 MgF_2 折射率 $n_1=1.38$，第二层折射率 $n_2=1.70$，可选用 SiO，或者 50∶50 的 ZnS 和 MgF_2 混合物。用双层减反膜可得反射率真正为零的结果。

物理意义可以解释为：一层 $\lambda/4$ 的 SiO 与基片组成的介质其有效折射率 $\dfrac{n_2^2}{n_s}=1.90$，相当于制备了折射率为 1.90 的新基片，此有效折射率的平方根为 1.38，刚好与 MgF_2 匹配，从而实现了理想的减反。然而虽然在某一波长处实现了 $R=0$，但在极小值附近的反射率上升比单层膜陡得多，这是因为靠近基片的内层膜折射率比基片高得多，因此又称 V 型膜。要满足 $n_0 n_2^2 = n_s n_1^2$ 条件还可采用折射率逐渐下降的办法，即 $n_0 < n_1 < n_2 < n_s$，这对一些红外透明材料是很合适的。

图 9-28 为几种双层 W 型减反膜的反射率曲线。这种 $\lambda/4\sim\lambda/2$ 型双层减反膜在中心波长的两侧有两个反射率极小值，反射率曲线呈 W 型，所以称为 W 型减反膜。

双层减反膜的减反射性能比单层减反膜要优越得多，但并没有克服单层减反膜的两个主要缺陷，因此对更严格的要求，就要采用三层或更多层结构的减反膜。

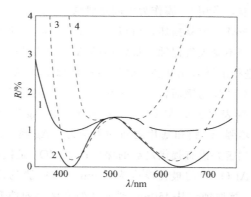

图 9-28　玻璃基片（$n_s = 1.52$）上的 $\lambda/4 \sim \lambda/2$ 型双层 W 型减反膜的反射率曲线

$\lambda = 510\text{nm}$，$4n_1 d_1 = 2n_2 d_2 = 510\text{nm}$；曲线 1：$n_1 = 1.38$，$n_2 = 1.60$；曲线 2：$n_1 = 1.38$，$n_2 = 1.85$；

曲线 3：$n_1 = 1.38$，$n_2 = 2.00$；曲线 4：$n_1 = 1.38$，$n_2 = 2.50$

9.4.3　反射膜

反射膜用于把入射光能量大部分或几乎全部反射的光学元件。有些反射镜要求具有足够高的反射率，而对膜的吸收率和透射率无要求，可用金属反射膜制作。还有一些反射镜不但要求有大的反射率，而且要求最小的吸收率，这一类反射镜多用全介质多层反射镜制作。

9.4.3.1　金属反射膜

镀制金属反射镜常用的材料有 Al、Ag、Au 等，它们的反射率曲线如图 9-29 所示。

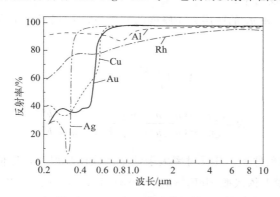

图 9-29　几种金属膜的反射曲线

Al 是从紫外光区到红外光区都有很高反射率的唯一材料，同时 Al 膜表面在大气中能生成一层薄的 Al_2O_3，所以膜比较牢固、稳定。由于上述原因，Al 膜的应用非常广泛。Ag 膜在可见光和红外光区都有很高的反射率，而且在倾斜使用时引入的偏振效应也最小。但是蒸发的 Ag 膜用作前表面镀镜层时却因下列两个原因受到严重限制：与基片的黏附性差；易于受到硫化物的影响而失去光泽。曾试图使用蒸发的 SiO 或 MgF_2 作为保护膜，但由于它们与 Ag 的黏附性很差，没有获得成功，所以通常仅用于短期使用的场合或作为后表面镜的镀层。Au 膜在红外区的反射率很高，它的强度和稳定性比 Ag 膜好，所以常用来作为红外反射镜，Au

膜与玻璃基片的黏附性较差，常用 Cr 膜作为中间过渡层。

由于多数金属膜都比较软，容易损坏，所以常常在金属膜外面加一层保护膜，这样既能改进强度，又能保护金属膜不受大气侵蚀。最常用的 Al 保护层是 SiO 和 Al_2O_3，Al_2O_3 可用电子束蒸发，或对 Al 膜进行阳极氧化制备。经阳极氧化保护的 Al 膜，力学强度非常好。对于反射率非常高的、低偏振的反射镜而言，可在基片上先蒸发一层 Al_2O_3 作为基片层以提高 Ag 的附着力，以及在 Ag 膜表面蒸发 Al_2O_3＋SiO_x 膜来保护 Ag 反射镜。底层 Al_2O_3 用作 Ag 膜与基片之间的黏结层，增强 Ag 膜和基片之间的附着力。Ag 膜表面的薄 Al_2O_3 膜与 Ag 黏附得很好，但是对于湿气损害并没有提供足够的保护；而 SiO_x 是抗湿气侵蚀的，但与 Ag 膜黏附得不好。实验发现，Al_2O_3 膜的最佳厚度为 30nm，SiO_x 膜的最佳厚度为 $100\sim200$nm，这种 Ag 反射镜附着性好、抗腐蚀，从 450nm 到远红外光区，即使暴露在苛刻的硫化物和潮湿环境中，仍能保持 95％以上反射率。Rh 和 Pt 的反射率远低于上述其它金属，只有在那些对抗腐蚀有特殊要求的情况下才使用它们，这两种金属膜都能牢固地黏附在玻璃上。

金属的复折射率为 $N=n-ik$，n 为折射率，k 为消光系数，在空气中垂直入射时可把金属视作基片，$Y=n_s=n-ik$，其反射率 R 为

$$R=\left|\frac{n_0-n_s}{n_0+n_s}\right|^2=\left|\frac{n_0-(n-ik)}{n_0+(n-ik)}\right|^2=\frac{(n_0-n)^2+k^2}{(n_0+n)^2+k^2} \tag{9-78}$$

对于 Al 膜在 550nm 处，$n=0.82-5.99i$，因此反射率为 91.6％。

在波长范围要求较窄的情况下，如在可见光或单一波长下工作，则可在纯金属膜上镀一对或几对高、低折射率交替的介质膜，不仅保护了金属膜不受大气侵蚀，更重要的是减少了金属膜的吸收，增加了反射率。

如镀上折射率为 n_1 和 n_2 的两层 $\lambda/4$ 厚度的介质膜，n_2 层靠近金属，在垂直入射下，导纳为

$$Y=\left(\frac{n_1}{n_2}\right)^2(n-ik) \tag{9-79}$$

$$R=\frac{[n_0-(n_1/n_2)^2 n]^2+(n_1/n_2)^2 k^2}{[n_0+(n_1/n_2)^2 n]^2+(n_1/n_2)^2 k^2} \tag{9-80}$$

在 $(n_1/n_2)^2>1$ 的条件下，其反射率大于纯金属膜的反射率，比值 n_1/n_2 越高，其反射率增加越多，如在 Al 膜上依次镀 MgF_2（$n_2=1.38$）和 ZnS（$n_1=2.35$），则 $(n_1/n_2)^2=2.9$，反射率为 96.9％，如继续蒸发第二对这样的介质膜，可使反射率增加到 99％，但在该区域外，反射率比纯金属膜还低。

9.4.3.2　多层介质反射膜

金属反射膜包含较大的吸收损失，对于高性能的多光束干涉仪中的反射镜和激光器谐振腔的反射镜（尤其是增益较小的氦-氖气体激光器的反射镜），要求更高的反射率和尽可能小的吸收损失。

如图 9-30 所示，对于高（n_H）、低（n_L）折射率层交替的 $2p+1$ 层介质膜系 $(HL)^pH$，对中心波长为 λ_0，每层均为 $\lambda_0/4$ 层膜厚，其等效光学导纳为

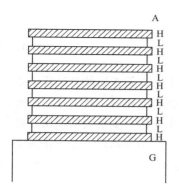

图 9-30 $\lambda/4$ 膜系的多层
介质高反射膜结构

$$Y=\left(\frac{n_{\mathrm{H}}}{n_{\mathrm{L}}}\right)^{2p}\frac{n_{\mathrm{H}}^{2}}{n_{\mathrm{s}}} \tag{9-81}$$

垂直入射的反射率

$$R=\left[\frac{1-\dfrac{(n_{\mathrm{H}}/n_{\mathrm{L}})^{2p}n_{\mathrm{H}}^{2}}{n_{\mathrm{s}}}}{1+\dfrac{(n_{\mathrm{H}}/n_{\mathrm{L}})^{2p}n_{\mathrm{H}}^{2}}{n_{\mathrm{s}}}}\right]^{2} \tag{9-82}$$

$n_{\mathrm{H}}/n_{\mathrm{L}}$ 值越大，或层数越多，则反射率越高。如果 $\dfrac{(n_{\mathrm{H}}/n_{\mathrm{L}})^{2p}n_{\mathrm{H}}^{2}}{n_{\mathrm{s}}}$ $\gg 1$，则 R 越接近于 1。说明每加镀两层将使膜系的透射率减小至未加镀时的 $1/(n_{\mathrm{L}}/n_{\mathrm{H}})^{2}$。理论上只要增加膜系的层数，反射率可无限接近 100%。实际上由于膜层中的吸收、散射损失，当膜系达到一定层数时，增加层数很难再继续提高其反射率。

如图 9-31 所示，可看到存在一个随着层数增加，反射率稳定地增加的高反射带宽度 $2\Delta g$。这个宽度是有限的，在高反射带的两边，反射率陡然降落为小的振荡值，继续增加层数，并不影响高反射带的宽度。带宽

$$\Delta g=\frac{2}{\pi}\arcsin\frac{n_{\mathrm{H}}-n_{\mathrm{L}}}{n_{\mathrm{H}}+n_{\mathrm{L}}} \tag{9-83}$$

这表明带宽仅仅与构成多层膜的两种介质的折射率有关，折射率差值越大带宽越宽，与层数无关。

相应的波长范围为：

$$\lambda_{1}=\frac{\lambda_{0}}{1+\Delta g}$$

$$\lambda_{2}=\frac{\lambda_{0}}{1-\Delta g}$$

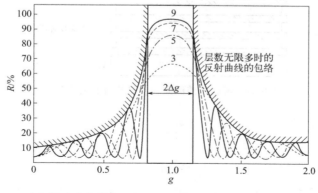

图 9-31 正入射时玻璃基片上 H $(LH)^{p}$ 的反射率与相对波数 g 的关系

$(g=\dfrac{\lambda_{0}}{\lambda},\ n_{\mathrm{H}}=2.35,\ n_{\mathrm{L}}=1.38)$

波长宽度为

$$\Delta\lambda = \lambda_2 - \lambda_1 = \frac{2\Delta g\lambda_0}{1-(\Delta g)^2} \approx 2\Delta g\lambda_0 \tag{9-84}$$

展宽反射带的一个方法是在一个 $\lambda/4$ 多层膜上，叠加另一个中心波长不同的多层膜。必须注意的是，如果每个多层膜都是由奇数层构成，并且最外层的折射率相同，那么叠加后将在展宽了的高反射带的中心出现透射率峰值。这个峰值的出现是由于两个多层膜的作用，很像法布里-珀罗干涉仪中的反射板。如果两个多层膜叠加在一起，该透射峰始终存在。在两个多层膜中间加入一层厚度为 1/4 平均波长的低折射率层可消除透射峰。

9.4.4　滤光片

能从连续光谱中滤出所需波长范围的光的器件称为滤光片，而利用光的干涉原理制成的滤光片称为干涉滤光片。由于这种滤光片所能得到的光谱范围可根据要求而设计，其宽度可达几百埃，特别窄的可达 1Å，所以在现代科技中得到广泛的应用。其光学性能主要由三个参数表征，即中心波长 λ_0、通带半宽度 $\Delta\lambda$ 及峰值位置透射率。

把两组膜系（HL）^{p} 和（LH）^{p} 相对地组合在一起，每层的厚度都是 $\lambda_0/4$，构成 G(HL)^p(LH)^{p}A，可以发现这种膜系能透过波长为 λ_0 的光，而其它略微偏离 λ_0 的光，透射率迅速下降，该膜系的这种滤光作用很容易由其结构看出。光学厚度为 $\lambda_0/2$ 的膜层对于波长为 λ_0 的光犹如不存在，所以中间层 LL 对波长 λ_0 不起作用，可以忽略不计，这样剩下的中间层 HH，同样可以忽略不计，依次类推可以看出整个膜系对于波长为 λ_0 的光有与基片一样的透射率，而对波长略微偏离 λ_0 的光，因为中间层不满足半波长条件，因而透射率迅速下降。这样结构的多层膜系即为薄膜干涉滤光片，如图 9-32 所示。

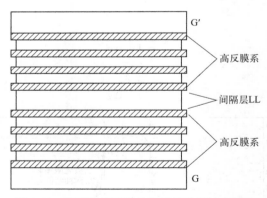

图 9-32　薄膜干涉滤光片的结构及其滤光特性

思考题

1.将薄膜厚度的测试方法按原理、特点、测试范围与精度、适用样品、注意事项等列表归纳总结。

2. 简述石英振荡法监控薄膜厚度的原理。

3. 光学极值法监控膜厚的原理是什么？如何提高监控精度？

4. 薄膜在基板上的附着机理有哪些？有哪些措施可以用来提高薄膜的附着力？

5. 薄膜附着力有哪些测试方法？简述划痕法的测量原理。

6. 什么是内应力？内应力的起因是什么？

7. 内应力的测量方法有哪些？

8. 推导薄膜方块电阻直线及正方形四探针测量的计算公式。

9. 什么是薄膜的尺寸效应？定性解释薄膜电阻率尺寸效应的起因。

10. 非连续金属薄膜的电学性质有什么特点？如何解释？

11. 对于垂直入射光波长为 λ 的入射光，单层减反膜能否实现反射率为零？双层减反膜为何能实现？

12. 有一个三层增透膜系，入射光波长为 $\lambda = 560\text{nm}$，垂直入射，玻璃基板 $n_s = 1.5$，入射媒质为空气，$n_0 = 1.0$。求 1）未镀膜前基板的反射率；2）镀增透膜后该膜系的反射率；3）每层膜的实际厚度。

n_0	n_1	n_2	n_3	n_S
1.0	1.4	2.2	1.7	1.5
	$\lambda/4$	$\lambda/2$	$\lambda/4$	

13. 全介质反射膜由 TiO_2（$n_H = 2.2$）和 SiO_2（$n_L = 1.45$）的 $\lambda/4$ 层构成，3 周期共 7 层。入射光的波长 $\lambda = 600\text{nm}$，垂直入射。基板为玻璃（$n_s = 1.52$），入射媒质为空气 $n_0 = 1.0$。求：1）该膜系的反射率。2）每层介质膜的实际厚度。3）反射带宽的波长范围。4）若要求整个膜系反射率大于 99%，则至少要几个周期？

14. 干涉滤光片的工作原理是什么？

第 10 章

薄膜材料及应用

10.1 概述

薄膜作为一种重要的功能材料在材料领域占据着重要的地位，各种材料的薄膜化已经成为一种普遍趋势。

（1）装饰薄膜

装饰薄膜广泛应用于灯具、眼镜、玩具、钟表、工艺美术品、饰品、家用电器、汽车等物品上，塑料是常用的基片材料，但塑料大多存在表面硬度不高、外观不够华丽、耐磨性差等缺陷，如在塑料表面蒸发一层极薄的金属薄膜，即可赋予塑料锃亮的金属外观，合适的金属膜还能够增加材料表面耐磨性能，增强塑料的装饰性并拓宽应用范围。比如，Al 和 Ag 用于制镜行业；高熔点金属氮化物如 TiN、ZrN、TaN 等广泛应用于餐具、灯具及各种饰品表面。CrCN 和 TiCN、TiAlN 具有诱人的黑色，在各种个人数据产品如手机、计算机等外壳上有广泛应用。

（2）集成电路

集成电路（IC）是信息技术的基石，是支撑社会经济发展和保障国家安全的战略性、基础性和先导性技术。而集成电路制造技术又是制约我国集成电路发展的关键技术和卡脖子技术，地位十分重要。近年来，国家出台了一系列政策措施，支持和引导产业健康发展。薄膜沉积作为集成电路制造过程中必不可少的环节，可以说没有真空镀膜技术，就不可能有集成电路的飞速发展。薄膜集成电路所有组成元件绝大多数都与真空镀膜有关，如金属 Ag 或 Au 电极，由金属 Ni、Cr 或 Re 等构成的薄膜电阻，由 Ta_2O_5 构成的电容，以及薄膜电感、薄膜三极管等。

实际应用的薄膜集成电路均采用混合工艺制成：先使用薄膜技术在玻璃、微晶玻璃、镀釉或抛光氧化铝陶瓷基片上制备无源元件和电路元件间的互连线，再将集成电路、晶体管、二极管等有源器件的芯片和不使用薄膜工艺制作的功率电阻、大电容值的电容器、电感等元件用热压焊接、超声焊接、梁式引线或凸点倒装焊接等方式组装成一块完整电路。目前含有薄膜元件的电子线路得到广泛应用，如电子开关系统、医学电子设备、将数字量转换为模拟量的梯形网络，以及一些数字、模拟和微波电路的搭建。集成电路和薄膜晶体管的相关内容详见 10.2 节和 10.3 节。

（3）光电显示器件

光电显示器件也广泛使用各类薄膜材料。用于透明电极的透明氧化物导电薄膜，要求平均透过率大于 80%，电阻率小于 $10^{-3}\Omega\cdot cm$。In_2O_3：Sn、ZnO：Al、SnO_2：F 等均满足要求，可用于各类光电器件，如平板显示器、太阳电池、低辐射玻璃、电致变色窗等（详见 10.5 节和 10.6 节）。

平板显示器件（flat panel display devices）由集成电路和平板显示器构成，包括平板电视、平板电脑、电子书及手机等的显示屏。平板显示器主要有等离子体平板显示器、液晶平板显示器、有机发光二极管等。目前应用最为广泛的是液晶平板显示器（liquid crystal display，LCD），有机发光二极管正在大力开发，已有部分产品上市。另外，碳纳米管显示器件也在不断发展，有望成为新型显示器件。

有机发光二极管（organic light emitting diode，OLED）是一种将电能转换成光能的器件，也是一种全新的显示器件。有机发光二极管是多层薄膜结构，玻璃基片上依次沉积阳极（ITO 薄膜）、空穴运输层（TPP 分子）、发光层（$LiBq_4$ 分子）、电子运输层（AlQ 分子）和阴极（Al 膜）。对于小分子构成的发光二极管，每种膜都必须在真空条件下制备，器件制备好后要立即封装，否则水汽和氧气进入器件内部会导致器件性能很快损坏。当器件阴极和阳极之间加上电压后，电子-空穴对复合产生光发射，从玻璃侧射出，发射光的颜色由发光层分子决定。

OLED 有许多优点，如全固态结构、自发光、发光效率高、亮度高、分辨率高、视角宽、响应速度快、低电压驱动及颜色丰富、大面积显示、柔性和灵活性大、工作温度范围宽、低温特性好、薄型化、电容小、重量轻、便于携带、制造成本低等，所以 OLED 受到全球广泛关注，发展迅速。OLED 已用于各种单色字符和数字、识别标签、彩色平板显示、数码相机、手机、个人数字电子助理（PDA）平板显示的背光源及移动通信等，并在全球卫星定位系统（GPS）和智能传输系统（ITS）中有应用前景。目前，已批量化应用的产品主要是单色显示板、表盘指示显示、多色手机显示屏等，如三星有机显示屏手机，有机显示比无机显示色泽度更好。

（4）光学薄膜

光学薄膜主要指镀在玻璃基片上的各种反射膜、增透膜和滤光片等，反射膜如家用镜子、汽车后视镜、头灯等，镜子的反射层一般用铝、铑或银。铑对可见光的反射率约为 80%，而且力学强度和稳定性好。铝的反射率高达 90%，但是铝的性能只能在洁净的环境中才能稳定。银很软，遇硫会变黑，但银在 550nm 波长处的反射率达到 97%。

在光学仪器中，一般透镜所用玻璃的折射率为 1.5～1.6，所以入射到透镜表面的光约有 4%成为散射光，对一个透镜来说约有 8%的光发生散射。现代科学仪器含有多个透镜，将会使入射光大量损失，有时能达到总能量的一半。为减少散射，可以在透镜表面镀上增透膜，如氟化镁，利用光在膜表面上的反射光干涉相消原理减少入射光的反射，称为光增透。滤光片指仅让特定波长的光透过的光学元件，在玻璃表面制备特定顺序的薄膜，利用光的干涉原理制成的滤光片称为干涉滤光片。

光学薄膜在国防中的应用范围也在逐渐扩宽，如导弹、卫星中的激光器、滤光片，军用的传感器、警戒系统，上面都镀有光学薄膜。不仅如此，光学薄膜又是光学系统中的偏振调控、相位调控以及光电、光热和光声等功能调控元件，在激光技术、光电子技术、光通信技术、光显示技术和光存储技术等现代光学技术中得到充分的应用。

（5）其它功能薄膜

① 硬质膜　薄膜的硬度指材料抵抗形变和破坏的能力。硬质膜通常是指为了提高材料硬度、抗磨损、耐腐蚀和耐高温性能而在材料表面沉积的覆盖层。硬质膜沉积在刀具表面，能显著提高刀具的切削速度。硬质膜主要有金刚石薄膜、氮化物和碳化物镀层，如 TiN、TiC、AlN 等。另外，CrN、TiAlN、TiBC、TiBN 及 TiN/TiBN/TiN、SiC/Si_3N_4 等膜层或膜系也得到广泛研究和开发。

② 润滑薄膜　MoS_2、MoS_2-Au 和 MoS_2-Ni 等薄膜具有润滑特性，广泛应用于轴承及具有相对运动的部件，用于减小摩擦系数；W-C：H 薄膜广泛应用于汽车发动机中。2020 年中国航天科技集团九院为"嫦娥五号"探测器量身定制分离脱离电连接器，其中的运动核心机构首次采用真空镀膜工艺技术，让运动机构"穿"上了一个光滑"外衣"，抗寒耐热，抗蚀性极强，不易老化，并且能够有效降低金属面间的摩擦系数，防止冷焊效应的发生。

③ 生物医学用薄膜　具有低摩擦系数的薄膜也应用于医学方面，如各种假肢上具有相对运动的位置处都沉积薄膜，以减少磨损，延长寿命。这样的膜主要有 TiN、TiC、AlN、TiAlN 和 CrN 等。另外，具有光催化特性的薄膜，如 TiO_2 薄膜应用于医疗器械，可以灭菌。

④ 抗雾、自清洁玻璃　二氧化钛薄膜在紫外光或短波长可见光辐照下具有亲水性，称为光致亲水性。在玻璃表面上沉积二氧化钛薄膜，可以制备抗雾玻璃，用于制作浴镜、游泳眼镜、汽车或飞机挡风玻璃和建筑物玻璃等。另外，二氧化钛薄膜在紫外光辐照下具有催化性，称为光催化特性。光催化特性使得二氧化钛薄膜不仅能够杀死细菌，而且可以分解细菌。如果在玻璃或陶瓷表面沉积二氧化钛薄膜，这样的表面不容易被污染，即使被污染也比一般的玻璃更容易清洗，所以称为自清洁玻璃或陶瓷。另外，二氧化钛薄膜的光催化特性，使得纳米二氧化钛薄膜近年来广泛应用于废水处理、空气净化和杀菌除臭等方面（详见 10.7 节）。

⑤ 幕墙镀膜玻璃　幕墙镀膜玻璃一般指在玻璃表面涂镀一层或多层金属、合金或金属化合物的薄膜。薄膜可以改变玻璃的光学性能，满足某种特定要求。镀膜玻璃主要分为热反射玻璃、低辐射（low emission）玻璃。热反射玻璃一般是在玻璃表面镀一层或多层诸如铬、钛或其化合物组成的薄膜。薄膜使产品呈现丰富的色彩，并且对可见光有适当的透射率，对红外线有较高的反射率，而对紫外线有较高吸收率，因此也称为阳光控制玻璃。低辐射玻璃是在玻璃表面镀制多层银、铜或锡等金属或化合物的薄膜，产品对可见光有较高的透射率，对红外线有很高的反射率，因而具有良好的隔热性能。

另外还有很多功能薄膜，在现代光电信息和通信中发挥着重要作用。砷化镓薄膜是一种重要的半导体材料，电子迁移率比硅大 5 到 6 倍，用于制备高速数字电子器件、微波器件。作为一种半绝缘高阻材料，可以用于制作集成电路基片、红外探测器、光子探测器。砷化镓高频下噪声小，所以广泛应用于移动电话、卫星通信、雷达系统等。氮化镓薄膜是蓝光器件的主要材料，通过掺杂可以实现从红光到紫光器件的制造。还有半导体器件和集成电路中使用的掺杂多晶硅薄膜，介质薄膜如 SiO_2、Si_3N_4、Ta_2O_5 等，超导薄膜如 BiSrCaCuO、YBaCuO、TlBaCaCuO 等；光电子器件中使用的功能薄膜，如 GaAs/GaAlAs、HgTe/CdTe、α-Si：H、α-SiGe：H、α-SiC：H、α-SiN：H 和 α-Si/α-SiC 等晶态与非晶态超晶格薄膜，计算机数据存储用 CoCrTa 和 CoCrNi 等薄膜，垂直磁记录用 FeSiAl 薄膜磁头，静电复印鼓用 Se-Te、SeTeAs 合金薄膜及非晶硅薄膜等。

在科学技术日新月异的今天，真空薄膜技术与薄膜材料越来越发挥其无可替代的作用。同时，薄膜制作和微细加工工艺不断创新，特别是各种薄膜在高新技术中的应用更加普及。互联网中采集、处理信息及通信网络设备中，都需要数量巨大的元器件、电子回路、集成电路等，这也对薄膜技术和薄膜材料提出了更高的要求。可以说，薄膜技术和薄膜材料已成为构筑高新技术产业的基本要素，将给未来社会带来更多方便和利益，同时也促成其它科学的发展和进步。

由于篇幅所限，本章主要介绍一些电学、光电相关的薄膜材料。其它薄膜材料请参见各类相关书籍和文献。

10.2　集成电路中的薄膜

半导体产业的发展推动了 20 世纪以来电子和信息技术革命，以电子计算机、移动电话等为代表的各类电子产品已成为日常生活中的必备品。这要归功于微电子、光电子技术的突飞猛进，电子器件的集成度越来越高，器件尺寸越来越小，已步入纳米时代。超大规模集成电路（VLSI 和 ULSI）的每个芯片的元件数已达上亿个，制造工艺已非常复杂，而且按照摩尔定律，每隔 18 到 24 个月，就要引入新的制造技术进行更新换代。

一个集成电路的制造涉及五个阶段：硅片制备，硅片制造，硅片测试/拣选，装配与封装，终测。其中硅片制造是指制作微芯片，硅片经过各种清洗、成膜、光刻、刻蚀和掺杂等步骤形成一套完整的集成电路。在此过程中，涉及各类金属和介质薄膜的制作，本节将对此进行介绍。

10.2.1　集成电路制造工艺概述

本节以 $0.18\mu m$ 的 CMOS 集成电路硅工艺为例，介绍芯片的制造过程。硅片制造分为六个独立的生产模块：扩散（包括氧化、膜沉积和掺杂工艺）、光刻、刻蚀、离子注入、薄膜生长和抛光。如图 10-1 所示。

① 扩散　在高温扩散炉中完成氧化、扩散、沉积、退火和合金等工艺流程。

② 光刻　将电路图形转移到覆盖于硅片表面的光刻胶上。光刻胶是一种光敏的化学材料，通过深紫外线曝光来印制掩模版的图像。通过涂胶/显影设备对硅片进行预处理、涂胶、甩胶、烘干，然后送入步进光刻机进行对准和曝光，完成后再回到涂胶/显影设备对光刻胶进行显影，最后将硅片清洗烘干。

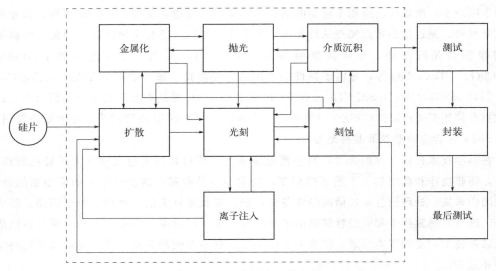

图 10-1　硅片制造工艺流程

③ 刻蚀　用物理或化学方法有选择地从硅片表面去除不需要的材料的过程，目的是在涂胶的硅片上正确地复制掩膜图形，包括干法刻蚀和湿法刻蚀。干法刻蚀是在等离子体刻蚀机中，让硅片表面暴露于等离子体中，通过光刻胶开出的窗口，等离子体与硅片发生物理或化学反应（或二者兼有），去除暴露的表面材料，这也是亚微米尺度下最常用的方法。湿法刻蚀则通过化学溶剂以化学方式去除硅片表面的材料，适用于尺寸较大的场合。

④ 离子注入　掺杂是制备半导体器件 pn 结的基础，离子注入则是一种最重要的掺杂方法，通过高压离子轰击把 B、P、As 等杂质引入硅片。

⑤ 薄膜生长　包括介质层和金属层的沉积，由化学气相沉积（CVD）、溅射等方式实现。

⑥ 抛光　芯片中有多层金属布线层，每层之间用介质层隔开。硅片的表面起伏在层数增加时会更显著，导致光刻出现问题，因此需要平坦化。化学机械平坦化（chemical mechanical planarization，CMP）已成为高密度半导体制造的标准工艺，特别是双层大马士革结构的铜布线的关键工艺。CMP 在硅片和抛光头之间添加磨料，并施加压力，硅片和抛光头相对运动去除凸起的部分以获得平整的表面。

10. 2. 2　介质层薄膜

在 IC 制造工艺中，多种不同类型的薄膜依次沉积到硅片上，成为器件结构中的一部分。随着芯片密度的提高，特征尺寸缩小，需要用多层金属进行连接，而金属薄膜层之间需要用绝缘薄膜隔断。常用的绝缘介质层材料有 SiO_2、Si_3N_4 等。

SiO_2 可以用 LPCVD 在低压 650～750℃下热分解正硅酸乙酯（TEOS）得到，由于气体分子在表面的快速扩散，SiO_2 均匀性很好。还可用 PECVD 将 SiH_4 和 O_2、N_2O 或 CO_2 在等离子体状态下反应，可将温度降至 350℃。通常不直接用 SiH_4 和 O_2 等离子体混合气体反应，因为氧原子的活性很强会促进颗粒的产生而导致膜的质量变差，容易产生针孔。而 SiH_4 和 N_2O 反应能生成更均匀的膜。

Si_3N_4 通常被用于硅片最终的钝化保护层，能很好地抑制杂质和潮气的扩散。用 LPCVD

可获得具有高度均匀性和良好台阶覆盖性的 Si_3N_4 膜。Si_3N_4 的介电常数较高（k 值约 6.9），使得导体间电容较大，因而不能用于绝缘介质层。

随着特征尺寸不断缩小，由金属线互连引起的寄生电容 C 和寄生电阻 R 导致的 RC 互连延迟越来越显著。线电容 C 正比于绝缘介电材料的 k 值，因此需采用低介电常数介质（low-k），即通过采用更低 k 值的介质膜取代 SiO_2 以减少相邻导线间的电耦合损失，如掺氟二氧化硅（SiOF）、掺碳二氧化硅（SiCOH）、多孔 SiO_2、$α$-C：F 以及一些有机低 k 介质。

10.2.3 金属化

金属化是指在芯片制造过程中在绝缘介质层上沉积金属薄膜以及随后的刻印图形。目的是形成互连金属线以及对孔进行填塞，而这些金属线将连接起几千万乃至上亿个器件。考虑到器件密度增加导致的 RC 延迟，不仅要采用低介电常数介质，也用铜取代铝以降低金属的电阻率。除了铝和铜外，金属和合金膜还涉及铝铜合金、阻挡层金属、硅化物和金属填充塞等，制备技术则包括溅射、金属 CVD 和铜电镀等。

10.2.3.1 金属化材料

（1）铝

铝是集成电路中最早使用的互连金属，虽然铝的电阻率（$2.65×10^{-6}\Omega·cm$）没有金、银、铜低，但铜和银易腐蚀且在硅和二氧化硅中有高扩散率。金和银价格昂贵，同时在氧化膜上附着不佳。铝成本低，容易和氧化硅反应，加热形成氧化铝，附着性好。铝和硅还能在加入过程中形成欧姆接触。

（2）铝铜合金

铝的一个主要问题是电迁移，即在大电流密度下，电子与铝原子的碰撞引起铝原子的移动，从而产生空洞，导致导线断路，同时在其它地方形成金属原子堆积的小丘。在铝中加入 0.5%～4% 的铜，形成铝铜合金可以有效地控制电迁移。

（3）铜

IC 互连金属使用铜的优点在于：①电阻率减小，铜的电阻率为 $1.678×10^{-6}\Omega·cm$，比铝更低，有利于减轻 RC 信号延迟，增加芯片速度；②减小线的宽度，降低了功耗；③更高的集成密度，更窄的线宽允许更高的集成密度，即需要更少的金属层；④良好的抗电迁移性能，铜不需要考虑电迁移问题；⑤更少的工艺步骤，用大马士革工艺处理铜有望减少 20%～30% 的工艺步骤。

但使用铜也存在挑战：①铜在氧化硅和硅中扩散很快，有可能扩散进晶体管的有源区而破坏器件引起漏电；②常规的等离子体刻蚀工艺中，干法刻蚀铜不产生挥发性的副产品，导致铜不能容易地进行刻蚀形成图形；③低温空气中，铜很快氧化，且不会形成保护层来阻止进一步的氧化。

不需要刻蚀铜的双大马士革法及专为铜优化的阻挡层金属可用来解决这些问题，另外用钨填充可避免铜对硅的污染。铜用于多层金属的连线和通孔连接。

铜的制备技术可采用电镀（电化学沉积，ECD），在电镀前需要在介质层上沉积一层薄的种子层，厚度为 $50\sim100nm$（在沉积种子层前还要先沉积 Ta/TaN 扩散阻挡层）。成功的电镀需要沿着侧壁和底部形成连续、无针孔或空洞的种子层。Cu-CVD 的先驱物常用 Cu（hfac）(TMVS)，即三甲基乙烯硅烷（六氟乙酰丙酮）铜，通过这个分子把处于一价氧化态的铜离子和 TMVS 以及 hfac 配位基结合起来，沉积过程是在氧化一个原子生成 $Cu(hfac)_2$ 并释放气体 TMVS 副产品的同时，还原另一个原子生成一个金属铜原子，反应式为

$$2Cu(hfac)(TMVS)(g) \longrightarrow Cu(s) + Cu(hfac)_2(g) + 2TMVS(g) \tag{10-1}$$

电镀在硫酸铜溶液中进行，带有种子层的硅片为阴极，固体铜为阳极，硅片表面发生如下反应

$$Cu^{2+} + 2e^- \longrightarrow Cu \tag{10-2}$$

金属铜离子在阴极表面被还原成金属铜原子。

（4）阻挡层金属

在半导体中广泛应用阻挡层金属，如铝互连金属线和硅源/漏之间用钨填充薄膜接触，加阻挡层金属能阻止钨和硅的扩散。这些阻挡层除了有很好的阻挡扩散特性和高温稳定性外，还具有很低的电阻率以利于形成欧姆接触，同时在半导体与金属间附着也很好，还能抗电迁移、侵蚀和氧化。

钛钨（TiW）和氮化钛（TiN）是常用的阻挡层。TiN 具有优良的阻挡特性，还可用作铝层的光刻用抗反射涂层。为了减少 TiN 与 Si 之间的接触电阻，可以在沉积 TiN 前先沉积一薄层 Ti。

由于铜在硅和二氧化硅中都有很高的扩散率，传统的阻挡层金属已不能胜任，而 Ta、TaN 和 TaSiN 可供选用。这个扩散阻挡层必须很薄（7.5nm）而能用于高深宽比（AR）的通孔。研究表明，Ta 对铜具有很好的阻挡和附着特性（TiN 则附着性差），能通过高密度等离子体 CVD（HPDCVD）和离子化物理气相沉积（IPVD）等方式获得好的台阶覆盖度而沉积于高 AR 的通孔。

（5）硅化物

Ti 和 Co 等难熔金属与 Si 反应会形成硅化物，具有低的电阻率，可用于减小源/漏和栅区硅接触的电阻。$TiSi_2$ 用于晶体管硅有源区与钨填充薄膜之间的接触，把钨和硅紧紧地黏结在一起。尺寸更小的器件则会用到 $CoSi_2$。值得注意的是硅化物本身不是阻挡层，硅能迅速扩散穿过硅化物，仍需要加阻挡层。

（6）金属填充塞

多层金属连线之间有数以亿计的通孔需要填充金属填充塞来进行连接，最常用的就是钨。钨具有良好的抗电迁移性与台阶覆盖性，使用 CVD 沉积的钨能均匀填充高 AR 的通孔。

10.2.3.2　金属化方案

铜不适合干法刻蚀，同时还要防止铜扩散到硅中，而双大马士革法（dual damascene process）因其只需刻蚀介质却不需刻蚀铜而得到人们青睐。即通过在介质刻蚀孔和槽，为每

一金属层产生通孔和引线，然后沉积铜进入刻蚀好的图形，再用化学机械研磨平坦化。图 10-2 为铜的双大马士革工艺示意图。

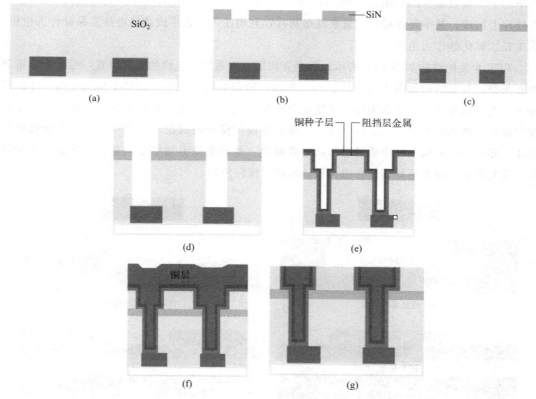

图 10-2　铜的双大马士革工艺

（a）PECVD 沉积 SiO$_2$；（b）沉积 SiN 阻挡层，光刻确定图形，干法刻蚀 SiN 通孔窗口；（c）在表面再次利用 PECVD 沉积 SiO$_2$；（d）干法刻蚀互连沟槽和通孔，沟道停止在 SiN 层，穿过 SiN 开口继续刻蚀形成通孔；（e）沉积 Ta/TaN 扩散阻挡层，CVD 沉积 Cu 种子层；（f）电化学沉积 Cu 填充；（g）化学机械研磨清除多余的 Cu，形成金属镶嵌在介质内、形成电路的平面结构

对于铜的双大马士革法，通孔和金属线层的铜填充是同时进行的，简化了工艺步骤并消除了通孔与金属线的界限。此外结合了阻挡层的刻蚀来控制通孔和沟道的深度，如氮化硅在通孔和沟道底部作为硬掩膜，它的刻蚀速率比介质膜要慢得多，有效阻止了刻蚀的进行。一般情况下，通孔首先被刻蚀，然后确定沟道图形后刻蚀沟道。双大马士革法的优点为：一是避免了金属蚀刻；二是在刻蚀好的金属线之间不再需要填充介质，可以简化工艺步骤。

10.3　薄膜晶体管

10.3.1　薄膜晶体管概述

薄膜晶体管（thin film transistor，TFT）本质上是一种场效应晶体管（field-effect

transistor，FET），FET 依靠电场去控制导电沟道的形状，并以此方式控制半导体层中载流子沟道的导电性。TFT 通常由基片上依次沉积电极、沟道层、绝缘层制备而成，考虑到其主要应用于平板显示（flat panel display，FPD），因而一般采用玻璃基片。而传统的 FET 主要在硅片上制成，其半导体材料，通常就是基片，利用注入工艺形成高导电性多晶硅作为电极，热生长二氧化硅作为绝缘层。

TFT 常见的结构如图 10-3 所示，根据介质层、沟道层、电极的相对位置，可分为层错和共面两类。共面结构如图 10-3（a）、（c）所示，源漏电极与栅介质层位于沟道一侧。在此结构下，电场诱导形成的导电沟道位于栅介质层与沟道层界面处，源漏电极与导电沟道直接相连。层错结构如图 10-3（b）、（d）所示，源漏电极与栅介质层位于沟道层两侧。当栅极外加电压，导电沟道形成于栅介质层与沟道层界面处，源漏电极不与导电沟道直接接触，源漏间的电流要先纵向运动至界面的导电沟道，再进行横向传输。

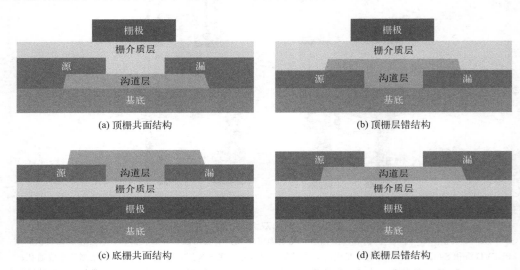

(a) 顶栅共面结构 (b) 顶栅层错结构

(c) 底栅共面结构 (d) 底栅层错结构

图 10-3　TFT 器件结构

除了共面和层错结构外，根据栅电极的位置，又可将器件分为顶栅和底栅结构。顶栅结构如图 10-3（a）、（b）所示，栅电极和介质层位于沟道层上方，所以沟道上表面是天然钝化的。底栅结构如图 10-3（c）、（d）所示，栅电极和介质层位于沟道下方，因此又称为反向 TFT，沟道层上表面直接暴露在大气中，所以一般采用底栅结构的器件在沟道上方会再沉积一层钝化层，以防止大气对器件性能的影响。

以上四种器件结构都有各自的优缺点。例如，α-Si∶H TFT 的制造广泛采用底栅层错结构，这是因为 α-Si∶H 薄膜对光线较为敏感，而在这种结构中，有源层会被完全遮挡住，这样可以有效地降低平板显示中背光源对 α-Si∶H TFT 器件的影响，从而提高 TFT 器件在实际应用时的性能，而且底栅层错结构 TFT 的工艺制造过程也较为简易。另外，顶栅共面结构主要应用于 p-Si TFT 的制造，这是因为有源层材料的结晶化过程需要较高的温度，而高温又会对 TFT 器件中其它部分的材料性能以及它们之间的界面产生十分不利的影响。顶栅共面结构可以有效地避免这种不利情况的发生，因为在这种结构中，有源层会首先沉积在基片上进行高温处理，之后再进行其它薄膜的沉积，从而不会对其它薄膜的性能产生影响。底栅层错结构 TFT 器件中的有源层表面会暴露在大气之中，这会对器件的稳定性能产生非常不利的影响。为此可以用钝化层（passivation layer，PV）将整个 TFT 器件进行包裹，从而有效提高器件的稳定性能。

TFT 最主要的应用是作为液晶显示（liquid crystal display，LCD）或有机发光二极管（organic light emitting diode，OLED）的驱动元件，此种驱动方式称为有源矩阵（active matrix，AM）驱动。

10.3.2　薄膜晶体管类型

目前，TFT 制备通常采用传统的硅基半导体，如氢化非晶硅 α-Si：H 或多晶硅 poly-Si，以及新型的透明氧化物半导体（transparent oxide semiconductor，TOS）作为沟道层材料。

① 由于 α-Si：H 为非晶结构，α-Si：H 薄膜制备温度约 250℃，可实现大面积玻璃基片上的均匀沉积。但是薄膜中存在大量悬挂键，载流子迁移率较低，小于 $1cm^2/(V \cdot s)$。α-Si：H 已被证实在大于 120Hz 的帧频下无法驱动尺寸大于 55in 的 LCD 显示器，而对于全高清（full high definition，FHD，1920×1080）LCD 显示器，其 TFT 迁移率要求至少大于 $1cm^2/(V \cdot s)$，对于 AM-OLED，由于其驱动 TFT 需要较高的电流输出，对 TFT 迁移率要求更高，α-Si：H 更不能满足要求。此外由于硅的禁带宽度仅为 1.7eV，对波长小于 730nm 的光即有感应，为避免背光源照射对 TFT 器件性能的影响，需额外增加黑矩阵隔绝光源，不仅增加了工艺难度，而且降低了显示单元的开口率。黑矩阵吸光引起的热效应，也影响到面板的寿命及稳定性。

② poly-Si 与 α-Si：H 相比，具有较高的迁移率 $[30 \sim 100cm^2/(V \cdot s)]$，故可用于高分辨、高帧频 LCD、OLED 显示。poly-Si TFT 响应速度快、光照稳定性高，可制备 p-/n-TFT。poly-Si 又分为高温 poly-Si（high temperature poly-silicon，HTPS）和低温 poly-Si（low temperature poly-silicon，LTPS）。HTPS 工艺温度大于 600℃，只能在石英等耐高温基片上沉积，造价高昂。而目前使用最为广泛的是准分子激光退火（excimer laser annealing，ELA），制备 poly-Si 的工艺温度小于 500℃，可制备低缺陷密度的多晶材料，但工艺复杂，设备造价高昂。由于 poly-Si 薄膜中存在大量晶界，且结晶也会破坏薄膜的表面均匀性，TFT 电学性能呈现不均匀性。Kamiya 等研究发现，TFT 阈值电压变化 0.1V，便会导致 OLED 发光强度变化 16%，这也限制了 poly-Si TFT 在大尺寸显示上的应用。实际应用中往往需要多个 TFT 组成的补偿回路以抑制阈值电压的漂移。

③ TOS 在低于 250℃ 的工艺温度下，依旧可以获得 $1 \sim 100cm^2/(V \cdot s)$ 的迁移率，完全可以满足 AM-LCD 和 AM-OLED 的要求。低温甚至室温制备，也使得基片的可选择性大大增加，除了玻璃和金属基片外，甚至可以在廉价的柔性塑料上沉积。而且其非晶结构保证在大面积沉积时仍具有非常出色的膜层均匀性，同时避免了晶界对 TFT 电学性能的影响。TOS TFT 的制备方法与传统硅基的制备工艺兼容，TOS 薄膜自身透明，且 TOS TFT 具有优于 α-Si：H TFT 的光稳定性，通过进一步提高器件的稳定性，完全可以简化 AM 阵列设计，去除黑矩阵，提高面板的开口率，甚至以此制备全透明显示器件。

10.3.3　薄膜晶体管工作原理和特性参数

10.3.3.1　薄膜晶体管的工作原理

作为一种场效应器件，薄膜晶体管的主要工作原理是通过在栅电极上加载不同的电压来产生不同的电场，从而利用电场效应来调节有源层的导通状态。一方面，薄膜晶体管的操作特性（转移特性曲线和输出特性等）一般可以通过实验测量获得。另一方面，为了能够更加深入地理解 TFT 器件的操作特性与其内部结构参数和外部电压加载之间的关系，研究者们建立了许多关于 TFT 器件的物理模型。其中最简单而且应用最广泛的为平方律模型（square law model，SLM），在此模型中，TFT 的工作状态具体分为三个区域，分别为截止区、线性区和饱和区。

（1）截止区　$(V_{GS} < V_{TH})$

在截止区域内，栅极电压 V_{GS} 较小，其产生的电场效应不足以在有源层内形成高载流子浓度的导电通道，因此，即便在源漏电极上加载再大的电压，器件中的导电电流依旧很小，甚至可以忽略不计，此时 TFT 处于关闭状态。

（2）线性区　$[V_{GS} > V_{TH}$ 且 $V_{DS} < (V_{GS} - V_{TH})]$

当 V_{GS} 逐渐增大并且大于阈值电压 V_{TH} 后，其产生的电场效应将足够在有源层内形成一条高载流子浓度的导电通道，此时，在源漏电极上加载一定的电压，载流子将会很容易地在源漏极之间进行迁移，形成导电电流，器件处于导通状态。在线性区域内，随着 V_{GS} 的增加，源漏极电流 I_{DS} 也会逐渐增大，并且 I_{DS} 与 V_{GS} 和 V_{TH} 的差值成正比关系，其具体关系表达式如下：

$$I_{DS} = \frac{\mu_{FE} C_i W}{L} \left[(V_{GS} - V_{TH}) V_{DS} - \frac{1}{2} V_{DS}^2 \right] \tag{10-3}$$

式中，μ_{FE} 是 TFT 器件的场效应迁移率；W 是 TFT 器件的沟道宽度；C_i 是单位面积栅介质层的电容；L 是 TFT 器件的沟道长度。

（3）饱和区　$[V_{GS} > V_{TH}$ 且 $V_{DS} > (V_{GS} - V_{TH})]$

当 V_{GS} 大于 V_{TH} 并且保持不变的情况下，有源层中载流子浓度也将保持不变，此时，如果继续加大源漏电压，直至大于 $V_{GS} - V_{TH}$ 时，那么漏极附近所产生的感应电荷将会被完全消耗殆尽，TFT 器件的导电通道被夹断（pitch-off）。之后，随着源漏电极之间电压的增加，I_{DS} 不会发生任何的变化，此时导电电流达到饱和状态。在饱和区域内，I_{DS} 与源漏极电压 V_{DS} 无关，并且与 V_{GS} 和 V_{TH} 差值的平方成正比关系，其具体关系表达式如下：

$$I_{DS} = \frac{\mu_{FE} C_i W}{2L} (V_{GS} - V_{TH})^2 \tag{10-4}$$

10.3.3.2　薄膜晶体管的特性参数

TFT 的器件性能表征方式主要有两种：①转移（transfer）特性曲线，V_{DS} 恒定，测试

I_{DS} 随 V_{GS} 的变化；②输出（output）特性曲线，V_{GS} 恒定，观察 I_{DS} 随 V_{DS} 的变化。通常测试时，V_{GS} 采取递增电压，得到一系列输出特性曲线。TFT 性能的优劣可以根据其输出特性曲线和转移特性曲线提取出一系列的特性参数来加以判断，主要参数为：迁移率（mobility，μ）、电流开关比（on/off current ratio，I_{on}/I_{off}）、阈值电压（threshold voltage，V_{TH}）和亚阈值摆幅（subthreshold swing，$S.S.$）。

（1）迁移率

迁移率是 TFT 器件的主要特性参数之一，其与有源层中载流子的运动相关，对 TFT 的最大导通电流和工作频率有着重大影响。TFT 迁移率的提取一般需要结合实验数据和 TFT 的物理模型才能完成，具体的提取方法包括：①利用转移特性曲线的饱和区域；②利用转移特性曲线的线性区域；③利用输出特性曲线的线性区域。根据 Schroder 的命名法分别命名为饱和迁移率、场效应迁移率和有效迁移率。

以上三种迁移率都有各自的优势和缺陷。有效迁移率 μ_{eff} 的关系表达式中包含了栅极电压 V_{GS} 和阈值电压 V_{TH}，这说明 V_{GS} 和 V_{TH} 的大小会对 μ_{eff} 产生重要的影响，并且由于 μ_{eff} 测量时的源漏极电压 V_{DS} 较小，因此其对有源层与电极之间的接触电阻较为敏感。同样地，场效应迁移率 μ_{FE} 由于测量时的 I_{DS} 较小也具有对接触电阻较为敏感的缺陷，但是其关系表达式中不包含 V_{TH} 并且计算简便，因此 μ_{FE} 是最为广泛使用的计算迁移率的方法。虽然饱和迁移率 μ_{sat} 的值不会受到阈值电压 V_{TH} 的影响并且对接触电阻的敏感度也较小，但是它是利用转移特性曲线的饱和区所计算获得的，此时 TFT 器件的导电通道已被夹断，有效沟道层长度要小于 L，因此 μ_{sat} 与有源层材料的本征迁移率之间会存在一定的误差。

（2）电流开关比

电流开关比的定义为 TFT 器件的开态电流和关态电流的比值，即 I_{on}/I_{off}。TFT 具有较大的电流开关比（$>10^6$）是能够有效实现有源矩阵驱动的前提条件，由此可以看出 I_{on}/I_{off} 对于作为电学开关的 TFT 器件而言是很重要的。

（3）阈值电压

阈值电压是 TFT 器件非常重要的特性指标之一，其提取方法共有两种，分别为线性外推法和直接法。第一种 V_{TH} 的提取方法是线性外推法，作出 $I_{DS}^{1/2}$-V_{GS} 的关系曲线图，图中呈直线的部分在横坐标上的截距即为 TFT 器件的阈值电压 V_{TH}；或者作出 I_{DS}-V_{GS} 的关系曲线图，在图中首先确定其线性区，并且作其延长线至横坐标，此时截距便是器件的 V_{TH}。第二种提取方法是直接法，这是根据阈值电压最根本的含义所提出的方法，可以定义当 TFT 的 I_{DS} 达到一定数值时所对应的栅极电压即为阈值电压，这种定义方法一般来说并不是唯一的。

（4）亚阈值摆幅

亚阈值摆幅表征了 TFT 器件由关态转变为开态过程的具体特点，$S.S.$ 值越小则亚阈值区域的曲线越陡，说明 TFT 器件从关态转换到开态的速度越快并且器件的能量损耗越低。

10.3.4 薄膜晶体管的应用

在平板显示领域中，目前最为主流的技术是有源矩阵驱动液晶显示（AMLCD）技术，而最具前景的技术是有源驱动有机发光二极管显示（AMOLED）技术。

10.3.4.1 薄膜晶体管在 AMLCD 中的应用

如图 10-4（a）所示，液晶显示器中主要包含的部件为：偏光片、彩色滤光片、液晶、薄膜晶体管阵列和背光源。上下两块偏光片可以通过对其施加不同程度的电场来控制液晶分子的旋转角度，进而实现屏幕的亮态显示、暗态显示和不同程度的灰度显示。如果在液晶盒的上方再添加一层彩色滤光片，便可以利用三基色的基本原理来实现彩色显示。

液晶显示有源矩阵驱动的关键之处在于引入了 TFT 阵列，其中 TFT 器件主要起到电学开关的作用。在所有的液晶像素中都会引入一个 TFT 器件作为开关，同时也会引入一个储存电容，其中储存电容主要起到像素电压保持的作用，如图 10-4（b）所示。图中，TFT 器件的漏电极与数据线相连接，栅电极与选择线相连接，源电极与储存电容和液晶电容相连接。当选择线上加载较高的电压时，TFT 器件将会被打开，其有源层中将会形成高浓度的导电通道；反之施加较低的电压时，TFT 器件的有源层将无法形成有效的导电通道，TFT 器件将被关闭。由于储存电容的存在，液晶电容将会有效保持上一帧画面的信息电压，这很好地解决了液晶显示的串扰问题。同时，TFT 阵列的引入能够更加有效地控制显示屏幕的亮态、暗态和灰度显示，进而实现更加细腻的彩色显示。

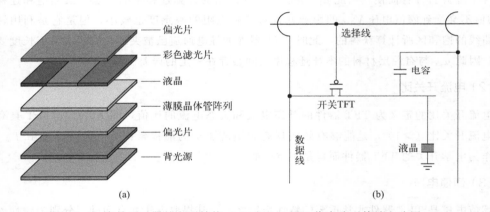

图 10-4　液晶显示器的主要结构（a）和 AMLCD 像素阵列等效电路图（b）

10.3.4.2 薄膜晶体管在 AMOLED 中的应用

AMOLED 是近几年兴起的新型显示技术，其与 AMLCD 有所不同，AMLCD 中由于液晶材料本身并不发光，因此需要一个提供光源的背光源器件，而 AMOLED 是电流驱动的光电器件，自身可以作为光源，因此具有较高的色彩饱和度等优点。正是由于这些优点，AMOLED 逐渐地步入大众的视野，并很快地得到人们的关注，现在已经开始进入产业化。同时，AMOLED 也被人们认为是继 AMLCD 之后的下一代平板显示技术。

有源驱动有机发光二极管（AMOLED）显示器的基本结构如图 10-5（a）所示，其中主要包含的部件为：偏光片、封装层、有机发光层和薄膜晶体管阵列（玻璃基片）。当在其两端施加一定的外加电压时，空穴和电子将会分别从阳极和阴极进入有机发光层中相遇并复合，然后释放出一定的能量，从而产生发光现象。要注意的是，AMOLED 释放出光的波长分布主要取决于有机发光层材料的选择。

　　AMOLED 的显示原理与 AMLCD 也有所不同。AMLCD 是电压驱动的光电器件，而 AMOLED 是电流驱动的光电器件。图 10-5（b）显示的是 AMOLED 的双管型驱动电路图，其中主要包含开关 TFT、驱动 TFT、储存电容和 OLED 四个基本元器件。其中开关 TFT 与 AMLCD 中的 TFT 功能类似，当选择线上施加一定的外加电压时，开关 TFT 将会处于导通状态，这时数据线上的信息电压将会进入，使得驱动 TFT 开启并驱动 OLED 进行发光，通过控制数据线上信息电压的大小可以控制经过驱动 TFT 的电流，从而实现 OLED 器件不同程度的亮度显示。当开关 TFT 关闭时，储存电容中的电压将会继续驱动 TFT，从而保持 OLED 原来的亮度显示。从中可以看出，AMOLED 对 TFT 器件将会提出更高的要求，需要研发出稳定性能更加优异的 TFT 器件来满足于 AMOLED 市场的需求。

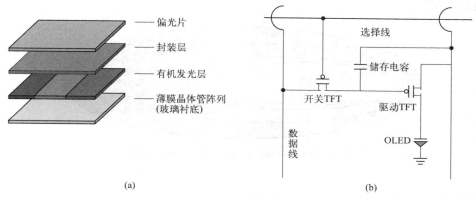

图 10-5　有源驱动有机发光二极管（AMOLED）显示器的主要结构（a）和双管型驱动等效电路（b）

10.4　铁电薄膜

10.4.1　铁电性、热释电性和压电性

　　压电性（piezoelectricity）可从正压电效应和逆压电效应两方面理解。所谓正压电效应是指当外力作用在某些晶体材料上时，会在材料表面感生出电荷的现象。反之，逆压电效应则是指这些晶体材料在外电场作用下，晶格中正、负电荷重心产生位移，从而导致晶体宏观形变的现象。在 32 种点群结构中，有 21 种具有非中心对称结构，其中 20 种晶体结构具有压电性。

　　热释电性（pyroelectricity）则是指极性晶体的极化状态随温度的改变而变化的现象。这里极性晶体是指晶体内含有固有电偶极矩。在上述 20 种压电晶体的点群结构中，有 10 种存在固有电偶极矩，存在热释电性。

　　铁电材料是一类极性晶体，其要求更为苛刻，只有那些电偶极子方向在外电场作用下可以反转的热释电晶体才具有铁电性（ferroelectricity）。具体可表述为：①晶格内正、负电荷重心不重合，产生自发的电偶极子，电偶极子方向规定为由负电荷指向正电荷；②在足够高的外电场作用下，电偶极子能沿外电场方向取向排列；③外电场撤销后，电偶极子取向状态能在一定长时间内保持。

由以上叙述可知，铁电材料必然具有热释电性，热释电材料必然有压电性，而压电材料必然属于电介质材料，如图 10-6 所示。然而，科学的发展常常为研究工作带来惊喜。导电的金属性材料中无法出现铁电性，其原因在于金属的屏蔽效应，即外电场作用下，静电感应会在金属表面产生感应电荷，感应电荷所产生的感应电场恰好抵消了外加电场作用，导致外电场无法透入金属内部，因而也就不存在上述铁电性要求中的外电场作用导致材料内电偶极子反转现象的出现。但实际情况是，外电场并不是完全不能透入金属材料内，而是仅能透入有限深度（穿透深度）。如果金属材料足够薄，即材料厚度小于穿透深度时，外电场仍能穿透整个材料。从这一思路出发，近年来在一些二维金属性材料中也陆续观察到铁电现象的存在。

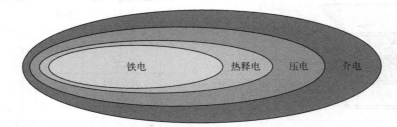

图 10-6　铁电、热释电、压电和介电性间的关系

10.4.2　铁电材料历史

1880 年法国的居里兄弟（Pierre Curie 和 Jacques Curie）在电气石、石英等晶体中发现压电性。1920 年，美国明尼苏达大学的博士生约瑟夫·瓦拉塞克（Joseph Valasek）在尝试用罗谢尔盐（四水合酒石酸钾钠，结构式 $KNaC_4H_4O_6 \cdot 4H_2O$）压电晶体进行地震测试时，将其置于交变电场中，发现极化强度滞后于电场，极化强度与电场呈现非线性关系。1935 年，Paul Scherrer 和 Georg Busch 发现磷酸二氢钾（KDP）的铁电性，但由于这两类材料均有水溶性且脆，应用受限，相关研究未受到重视。第二次世界大战期间发现钛酸钡（$BaTiO_3$）具有良好的机电性能，是制造高能量密度电容器的理想材料，随后的研究发现钛酸钡具有铁电性。20 世纪 50 年代数百种铁电氧化物材料被发现。20 世纪 60 年代末至 70 年代初，在聚偏二氟乙烯（PVDF）及其共聚物中先后发现压电、热释电及铁电性，将铁电研究推广到聚合物材料。

10.4.3　铁电材料及制备技术

无机铁电材料种类丰富。按其晶体结构分类，主要包括钙钛矿型、铌酸锂型、钨青铜型以及含氢键的 KDP 系列铁电体等。其中钙钛矿型铁电体是数量最多的一类铁电体，结构通式为 ABO_3，A、B 的价态可为 $A^{2+}B^{4+}$ 或 $A^{1+}B^{5+}$。$BaTiO_3$ 是最早发现的一种钙钛矿铁电体，是重要的电、光和非线性光学材料。$BaTiO_3$ 在不同温度区间具有不同的晶体学结构。在 120℃以上，$BaTiO_3$ 为立方晶系，其晶体结构可用图 10-7 所示的简单立方晶格描述。立方体顶角

被较大的 Ba^{2+} 占据，立方体的 6 个面心位置则被 O^{2-} 占据。6 个 O^{2-} 构成八面体间隙，间隙内由较小的 Ti^{4+} 填充，也即 Ti^{4+} 填充在立方体体心位置。但由于晶体结构的对称性，立方相钛酸钡晶体不具有自发极化，因而没有铁电性，为顺电相。温度小于 120℃，$BaTiO_3$ 由顺电相转变为铁电相。温度介于 5℃ 和 120℃ 之间，为四方晶系；温度介于 -90℃ 和 5℃ 之间，为正交相；温度低于 -90℃，则为三方相。在铁电相，Ti^{2+} 与 O^{2-} 中心发生相对位移，产生电偶极子。铁电相晶体结构对称性要比顺电相低。各个铁电相可看作是从顺电相演变而来，因而顺电相被称为原型相。

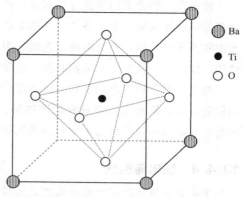

图 10-7　立方相 $BaTiO_3$ 的晶格结构

　　无机铁电材料多以陶瓷和晶体形式存在。近年来器件小型化的要求也促进了无机铁电薄膜的研制。无机铁电膜的制备工艺可简单分为物理工艺和化学工艺两类，前者包括溅射镀膜、脉冲激光沉积（PLD）、分子束外延（MBE）等；而后者则包括化学气相沉积（CVD）、金属有机物化学气相沉积（MOCVD）、溶胶-凝胶（sol-gel）法等。

　　代表性的聚合物铁电体为聚偏二氟乙烯（PVDF）及其共聚物，比如与三氟乙烯的共聚物 P（VDF-TrFE）。PVDF 具有复杂的晶相结构。根据加工条件的差异，PVDF 可展现 β、α、γ 等多种晶相结构。其中 α 相是室温最稳定的晶相，而 β 相呈现最大的电偶极矩密度。在 α 相中，尽管单个链段上，由负电性的氟指向正电性的氢，可看作一个电偶极子［图 10-8（b）］，但 α 相具有 TGTG̅ 构型，宏观上电偶极子取向互相抵消，无净偶极矩，因而不展现铁电性。β 相具有全反式构型［图 10-8（a）］，由氟到氢构成电偶极子，宏观可展现净偶极矩，呈铁电性。通常由溶液或是熔融法制备的 PVDF 膜中 α 相含量占优，如何将其转变为电活性的 β 相结构，是实现其铁电、压电应用的关键。常见的相转变方法包括：PVDF 膜单轴或双轴拉伸、高电场极化、掺杂等。静电纺丝工艺可实现大面积、高 β 相含量 PVDF 纤维膜的高效制备。在 PVDF 中引入三氟乙烯单体，由于空间位阻效应限制了 α 相的生成，从而可直接获得 β 相的 P（VDF-TrFE）薄膜。

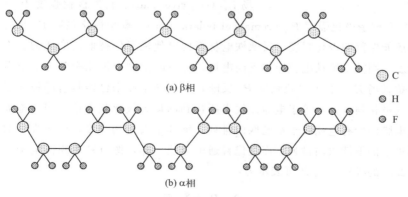

(a) β相

(b) α相

图 10-8　PVDF 晶体常见的两种分子链结构

铁电聚合物常采用溶液方法制备，常见的制备工艺包括旋涂成膜、静电纺丝、丝网印刷、流延等。旋涂成膜适于制备几微米厚度以下的薄膜，但成膜面积相对较小；静电纺丝可制备大面积纳米纤维膜；而后两种工艺则适用于制备大面积微米厚度膜。铁电聚合物具有半晶态结构，即薄膜内晶相和非晶相共存。通常需在熔点以下退火，以提高其结晶度。

与大多数无机铁电陶瓷和晶体相比，铁电聚合物剩余极化强度、热释电性能和压电性能都偏低，然而铁电聚合物具有柔性透明、易加工、化学惰性、人体兼容、声阻抗低等优势，随着可穿戴系统及柔性电子学的蓬勃发展，铁电聚合物正吸引着越来越多的关注。

10.4.4 铁电滞回线

无论是无机还是聚合物铁电膜，成膜后膜内偶极子通常为无序排列，宏观上净偶极矩为零。因而需要对铁电膜施加足够高的电场，诱导偶极子取向排列，该过程称为铁电膜的极化。一般极化工艺包括接触极化和电晕极化两种。接触极化是指在铁电膜上下表面沉积金属电极，经由电极给铁电膜施加足够高的极化电压以达到极化目的。电晕极化则是将铁电膜一侧接地，金属探针与铁电膜另一侧间距固定在几厘米至十几厘米范围。通常探针上施加几千至上万伏的直流偏压，导致针尖附近空气电离产生正负离子。与探针偏压同极性的离子在针尖尖端电场的推动下沉积到铁电膜表面。当所沉积电荷数量足够多后，其所产生的电场诱导铁电膜内偶极子取向排布，实现极化过程。

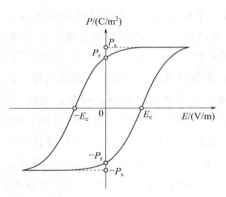

图 10-9 典型的铁电滞回线

如果给铁电膜施加交变电场，则可观测到如图 10-9 所示的极化曲线。图中横坐标为外加电场强度，纵坐标为铁电膜极化强度，反映电偶极子取向有序程度。对于铁电材料，其极化强度与电场强度的关系不再是线性，而是如图所示的滞回曲线，称之为铁电滞回线（ferroelectric hysteresis loop）。铁电滞回线形状与铁磁材料的磁滞回线类似，这也是用"铁（ferro-）"前缀命名铁电性的原因。实际上，绝大多数的铁电材料中并不含铁。

由铁电滞回线可得铁电材料的几个特征参数：矫顽场 E_c（coercive field）、自发极化强度 P_s（spontaneous polarization）和剩余极化强度 P_r（remanent polarization）。剩余极化强度 P_r 是指外电场撤除后，铁电体还能保留的极化强度，反映铁电材料内电偶极子保持取向的能力。为了彻底消除剩余极化强度，则需要给铁电膜施加反向电场，对应的把剩余极化全部去除所需要的反向电场强度称为矫顽场 E_c。自发极化强度 P_s 反映每个电畴中原来已经具有的极化强度。注意图中标注的自发极化强度并不等于电滞回线中所达到的最大极化强度值。当所施加电场强度足够大后，铁电膜内所有电偶极子都已取向排列，继续增大电场强度，极化强度的缓慢增加不再源自电偶极子的继续取向排列，而是像普通电介质一样，源自铁电膜内电子和离子的线性位移极化。此时的极化强度 P 可表示为：

$$P = P_s + \chi \varepsilon_0 E$$

式中，χ 为介质的极化率；ε_0 为真空介电常数；E 为电场强度。为了获得 P_s 值，需在最终测得的极化强度中减去线性项 $\chi\varepsilon_0 E$ 的贡献。因此，在图中把电滞回线饱和支外推到 $E=0$ 时在极化轴上的截距才是 P_s 值。

10.4.5　铁电薄膜的应用

这里重点介绍铁电薄膜的应用，而对块体状的铁电陶瓷和晶体的应用仅稍作提及。本节仅从铁电性、压电性和热释电性三方面加以阐述。

10.4.5.1　铁电性应用

图 10-9 所示铁电滞回线在电场撤掉后，仍保持两个稳定的极化态（$\pm P_r$），因而可用于构建二进制的非易失性存储（nonvolatile memory）器件。需要解决的问题是如何读出这两个极化态。复旦大学微电子学院研究团队基于铁电极化调控畴壁电导新原理，在硅基铌酸锂单晶薄膜上利用铁电薄膜的表面层效应，制备了自带选择管功能的铁电畴壁存储器。

近年来将铁电薄膜作为栅介质与晶体管集成，构建铁电晶体管，铁电膜极化态调控晶体管阈值电压漂移，实现晶体管源漏电流的双稳态存储功能。器件基本工作原理如图 10-10 所示。图 10-10（a）为典型的顶栅顶接触铁电晶体管结构示意图。已有报道中，铁电层可为各类有机和无机铁电材料，如 P（VDF-TrFE）、铁电氧化铪等，半导体材料可为传统的硅半导体，也可以是氧化物半导体、有机半导体以及一维和二维半导体材料等。图 10-10（b）为基于 p 型半导体构建的铁电晶体管的转移特性曲线。由于铁电极化态的调控作用，曲线展现明显的顺时针滞回特性。0V 栅压下，源漏电流可有两个取值，从而实现非易失性的双稳态存储。施加足够大负栅压导致偶极子取向向上（右上角插图）。即使撤除栅压，只要偶极子取向状态不变，由于静电吸引作用，指向朝上的偶极子在铁电/半导体界面吸引多数载流子-空穴聚集，倾向于形成积累区，从而出现大的源漏电流。反之，足够大的正栅压导致铁电层偶极子取向向下（左下角插图），在静电排斥作用下，半导体层内的空穴被排斥远离半导体/铁电界面，倾向于形成耗尽区，导致小的源漏电流。

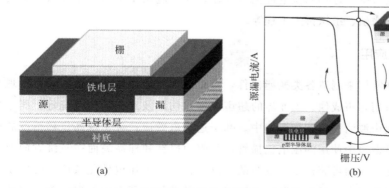

图 10-10　典型的铁电晶体管结构（a）以及转移特性曲线（b）

进一步的研究发现，经由栅压脉冲的精细调控，可实现更多的铁电极化态，从而对应于更多的源漏电流值，实现多级存储功能。尤其近年来随着神经计算、人工智能等概念的提出，研究者将铁电晶体管用于人工突触模拟，经由铁电极化态调控，实现晶体管源漏电流的准连续调控。

铁电聚合物还可与有机半导体复合构成阻变存储器件。将铁电聚合物与有机半导体溶解于同一有机溶剂中，成膜后呈相分离结构，离散的半导体相分散在连续的铁电相中，且半导体相连通上下表面电极，其导电性受到周围铁电相极化态的调控，从而实现电双稳态的阻变存储功能。复旦大学材料科学系研究团队开发了高温旋涂工艺，经由成膜温度调控相分离过程，获得低表面粗糙度、低漏电的 P（VDF-TrFE）/P3HT 复合阻变薄膜。图 10-11（a）为铁电 P（VDF-TrFE）与有机半导体 F8T2 形成复合膜相分离结构的扫描电子显微镜图，图中离散圆盘状结构即为 F8T2 相，连续分布的针状结构即为 P（VDF-TrFE）相。图 10-11（b）为典型的阻变特性曲线，对应某一特定偏压，薄膜具有两个电阻态，展现稳定的双稳态存储功能。

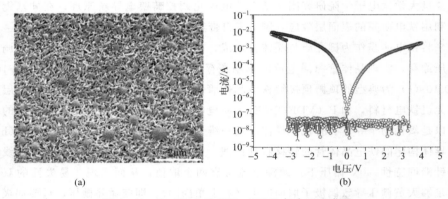

(a)　　　　　　　　　　(b)

图 10-11　P（VDF-TrFE）/F8T2 复合阻变薄膜
（a）薄膜表面的扫描电子显微图；（b）典型的阻变曲线

此外，铁电薄膜还可与其它功能层结合，经由铁电层极化态调控功能层理化特性。比如，将铁电聚合物与有机光伏器件结合，借助铁电层极化场，可有效避免光生载流子间的复合，实现更高的光电转换效率。近年来铁电极化态调控特性更应用于生命科学领域，可实现细胞的吸附及脱附、细胞增殖、组织再生工程等。

10.4.5.2　压电性应用

压电陶瓷和晶体常用来制造各类换能器件，常见的如各类压电超声探头，可实现超声的发射及接收，用于医用超声成像、工业界的超声无损探伤以及水下声呐系统等。压电超声换能器也广泛应用于超声波清洗仪和加湿器中。基于逆压电效应，可实现高位移精度的压电驱动器，如扫描探针显微镜中使用的压电扫描管，可驱动探针和样品表面在三维方向上以亚原子位移精度相对位移，从而可获得原子分辨的三维图像。基于压电催化效应，可实现有机物的降解。比如，南京理工大学研究团队将碳酸钡纳米颗粒作为牙膏中的研磨剂，在超声激励下，碳酸钡产生的电荷促进了牙齿表面有机污染物的降解，实现牙齿美白功能。同样原理，可实现水体中有机污染物的降解，甚至可应用于肿瘤治疗。

下面为铁电薄膜压电效应的应用。基于正压电效应，可实现应力、应变信号向电信号的转变，从而可用于力传感及微机械能采集。近年来，物联网、可穿戴设备等概念的提出及实现，促进了传感器件的蓬勃发展。然而如何给众多的传感器供电，是亟待解决的问题。毕竟采用传统电池供电的方法耗时耗力，且存在环境污染的问题。研究表明这些传感器件大多功耗低，因而从环境中采集能量并转变为电能，为这些传感器供电，是一种可行的解决方案。根据环境中能量类型不同，能量采集器工作原理可分为光电效应（太阳能）、热电效应和热释电效应（热能），以及针对环境中机械能采集的压电效应、摩擦电效应和电磁效应等。环境中机械能无处不在，如风、雨、声音、人体运动、机器振动、车辆导致的路面振动等均可作为机械能的来源，因而基于压电效应的微机械能采集受到了广泛关注。而且，压电薄膜本身即可将力信号转变为电信号，实现自供电的应力/应变传感功能。尤其是近年来可穿戴设备的发展，要求器件具有一定的柔性和可拉伸性。据此，基于铁电聚合物的各类传感及能量采集器件屡见报道。压电聚合物器件可实现人体健康信号监测（如心跳、呼吸、脉搏、疲劳）、运动姿态识别及矫正（如走路姿态、关节运动）和声频谱分析等功能，甚至可植入体内实现体内信号监测及为体内其它植入器件供电。

10.4.5.3 热释电性应用

热释电效应可实现热能向电能的转变，因而可用于环境中余热采集，如人体运动过程中释放的热量可经由热释电薄膜采集转化。热释电效应的另一大应用则是制造热释电型红外探测器，可实现气象预测、对地成像、军事侦察、环境监测、安防和夜视等功能。另外，与压电催化效应类似，基于热释电效应产生的电荷，同样可实现对有机污染物的催化降解效果。

10.5 薄膜太阳电池

太阳电池主要是以半导体材料为基础，其工作原理是利用光电材料吸收光后发生光电转换反应。第一代太阳电池以单晶半导体材料为吸收层，包括单晶硅或单晶砷化镓，其吸收层的厚度为毫米级，材料消耗多，生长过程复杂，能量转换效率为 $25\%\sim28\%$（单结非聚光电池）。第二代太阳电池以薄膜半导体材料为吸收层，厚度在微米级，大大降低了材料消耗，生长过程也较简单，便于制作重量轻、可弯折的器件。尽管薄膜材料内缺陷较多，载流子复合率高，电池效率尚不及单晶硅太阳电池，但总体看来，第二代电池的性价比仍然占有优势。

第二代太阳电池包括：非晶/微晶硅（α-Si/μc-Si）、铜铟镓硒［Cu（In，Ga）Se$_2$，CIGS］和碲化镉（CdTe）。截至 2021 年，最高能量转换效率分别为非晶硅 14.0%（AIST 公司）、铜铟镓硒 23.4%（Solar Frontier 公司）和碲化镉 22.1%（First Solar 公司）。虽然晶体硅电池组件仍占据太阳电池组件市场的主导地位，但薄膜电池组件的份额已有显著增长，其中 α-Si、CdTe 和 CIGS 电池组件已经实现了商业化量产。

一方面，α-Si 薄膜的能带值在 1.7eV 附近，光吸收系数高（约 $10^5\ \text{cm}^{-1}$），几微米厚度的 α-Si 薄膜就能够吸收绝大多数入射太阳光，是理想的太阳电池吸收层材料。另一方面，α-Si 内存在大量的悬挂键，使电荷载流子的传输距离短而且复合严重。虽然氢钝化非晶硅（α-Si：H）可以减少悬挂键密度几个数量级，改善少数载流子扩散长度，但是仍然存在严重的光致衰退（Staebler-Wronski，S-W）效应，稳定性差。与其它薄膜太阳电池相比，α-Si 薄膜太阳电池的最高转换效率较低，因此其发展方向是 α-Si/μc-Si 叠层太阳电池和硅异质结薄膜太阳电池。

CdTe 是 Ⅱ-Ⅵ 族化合物半导体，闪锌矿晶体结构，具有较高的可见光吸收系数（$> 10^5 \, cm^{-1}$），能带值 1.45eV，理论转换效率 29%。CdTe 太阳电池采用 CdTe/CdS 构成 pn 结，1972 年 Bonnet 和 Rabnehorst 发明了 CdTe/CdS 异质结薄膜太阳电池，通过气相沉积制备 CdTe 薄膜，高真空蒸发制备 CdS 薄膜，电池效率为 6%。1993 年 Britt 等通过控制 CdTe/CdS 界面的 Te、S 扩散形成 $CdTe_x S_{1-x}$ 界面过渡层，降低界面缺陷，改善性能，得到 15.8% 的电池效率。2016 年，First Solar 公司公布 FTO/Buffer/CdSeTe/CdTe/ZnTe BC/Metal 结构电池器件的转换效率达到 22.1%。

Cu（In，Ga）Se_2 是 Ⅰ-Ⅲ-Ⅵ 族化合物半导体，黄铜矿晶体结构，是 $CuInSe_2$ 和 $CuGaSe_2$ 的混晶半导体，通过改变 Ga、In 元素的含量，其能带值可以在 1.02～1.67eV 范围内连续可调，CIGS 薄膜具有高可见光吸收系数（约 $10^5 \, cm^{-1}$），理论最高转换效率大于 30%。1976 年，Kazmerski 等首次制备 $CuInSe_2$/CdS 异质结薄膜太阳电池，光电转换效率达到 4.5%。CIGS 吸收层通常采用预制层硒化工艺制备，首先采用溅射或者热蒸发制备 Cu（In，Ga）Se_2 预制层，然后在 Se 气氛中硒化退火。1994 年，Gabord 等采用三步共蒸法制备的 CIGS 薄膜晶粒尺寸显著增大，改善了 CIGS 薄膜的质量，不仅提高了电池器件的开路电压，并且由于 Ga 元素的纵向梯度分布形成了吸收层的能带梯度，提高了对光生载流子的收集能力，光电转换效率达到 16.4%。

10.5.1　太阳电池的原理与特性

太阳电池能量转换的基础是 pn 结的光生伏特效应，即半导体吸收入射光子后产生电动势的效应，要求：①入射光能产生非平衡载流子；②非平衡载流子必须经受一个由 pn 结或金属-半导体接触势垒所提供的静电场的漂移作用；③非平衡载流子要有一定的寿命，以保证能有效地被收集。

当光照射到 pn 结上时，在半导体内部结区和结附近的空间产生电子空穴对。在空间电荷区内的电子和空穴在结电场作用下分离，产生在结附近扩散长度内的光生载流子扩散到空间电荷区，也在结电场作用下分离。p 区电子漂移进入 n 区，n 区空穴漂移进入 p 区，形成自 n 区向 p 区的光生电流。结果是 n 区储存了过剩的电子，p 区有过剩的空穴。它们在 pn 结附近形成与势垒方向相反的光生电场，并产生一个与光生电流方向相反的正向结电流，使势垒降低。当光生电流与正向结电流相等时，pn 结两端建立起稳定的电势差，即光生电压，这就是光生伏特效应。

如果将外电路短路，pn 结正向电流为零，外电路的电流称作短路电流，另外，若将 pn 结两端开路，则电子和空穴分别流入 n 区和 p 区，使 n 区的费米能级比 p 区的费米能级高，在这两个费米能级之间就产生了电势差，称为开路电压。

图 10-12 为太阳电池无光照与有光照时的电流-电压特性。无光照时呈现二极管典型的电流电压特性（暗电流）。当太阳光照射到这个太阳电池上时，将有和暗电流方向相反的光电流 I_{ph} 流过。

当给太阳电池连接负载 R，太阳光照射时，则负载上的电流 I_m 和电压 V_m 将由图中有光照时的电流-电压特性曲线与 $V=-IR$ 表示的直线的交点来确定。此时负载上有功率消耗，它清楚地表明正在进行着光电能量的转换。通过调整负载大小，可以在一个最佳的工作点上得到最大输出功率。输出功率（电能）与输入功率（光能）之比称为太阳电池的能量转换效率。

最大功率 P_{mp} 为

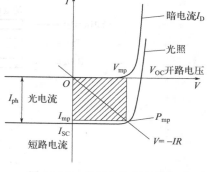

图 10-12　太阳电池无光照与
有光照时的电流-电压特性

$$P_{mp}=FI_{sc}V_{oc}=I_{mp}V_{mp} \qquad (10\text{-}5)$$

式中，I_{sc} 为短路电流；V_{oc} 为开路电压；F 为填充因子，是 I-V 曲线中矩形部分的量度；I_{mp} 为最佳工作电流；V_{mp} 为最佳工作电压。

太阳电池的光电转换效率为：

$$\eta=\frac{I_{mp}V_{mp}}{P_i}=\frac{FI_{sc}V_{oc}}{P_i} \qquad (10\text{-}6)$$

在 AM-1（入射功率 $P_i=100\,\mathrm{mW/cm^2}$）光照下，转换效率为

$$\eta=FV_{oc}I_{sc} \qquad (10\text{-}7)$$

10.5.2　非晶硅薄膜太阳电池

10.5.2.1　非晶硅薄膜

非晶硅半导体包括硅系化合物（C、Si、Ge 及其合金 α-Si：H、α-SiC：H、α-SiN：H、α-SiGe：H）和硫系化合物（S、Se、Te 及其合金），目前应用最广泛的非晶硅（amorphous silicon，α-Si）一般是指氢化非晶硅（α-Si：H），即在 α-Si 中存在大量的氢，饱和了硅中的悬挂键，使 α-Si 的光电性能得到很大改善。

早期采用蒸发方法制备的非晶硅材料并不含有氢（H），所以写成 α-Si。缺陷态密度很高，很难制备出性能优良的器件。1969 年 Chitick 等发明了辉光放电法（GD）制备氢化非晶硅（α-Si：H），将硅烷（SiH_4）在一定氢气（H_2）稀释下通过射频（RF）激发产生等离子体的辉光放电来分解制备非晶硅。

如图 10-13 所示，被 H_2 稀释了的 SiH_4 气体或纯的 SiH_4 气体，经过流量调节阀进入预先抽到高真空（$<1.33\times10^{-2}\,\mathrm{Pa}$）的反应室内，也可同时通入其它气体或微量的乙硼烷（B_2H_6）和磷化氢（PH_3）气体，以获得其它硅基合金或掺杂的非晶半导体薄膜。调节气体流量，可使反应室总气压达到所要求的值。当在系统的电极上加上电压时，由阴极发射出的电子从电场中得到能量，与反应室中的气体原子或分子碰撞，使其分解、激发或电离，产生辉光，同时在反应室中形成很多电子、离子、活性基以及亚稳态的原子和分子等，其中电子密度高达 $10^9\sim10^{12}\,\mathrm{cm^{-3}}$。组成等离子体的这些粒子，经过一个复杂的物理-化学反应过程，就会沉积在基片上形成薄膜。

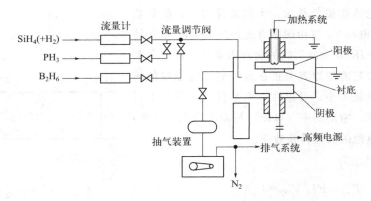

图 10-13　制备 α-Si：H 薄膜的辉光放电装置

SiH$_4$ 的分解过程中，可能发生如下过程：①SiH$_4$ 和 H$_2$ 分解生成激活的原子或分子团；②激活的原子或分子团向基片或反应室器壁表面扩散；③在基片表面上发生吸附原子或分子团的反应，同时还伴随着其它气相分子团的产生和再释放。发生的反应为：

$$SiH_4 + e(高速) \longrightarrow SiH_4^* + e(低速) \qquad (10\text{-}8)$$

$$SiH_4^* \longrightarrow Si^* + 2H_2 \qquad (10\text{-}9)$$

一般认为 α-Si：H 薄膜生长过程中，等离子体中的 SiH 和 H 原子团是最重要的反应物，则生成 α-Si：H 薄膜的主要反应为

$$SiH(g) + H(g) \longrightarrow Si(s) + H_2(g) \qquad (10\text{-}10)$$

这个反应决定了 α-Si：H 薄膜的沉积速率。

10.5.2.2　非晶硅太阳电池的制备

非晶硅太阳电池制备工艺（以玻璃基片为例）如下。

① 清洁处理玻璃基片。

② 制备透明导电膜（TCO）。

③ p 层制备：辉光放电分解 SiH$_4$ 和 B$_2$H$_6$。

B$_2$H$_6$/SiH$_4$ 掺杂浓度一般为 0.1%～2%。在 pin 结构中，p 层是受光面，除了控制费米能级位置外，还要满足势垒的展宽，且有较高光透射率。为减少表面吸收和复合，p 层也可用 CH$_4$ + SiH$_4$ + B$_2$H$_6$ 混合气体辉光放电制备宽带隙 p 型 α-Si$_{1-x}$C$_x$：H 薄膜，膜厚只需 20nm。为降低 p 型 α-Si$_{1-x}$C$_x$：H 薄膜/in 界面处的结构无序性，p 层可以梯度式掺 C，以获得梯度式带隙 p 型 α-Si$_{1-x}$C$_x$：H 薄膜/in 结构。

④ i 层制备：辉光放电分解 SiH$_4$。

i 层为电池核心部分，是光生载流子产生区。i 层原则上应考虑材料的光吸收系数和带隙中的定域态密度，主要是后者。定域态密度高，i 层厚度应减薄，否则 i 层中的无场区将严重影响短路电流 I_{sc} 的提高。当定域态密度小到 $1 \times 10^{16}\,cm^{-3} \cdot eV^{-1}$ 时，i 层厚度为 500nm 较合适。i 层中掺入适量 B 会显著改善电池特性。

⑤ n 层制备：辉光放电分解 SiH_4 和 PH_3。

n 层既要与 i 层接触形成较高势垒，又要与金属电极形成良好欧姆接触。可由 PH_3+SiH_4 的混合气体辉光放电分解沉积，厚度可适当大点，关键是控制费米能级位置和暗电导率。对玻璃基片，也有用 n 型 $\mu c\text{-}Si$：H 的，原因是电导率高（$1\sim10\Omega^{-1}\cdot cm^{-1}$），与金属电极串联电阻小，而且禁带宽度比 i 层要大，可防止光激发的空穴流入 n 层。另外也可有效利用金属与 $\mu c\text{-}Si$：H 接触面的反射光，返回到 i 层再吸收，n 层厚度为 20～50nm。

⑥ 制备 ITO 层和背电极 Ag 或 Al 层。

α-Si：H 太阳电池具有许多优于单晶硅的特点：①制作工艺简单，制膜同时可制作 pin 结构；②原材料（SiH_4）价廉；③基片材料（玻璃、陶瓷、不锈钢）价廉；④形成 α-Si：H 基片温度低（200～300℃）；⑤气相反应，可做大面积太阳电池（单晶硅受硅片直径限制）；⑥α-Si：H 光吸收系数大，电池厚度只需 $1\mu m$；⑦采用多级、多层结构，可得高开路电压、光电转换效率；⑧荧光灯照射下仍有良好的电池性能。

10.5.2.3　单结非晶硅薄膜太阳电池

α-Si：H 太阳电池通常采用 pin 型结构，相比于 α-Si 太阳电池的主要差别是增加了一个本征层 i。这是由于在 α-Si 中，载流子扩散长度很短，光生载流子一旦产生，如果该处或邻近没有电场存在时，则这些光生载流子由于扩散长度的限制会很快复合而不被收集。因此要有效收集，就要求在 α-Si 太阳电池中光注入所及的整个范围内尽量布满电场。在 pin 结构电池中，由 pi 结和 in 结形成的内建电场几乎跨越整个本征层，该层的光生载流子完全置于该电场中，一旦产生即可被收集，从而明显提高电池效率。本征层则要求有较高的光生载流子产生率和合适的厚度。

pin 结构的电池［图 10-14（a）］通常沉积在玻璃基片上，光从玻璃一侧入射到太阳电池。在玻璃基片上先沉积一层透明导电膜（TCO），然后以 p、i、n 的顺序依次沉积各层。其中 p 层常采用禁带宽度高的 α-SiC：H 薄膜，也叫"窗口层"。沉积完 n 层后，常用 ZnO 过渡，最后沉积 Ag 或 Al 背电极。ZnO 层要有一定粗糙度，可加强光散射，还可以阻挡金属离子扩散到半导体中。

nip 结构的电池［图 10-14（b）］通常沉积在不透明的基片上，如不锈钢、塑料上，光从另一侧入射。先在基片上沉积背反射层，常用 Ag/ZnO 或 Al/ZnO，再依次沉积 n、i、p 层，然后在 p 层上沉积透明导电层 ITO，为了达到减反效果，这层 ITO 厚度约 70nm，因此还要在 ITO 上加金属栅线，增加光电流收集率。

10.5.2.4　多结非晶硅薄膜太阳电池

为了提高太阳电池的效率，对单结 pin 结构的 α-Si：H 太阳电池作进一步改进：①减少光生载流子在表面处的吸收，将电池窗口 p 型 α-Si 薄膜改为宽带隙 p 型 $\alpha\text{-}Si_{1-x}C_x$：H 薄膜或 p 型 $\alpha\text{-}Si_{1-x}N_x$：H 薄膜；②增加长波吸收率，将 n 型 α-Si 薄膜改为带隙较窄材料，如 $\mu c\text{-}Si$：H、poly-Si：H、$\alpha\text{-}Si_{1-x}Ge_x$：H、$\alpha\text{-}Si_{1-x}Sn_x$：H；③使电池的光吸收谱更接近于太阳光谱，使 pin 型电池在短波和长波范围的光吸收增大，采用多级带隙结构［图 10-14（c）和图 10-14（d）］。三结 α-Si：H 太阳电池的前级采用宽带隙材料，以减小短波损失。中间级采用带隙较前级稍窄的材料，使光吸收接近太阳光谱最大值。后级采用窄带隙材料，以减少长波损失。

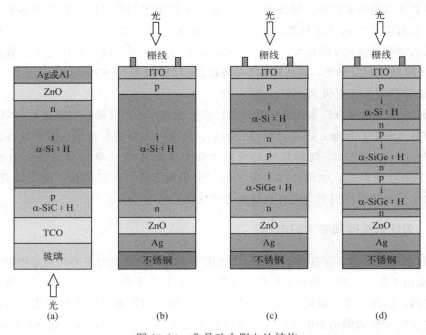

图 10-14　非晶硅太阳电池结构
（a）玻璃基片；（b）不锈钢基片，单结；（c）不锈钢基片，双结；（d）不锈钢基片，三结

α-SiGe：H 是理想的底电池本征材料，通过调节等离子体中硅烷（或硅乙烷）和锗烷的比例来调节材料的禁带宽度，当锗硅比为 $15\%\sim20\%$ 时，禁带宽度为 1.6eV ［图 10-14（d）中间级］，主要吸收绿光；当锗硅比为 $35\%\sim40\%$ 时，禁带宽度为 1.4eV ［图 10-14（d）后级］，主要吸收红光和红外光。而不掺锗的 α-Si：H 的禁带宽度为 $1.7\sim1.8$eV ［图 10-14（d）前级］，用于吸收蓝光。图 10-15 是 United Solar 公司的 α-Si：H/α-SiGe：H/α-SiGe：H 三结太阳电池的量子效率（QE）曲线，可以看到其光谱响应覆盖了 $300\sim950$nm 光谱区。

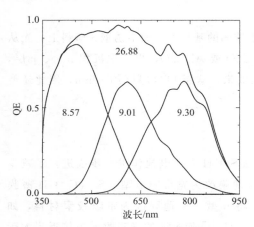

图 10-15　United Solar 公司的 α-Si：H/α-SiGe：H/α-SiGe：H 三结太阳电池的量子效率（QE）曲线

10.5.2.5　光诱导效应

　　一般方法制备的 α-Si：H 薄膜，经过长时间强光照射后，光电导特性明显衰退，称为光诱导效应或光致衰退效应，使 α-Si 器件性能下降。原因是强光照射在 α-Si 中产生新的亚稳态缺陷，与 H 的存在密切相关。

　　H 原子饱和了非晶硅中的悬挂键，使缺陷态密度大大下降。然而 H 的存在也带来不利影响。H 在 α-Si 中不只以 Si—H 键存在，还有饱和 Si 悬挂键，并存在 $(SiHHSi)_n$、分子氢

（H_2）及双原子氢（H_2^*）等键合方式。不同键合方式具有不同能量，在 Si 中起不同作用。在受到光照后会有 H 扩散、H 溢出，产生新的复合中心和陷阱中心，这样改变了光照前 Si 中 H 的键合方式、H 的分布状态和 H 的含量，从而使 α-Si：H 的光电特性变差。

消除 S-W 效应的措施有：在 PECVD 中提高基片温度（约 450℃），使 α-Si 中含有少量 H；将 p 层 α-SiC：H 改为多层膜；将射频功率源改为微波或电子回旋共振（ECR）功率源。采用化学退火和多次分层制膜技术，采用热丝（HW-CVD 或 Cat-CVD）、超高频 CVD、ECR-CVD 制备高质量的 α-Si：H、poly-Si：H 和 μc-Si：H 薄膜，均可改善和提高电池稳定性。

在化学退火和分层多次制膜技术中使用的气源分别为 SiH_4、SiF_4 和 SiH_2Cl_2，微波源加在 ECR 上。H 的特殊化学性能，使 H 和 Cl 之间（用 SiH_2Cl_2）或 H 和 F 之间（用 SiF_4）会发生强烈的化学反应，从而有效地增强了生长膜表面上的结构弛豫（重构），使膜表面能生成一层硬的 Si-网络（而不是弱的 Si—Si 键）；在制膜过程中不断用原子 H 进行处理，即在沉积了一薄层 α-Si 膜后，立即通入 H_2 并穿过 ECR 系统，经过 H 处理后，再继续沉积下一层 α-Si 膜，再进行 H 处理。此方法强调了 H 的化学反应使生长表面重构（化学退火）和原子 H 对生长表面的处理要多次和反复进行，基本上消除了 S-W 效应。

10.5.3 铜铟镓硒薄膜太阳电池

铜铟硒薄膜太阳电池是以多晶 $CuInSe_2$（CIS）半导体薄膜为吸收层的太阳电池，镓部分取代铟，即为铜铟镓硒（$CuIn_{1-x}Ga_xSe_2$，CIGS）薄膜太阳电池。CIGS 材料属于 Ⅰ-Ⅲ-Ⅵ族四元化合物半导体，具有黄铜矿的晶体结构。CIGS 电池具有以下特点。

① 三元 CIS 薄膜的禁带宽度是 1.04eV，通过适量的 Ga 取代 In，成为 $CuIn_{1-x}Ga_xSe_2$ 多晶固溶体，其禁带宽度可以在 1.04～1.67eV 范围内连续调整。

② CIGS 是一种直接带隙材料，其可见光的吸收系数高达 $10^5 cm^{-1}$ 数量级，非常适合于太阳电池的薄膜化。CIGS 吸收层厚度只需 1.5～2.5μm，整个电池的厚度为 3～4μm。

③ 技术成熟后，制造成本和能量偿还时间将远低于晶体硅太阳电池。

④ 抗辐照能力强，用作空间电源有很强的竞争力。

⑤ 转换效率高。2021 年达到 23.3%，是当前薄膜电池中的最高纪录。

⑥ 电池稳定性好，基本不衰减。

⑦ 弱光特性好。

10.5.3.1 CIGS 薄膜

（1）晶体结构

$CuInSe_2$ 固态相变温度分别为 665℃和 810℃，而熔点为 987℃。低于 665℃时，CIS 以黄铜矿结构晶体存在。当温度高于 810℃时，呈现闪锌矿结构。温度介于 665℃和 810℃之间时为过渡结构。

黄铜矿晶胞由四个分子构成，即包含四个 Cu、四个 In 和八个 Se 原子，相当于两个金刚石单元。Ga 部分替代 $CuInSe_2$ 中的 In 便形成 $CuIn_{1-x}Ga_xSe_2$。由于 Ga 的原子半径小于 In，随 Ga 含量的增加黄铜矿结构的晶格常数变小。

（2）光吸收与带隙

CIGS 是一种直接带隙半导体材料，光吸收系数高达 $10^5 cm^{-1}$。CIGS 薄膜带隙与 Ga/(In+Ga) 的比值直接相关，同时也和 Cu 的含量有关。当薄膜中 Ga 原子含量为 0 时，即 $CuInSe_2$ 薄膜，带隙为 1.02eV；当薄膜中 Ga 原子含量为 100% 时，即 $CuGaSe_2$ 薄膜，带隙为 1.67eV；带隙随其 Ga/(In+Ga) 比值在 1.02~1.67eV 变化。假设薄膜中 Ga 的分布是均匀的，则带隙与薄膜 Ga 原子含量的关系式如下：

$$E_{gCIGS}(x)=(1-x)E_{gCIS}+xE_{gCGS}-bx(1-x) \tag{10-11}$$

式中，b 为弯曲系数，数值为 0.15~0.24eV；x = Ga/(In+Ga)。

（3）制备工艺

CIGS 薄膜制备主要采用多元共蒸发法和先溅射金属预制层后硒化法这两种真空沉积方法，此外还有电化学沉积、纳米颗粒丝网印刷、喷雾高温分解等非真空沉积方法，以及激光诱导合成、混合法等混合工艺。

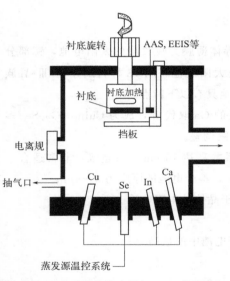

图 10-16　多元共蒸发法制备 CIGS 薄膜设备

① 多元共蒸发法　多元共蒸发沉积系统如图 10-16 所示，Cu、In、Ga 和 Se 蒸发源提供成膜时需要的四种元素。原子吸收谱（AAS）和电子碰撞散射谱（EEIS）等用来实时监测薄膜成分及蒸发源的蒸发速率等参数，对薄膜生长进行精确控制。

高效 CIGS 电池的吸收层沉积时基片温度高于 530℃，最终沉积的薄膜稍微贫 Cu，Ga/(In+Ga) 的比值接近 0.3。沉积过程中 In/Ga 蒸发流量的比值对 CIGS 薄膜生长动力学影响不大，而 Cu 蒸发速率的变化强烈影响薄膜的生长机制。根据 Cu 的蒸发过程，多元共蒸发工艺可分为一步法、两步法和三步法（图 10-17）。因为 Cu 在薄膜中的扩散速度足够快，所以无论采用哪种工艺，在薄膜中，Cu 基本呈均匀分布。相反 In、Ga 的扩散较慢，In/Ga 流量的变化会使薄膜中Ⅲ族元素存在梯度分布。在三种方法中，Se 的蒸发总是过量的，以避免薄膜缺 Se。过量的 Se 并不化合到吸收层中，而是在薄膜表面再次蒸发。

一步法就是在沉积过程中，保持 Cu、In、Ga、Se 四蒸发源的流量不变，沉积过程中基片温度和蒸发源流量变化见图 10-17（a）。这种工艺控制相对简单，适合大面积生产。不足之处是所制备的薄膜晶粒尺寸小且不形成梯度带隙。

两步法工艺又叫 Boeing 双层工艺，基片温度和蒸发源流量变化曲线如图 10-17（b）所示。首先在基片温度 400~450℃ 时，沉积第一层富 Cu（Cu/In+Ga>1）的 CIS 薄膜，薄膜具有小的晶粒尺寸和低的电阻率。第二层薄膜是在高基片温度 500~550℃（对于沉积 CIGS 薄膜，基片温度为 550℃）下沉积的贫 Cu 的 CIS 薄膜，这层薄膜具有大的晶粒尺寸和高的电阻

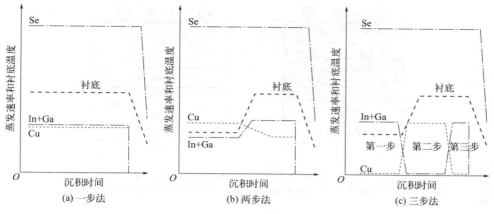

图 10-17　多元共蒸发制备 CIGS 工艺

率。两步法工艺最终制备的薄膜是贫 Cu 的。与一步法比较，双层工艺能得到更大的晶粒尺寸。Klenk 等认为液相辅助再结晶是得到大晶粒的原因。只要薄膜的成分富 Cu，CIGS 薄膜表面就被 Cu_xSe 覆盖，在温度高于 523℃时，Cu_xSe 以液相的形式存在，这种液相存在下的晶粒生长将增大组成原子的迁移率，最终获得大晶粒尺寸的薄膜。

三步法工艺过程见图 10-17（c）。第一步，在基片温度 250～300℃时共蒸发 90% 的 In、Ga 和 Se 元素形成 $(In_{0.7}Ga_{0.3})_2Se_3$ 预制层（precursors），Se/（In＋Ga）流量比大于 3；第二步，在基片温度为 550～580℃时蒸发 Cu、Se，直到薄膜稍微富 Cu 时结束第二步；第三步，保持第二步的基片温度，在稍微富 Cu 的薄膜上共蒸发剩余 10% 的 In、Ga、Se，在薄膜表面形成富 In 的薄层，并最终得到接近化学计量比的 $CuIn_{0.7}Ga_{0.3}Se_2$ 薄膜。三步法工艺制备的 CIGS 薄膜晶粒尺寸为 3～5μm，且呈柱状生长，柱状大晶粒密集紧凑贯穿整个薄膜，是目前制备高效率 CIGS 太阳电池最有效的工艺。

② 先溅射金属预制层后硒化法　先溅射金属预制层后硒化法一般采用直流磁控溅射方法制备 Cu-In-Ga 预制层，在常温下按照一定的顺序溅射 Cu、Ga 和 In。溅射过程中叠层顺序、叠层厚度和 Cu-In-Ga 元素配比对薄膜合金程度、表面形貌等影响尤为明显，并直接影响薄膜与 Mo 电极间的附着力。然后在含硒气氛下对 Cu-In-Ga 预制层进行后处理，得到满足化学计量比的薄膜。后硒化工艺的难点在于硒化过程。硒化过程中，使用的 Se 源有气态硒化氢（H_2Se）、固态颗粒和二乙基硒 [（C_2H_5）$_2$Se，DESe] 三种。后硒化工艺的优点是易于精确控制薄膜中各元素的化学计量比、膜的厚度和成分的均匀分布，且对设备要求不高，已经成为目前产业化的首选工艺。

10.5.3.2　CIGS 薄膜太阳电池的结构

CIS 和 CIGS 薄膜太阳电池的结构如图 10-18 所示。

波音（Boeing）公司制备的电池具有图 10-18（a）所示的结构。基片选用普通玻璃或者氧化铝，溅射沉积 Mo 层作为背电极。$CuInSe_2$ 薄膜采用"两步工艺"制备，又称 Boeing 工艺，即先沉积低电阻率的富 Cu 薄膜，后生长高电阻率的贫 Cu 薄膜。蒸发本征 CdS 和 In 掺杂的低电阻 CdS 薄膜作为 n 型窗口层，最后蒸发 Al 电极完成电池的制备，由此奠定了 CIS 薄膜

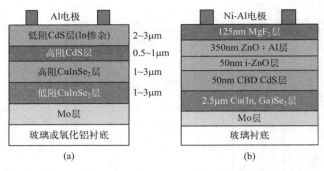

图 10-18　CIS 和 CIGS 薄膜太阳电池的结构

（a）Boeing 公司 CIS 电池典型结构；（b）NREL 的 CIGS 电池典型结构

电池的器件结构基础。

1994 年，美国国家可再生能源实验室（NREL）在小面积 CIGS 电池研究领域取得突破，使用"三步法工艺"制备的 CIGS 太阳电池的转换效率达到了 15.9%，器件结构如图 10-18（b）所示，这也是高效率 CIGS 薄膜电池的典型结构。

小面积 CIGS 薄膜太阳电池性能得以显著提高的主要原因如下。

① S 和 Ga 的掺入不仅增加了吸收层材料的带隙，还可控制其在电池吸收层中形成梯度带隙分布，调整吸收层与其它材料界面层的能带匹配，优化整个电池的能带结构。

② 用化学水浴法（CBD）沉积 CdS 层和双层 ZnO 薄膜层取代蒸发沉积厚 CdS 窗口层材料，提高了电池异质结的质量，改善了短波区的光谱响应。

③ 用含钠普通玻璃替代无钠玻璃，Na 通过 Mo 的晶界扩散到 CIGS 薄膜材料中，改善 CIGS 薄膜材料结构特性和电学特性，提高了电池的开路电压和填充因子。

（1）背接触层

背接触层是 CIGS 薄膜太阳电池的最底层，要求：①与吸收层之间有良好的欧姆接触，尽量减少两者之间的界面态；②有优良的导电性能；③背接触层要与基片之间有良好的附着性，并与其上的 CIGS 吸收层材料不发生化学反应。金属 Mo 是 CIGS 薄膜太阳电池背接触层的最佳选择，这是由于 Mo 和 CIS 之间形成了 0.3eV 的低势垒，是很好的欧姆接触。Mo 薄膜一般采用直流磁控溅射的方法制备。

（2）CdS 缓冲层

高效率 Cu（In，Ga）Se_2 电池大多在 ZnO 窗口层和 CIGS 吸收层之间引入一个缓冲层。目前使用最多且得到最高效率的缓冲层是 Ⅱ-Ⅵ 族化合物半导体 CdS 薄膜。它是一种直接带隙的 n 型半导体，其带隙宽度为 2.4eV。它在低带隙的 CIGS 吸收层和高带隙 ZnO 层之间形成过渡，减少了两者之间的带隙台阶和晶格失配，调整导带边失调值，对于改善 pn 结质量和电池性能具有重要作用。

CdS 薄膜常用化学水浴法制备，可以做出既薄又致密、无针孔的 CdS 薄膜。CBD 法中使用的溶液一般是由镉盐、硫脲和氨水按一定比例配制而成的碱性溶液，有时也加入铵盐作为缓冲剂。在含 Cd^{2+} 的碱性溶液中，硫脲分解成 S^{2-}，它们以离子接离子的方式凝结在基片上。

将玻璃/Mo/CIGS样片放入上述溶液中，溶液置于恒温水浴槽中，从室温加热到 $60\sim80℃$ 并施以均匀搅拌，大约 30min 以内便可完成。

（3）ZnO 窗口层

在 CIGS 薄膜太阳电池中，通常将生长于 n 型 CdS 层上的 ZnO 称为窗口层。它包括本征氧化锌（i-ZnO）和铝掺杂氧化锌（Al-ZnO）两层。作为异质结的 n 型区，ZnO 应当有较大的少子寿命和合适的费米能级的位置。而作为表面层则要求 ZnO 具有较高的电导率和光透过率。因此 ZnO 分为高、低电阻两层，通常高电阻层厚度取 50nm，而低电阻层厚度选用 $300\sim500$nm。

（4）顶电极和减反膜

CIGS 薄膜太阳电池的顶电极是采用真空蒸发法制备的 Ni-Al 栅状电极。Ni 能很好地改善 Al 与 ZnO：Al 的欧姆接触。同时，Ni 还可以防止 Al 向 ZnO 中扩散，从而提高电池的长期稳定性。整个 Ni-Al 电极的厚度为 $1\sim2\mu m$，其中 Ni 的厚度约为 $0.05\mu m$。

太阳电池表面的光反射损失大约为 10%。为减少这部分光损失，通常在 ZnO：Al 表面上用蒸发或者溅射方法沉积一层 MgF_2 减反膜。

10.5.4 碲化镉薄膜太阳电池

10.5.4.1 CdTe 薄膜

CdTe 非常适合制作薄膜太阳电池的吸收层。CdTe 能隙是 1.45eV 的直接能隙，能很好地匹配太阳辐射谱，有很强的光吸收。CdTe 强烈地趋向于生长成为高度符合化学配比的 p 型半导体薄膜，能和 CdS 形成 pn 异质结〔CdS 具有略宽的能隙（2.4eV），在通常的沉积技术中生长成为 n 型材料〕。目前已经开发出简单的、适合于低成本产品的沉积技术。但 CdTe 的缺点也很明显：一是 CdTe 常温下虽稳定无毒，但 Cd 和 Te 有毒，生产时有污染，电池失效后需要回收；二是稀有元素 Te 资源有限。

CdTe 是一种直接带隙的 Ⅱ-Ⅵ 族化合物半导体材料，具有立方闪锌矿结构，其晶格常数为 6.481Å。如果从 <111> 方向看，它还可以被认为是六方的密集面交替堆积而成的晶体结构。CdTe 晶体主要以共价键结合，但含有一定的离子键，具有很强的离子性，其结合能大于 5eV，因此，CdTe 晶体具有很好的化学稳定性和热稳定性。

10.5.4.2 CdTe 薄膜的制备

CdTe 薄膜最常用的制备方法为近空间升华法。

在 500℃ 以上时，化学计量比为 1：1 的 CdTe 可以稳定存在。另外，在真空条件下高温处理，CdTe 会分解为 Cd 原子和 Te_2 分子，其饱和蒸气压的比例为 $p_{Cd}：p_{Te}=2：1$。

制备 CdTe 薄膜最直接的方法是升华。即在真空中，将 CdTe 粉末加热至 700℃ 左右蒸发分解，这些活性 Cd、Te 便在温度较低的基片上凝结下来，得到 CdTe 薄膜。反应方程式为

$$CdTe \Longleftrightarrow Cd + Te \tag{10-12}$$

在简单升华法基础上发展起来的近空间升华技术，具有沉积速率高、设备简单、薄膜结晶质量好、蒸发材料少、生产成本低、电池的光电转换效率高等优点。近空间升华法制备CdTe示意图如图 10-19 所示。

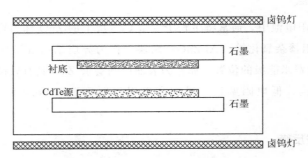

图 10-19　近空间升华法制备 CdTe

设备利用卤钨灯作为加热源，利用石墨作为基片，在下石墨片上放置高纯的 CdTe 薄片或粉料作为源材料，在上石墨片上倒置基片，以便 CdTe 升华后沉积。两石墨块的间距为 1～30mm，使得源材料与基片之间的距离要小于基片长度的 1/10，重要的是基片和源材料要尽量靠近放置，使得两者的温度差尽量小，从而使薄膜的生长接近理想平衡状态。

通常基片温度为 550～650℃，而源材料的温度比基片要高 80～100℃，使得高温的 CdTe源材料升华，在基片上沉积 CdTe 多晶薄膜材料，其晶粒大小为 $(2～5)×10^3$nm。反应室使用高纯石英管，在反应开始时，首先将反应室抽真空，然后再在反应室中充入氮气或氩气作为保护气。实际工艺中，常常掺入 10% 左右的氧气，并保持 $7.5×10^2～7.5×10^3$Pa 真空度，促使升华后的活性 Cd、Te_2 不直接蒸发到基片上，而是与惰性气体分子碰撞数次后才到达基片表面，以便获得厚度均匀的致密薄膜晶体。

CdTe 薄膜沉积速率主要取决于源材料的温度和反应室气压，一般沉积速率为 1.6～160nm/s，最高可达 750nm/s。而薄膜的微结构则取决于基片温度、源材料与基片的温度梯度和基片的晶化状况。一般情况下，近空间升华法只能制备多晶 CdTe 薄膜，晶向大多偏向＜111＞方向，晶粒为柱状的多晶体，大小在数百纳米到数微米之间；而且，随着基片温度的升高和薄膜厚度的增加，柱状晶粒的尺寸也在增大，直径可以达到 15μm 以上。

10.5.4.3　CdTe 薄膜太阳电池的特点

1963 年，D. A. Gusano 制备了第一个 CdTe 薄膜太阳电池，主要由 p-Cu_2Te/n-CdTe 组成，其光电转换效率达到了 6%。1982 年，Kodak 实验室利用化学沉积的方法在 p-CdTe 上制备了一层非常薄的 CdS 薄膜，制备了效率超过 10% 的 n-CdS/p-CdTe 结太阳电池。目前，First Solar 公司生产的 CdTe 薄膜太阳电池的效率已达 22.1%。

相较于传统的晶硅太阳电池，CdTe 薄膜太阳电池有诸多优点。①CdTe 吸收层具有较高的光吸收系数，厚度仅为几个微米的 CdTe 就可以满足对太阳光的高效吸收。相比之下，晶硅材料光吸收系数仅为 CdTe 材料的百分之一，因此，晶硅电池厚度通常为几百微米。从节约材料角度，CdTe 薄膜太阳电池占据绝对优势。②CdTe 薄膜电池的制备工艺简单，CdTe 容易沉积成大面积薄膜，沉积速率高，CdTe 薄膜的生长通常采用近空间升华法，这种方法技术简单、成熟、稳定，能极大降低生产成本。③CdTe 太阳电池的温度系数比晶硅电池低 3% 左右，相同温度下，CdTe 太阳电池性能更加稳定。④潮湿天气下，CdTe 电池能量损失小于晶硅电池。除此之外，CdTe 薄膜电池采用上基片结构，无电极遮挡造成的光损失，CdTe 薄膜太阳电池可制备成柔性太阳电池，具有较广阔的应用前景。

由于 CdTe 存在自补偿效应，制备高电导率、浅同质结很困难，虽然由同质结 n-CdTe/p-CdTe 也可以制作太阳电池，但是光电转换效率很低，一般小于 10%。其原因是：CdTe 的光吸收系数很高，使得大部分光在电池表面 $1 \sim 2 \mu m$ 内就已经被吸收并且激发出电子-空穴对，但是这些少数载流子几乎也就在表面被复合掉，即在电池的表面形成了"死区"，从而导致其光电转换效率较低。为了避免这种现象，实用的 CdTe 电池均采用异质结结构，一般是在 CdTe 的表面生长一层"窗口材料"，如 CdSe、ZnO、CdS 等，其中 CdS 的结构与 CdTe 相同，晶格常数和热膨胀系数差异小，最适合作窗口层，所以，目前高效率 CdTe 电池的结构基本上都是 n-CdS/p-CdTe。在这样的电池结构中，CdS 产生的少数载流子几乎在表面上被复合掉，而 CdTe 产生的少数载流子则被内建电场分离扩散到两极上，为负载提供电流。

图 10-20 是典型的 CdTe 薄膜太阳电池结构。由背接触层、p 层 CdTe 薄膜（$5 \mu m$）、n 层 CdS 薄膜（100nm）、透明电极 TCO 薄膜（250nm）和玻璃基片组成。

光通过玻璃基片进入电池，横穿 TCO 层和 CdS 层。CdTe 薄膜是电池的吸收层。电子-空穴对在接近结的区域产生，电子在内建电场的驱动下进入 n 型 CdS 膜，空穴仍然在 CdTe 内，空穴的聚集会增强材料的 p 型电导，最终经由背接触层离开电池。TCO 薄膜和背接触连接的金属电极构成电池的两极。

由于 CdTe 对波长低于 800 nm 的光有很强的吸收（$10^5 \mathrm{cm}^{-1}$），薄膜几微米的厚度将足以完全吸收可见光。因一些实际的原因，常常选用 $3 \sim 7 \mu m$ 的厚度。

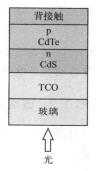

图 10-20　CdTe 薄膜
太阳电池结构

10.6　透明导电薄膜

1907 年 Badeker 首次报道了热氧化 Cd 薄膜生成半透明导电的 CdO 薄膜，引起了人们对这种既透明又导电的材料的浓厚兴趣。但实际应用则要到第二次世界大战时期，由于军事上的需求，即在飞机的挡风玻璃和舷窗上涂覆透明导电氧化物薄膜可以达到除霜防止结冰的效果，这种薄膜才引起了广泛的重视。随着半导体工业的发展，各种光电器件得到迅速发展，从个人使用的手机、电脑、电视到太阳能电池、智能窗（电致变色器件）、热反射膜、电磁屏蔽窗、有机发光二极管器件（OLED）等，可以说这些器件都离不开透明导电薄膜。一个光电器件需要两个电极才能工作，而其中一个电极必须透明从而让光自由进出，因此既有良好导电能力又有高透光性的透明导电薄膜是必然的选择。

10.6.1 透明导电薄膜材料

透明导电氧化物薄膜的基本要求：宽禁带，一般大于3eV，因此具有紫外截止特性；高的可见光区透射率，大于80%；低的电阻率，小于$10^{-3}\Omega\cdot cm$。

10.6.1.1 透明导电金属薄膜

Au、Ag、Pt、Al等金属都有良好的红外反射率，但其载流子浓度约$10^{20} cm^{-3}$，使金属的等离子频率位于近紫外光区，因此在可见光区不透明呈现反射特性。然而，若将金属厚度减薄至20nm以下，对光的透射率会大大增加，同时吸收也大幅减少，从而成为一种透明导电薄膜。问题在于，当金属的厚度低于10nm量级后，很容易形成不连续的岛状结构，不仅使薄膜的电阻率明显升高，而且散射加剧严重影响到透光性，很难满足电导率和透光性俱佳的要求。同时，在玻璃基片上Au、Ag等附着性很差，而Cu、Al等则易被环境中的气氛氧化或腐蚀，另外这些金属薄膜的机械强度较差，易划伤。若要真正使用，需要在金属层上下各镀一层介质膜，起到保护金属层并提高附着力的作用。常见的有$Bi_2O_3/Au/Bi_2O_3$、$SiO_2/Au/ZrO_2$、$TiO_2/Ag/TiO_2$等，如$Bi_2O_3/Au/Bi_2O_3$中，Bi_2O_3厚度为45nm，Au厚度为15nm，电阻$4\Omega/\square$，可见光透射率约73%。现在也有将金属和导电氧化物结合的方法，如In_2O_3：Sn/Au/In_2O_3：Sn、ZnO：Al/Ag/ZnO：Al等，这样可进一步减小金属层厚度来提高透射率，同时不影响其导电性。

10.6.1.2 透明导电氧化物薄膜

目前得到广泛研究和普遍应用的材料主要是SnO_2、In_2O_3和ZnO体系的透明导电氧化物薄膜。

（1）SnO_2基透明导电薄膜

第一个投入商用的透明导电材料是二氧化锡（SnO_2）及其掺杂化合物，主要有SnO_2、SnO_2：Sb、SnO_2：F等。

SnO_2是n型宽能隙半导体，禁带宽度为3.5~4eV，在可见光及近红外光区透射率约为80%，等离子边位于$3.2\mu m$处，折射率大约为2.0，消光系数接近于零。SnO_2薄膜与玻璃、陶瓷基片附着良好，附着力可达20MPa，其莫氏硬度为7~8，且化学稳定性较好，可以经受化学刻蚀作用。

SnO_2的载流子主要来自晶体中存在的缺陷，即氧空位或间隙Sn原子或其它掺杂杂质，它们可作为施主或受主。即便是具有严格化学剂量比的SnO_2晶体也可以在还原气氛中进行适当的热处理，由此产生氧空位，而具有导电性。但此过程是可逆的，只要在空气或氧气中加热晶体至500~1000℃，这些氧空穴载流子很容易被去掉。

为了进一步提高SnO_2的导电性，通常掺杂一些元素，最常用的掺杂元素有Sb、P、Te、W、Cl、F，如掺Sb或F，分别表达为SnO_2：Sb、SnO_2：F。可通过掺杂Sb^{5+}进入二氧化锡晶格占据Sn^{4+}的位置，提供一个额外的电子。而由掺杂F^-进入二氧化锡晶格，替代了O^{2-}的位置，也同样会提供一个额外的电子。SnO_2：Sb的光透射率为70%，电阻率约$10^{-3}\Omega\cdot cm$；

而 SnO_2：F 的光透射率为 80%，电阻率可达到 $9.1 \times 10^{-3} \Omega \cdot cm$。

F 元素掺杂不同于常见的阳离子替位，而是将对 O^{2-} 进行替位或形成间隙 F 原子。SnO_2：F 薄膜的载流子迁移率为 $25 \sim 50 cm^2 / (V \cdot s)$，高于相同条件下制备的 SnO_2 和 SnO_2：Sb 薄膜中的迁移率。未掺杂 SnO_2 薄膜具有直接跃迁（4.02eV）和间接跃迁（2.43eV），掺杂引起跃迁能量发生变化，Sb 和 F 掺杂的 SnO_2 薄膜的直接跃迁分别介于 $4.13 \sim 4.22eV$ 和 $4.18 \sim 4.28eV$ 之间，间接跃迁分别介于 $2.54 \sim 2.65eV$ 和 $2.63 \sim 2.73eV$ 之间。

（2） In_2O_3 基透明导电薄膜

In_2O_3 薄膜的直接跃迁禁带宽度在 $3.55 \sim 3.75eV$ 之间，随着载流子浓度的提高，表观带宽在增大；可见光段透射率为 85% 左右。In_2O_3 的价带由 O 2p 态和 In 5s 成键态杂化形成，而导带主要由 In 5s 反键态组成，费米能级位于导带底附近。In_2O_3 薄膜由于氧空位存在而导电，氧空位是一种点缺陷。

In_2O_3 的施主杂质浓度在 $10^{19} cm^{-3}$ 以上，霍尔迁移率在 $50 cm^2 / (V \cdot s)$ 以上。同其它未掺杂的透明导电材料一样，一般采用高价阳离子替位或低价阴离子替位的方法来提高 In_2O_3 薄膜的光电性能。常用的掺杂元素有 Sn、W、Mo、Zr、Ti、Sb、F 等，其中掺杂 Sn 的 In_2O_3 膜综合性能最佳。

氧化铟锡（In_2O_3：Sn，ITO）薄膜是一种体心立方铁锰矿结构的 n 型宽禁带透明导电材料。在 In_2O_3 中掺入 Sn 后，Sn 可替代 In_2O_3 晶格中的 In，成为替位杂质，Sn^{4+} 替代 In^{3+} 扮演 n 施主角色。因为 In_2O_3 中的 In 元素是三价，形成 SnO_2 时将贡献一个电子到导带上，同时在一定的缺氧状态下产生氧空位，形成 $10^{20} \sim 10^{21} cm^{-3}$ 的载流子浓度和 $10 \sim 30 cm^2 / (V \cdot s)$ 的迁移率。ITO 具有优异的光学性能：在 550 nm 波长处对可见光的透过率可达 85% 以上；低的电阻率（$10^{-5} \sim 10^{-3} \Omega \cdot cm$）；较宽的能隙（$3.5 \sim 4.3eV$）；红外反射率大于 80%；紫外吸收率大于 85%。同时还具有高的硬度、耐磨性，且容易刻蚀成一定形状的电极图形等优点。因此，ITO 薄膜被广泛应用于液晶显示器、电致发光显示器、电致变色显示器、场致发光平面显示器、太阳能电池、汽车、舰船、防雾气防霜冻视窗和高层建筑的节能玻璃幕墙等。此外，ITO 薄膜对微波还具有强烈的衰减作用（衰减率达 85%），在防电磁干扰的透明屏蔽层的应用上具有很大潜力。

（3） ZnO 基透明导电薄膜

ZnO 是直接跃迁型 Ⅱ-Ⅵ 族半导体，较宽的禁带宽度导致氧空位（为施主态）的形成能比较低，因而 ZnO 通常以 n 型导电类型存在。ZnO 价带由填满的 O 2p 态和 Zn 3d 成键态杂化形成，而导带主要由 Zn 4s 反键态组成，费米能级位于导带底附近。ZnO 既可以具有闪锌矿结构，又可以具有纤锌矿结构。一般情况下，ZnO 及其掺杂物都是六方密排纤锌矿结构。

在氧化锌薄膜中常用的掺杂元素包括Ⅲ族元素（如 Al、Ga、In、B）和Ⅳ族元素（如 Si、Ge、Ti、Zr、Hf）以及Ⅶ族元素（如 F），还有稀土元素掺杂（如 Sc 或 Y）。其中 F 掺杂 ZnO（ZnO：F）和 B 掺杂 ZnO（ZnO：B）薄膜由金属有机化学气相沉积（MOCVD）制备，其它掺杂 ZnO 由磁控溅射、脉冲激光沉积和电弧离子镀沉积制备。未掺杂 ZnO 的禁带宽度为 $3.2 \sim 3.3eV$，而掺杂 ZnO 的禁带宽度为 $3.4 \sim 3.9eV$，这主要取决于工艺以及掺杂量。掺杂

Al、Ga 或 In 后，ZnO 薄膜在电学性能及稳定性方面都有显著改善。Al 掺杂的 ZnO 每个替位 Al 离子可释放一个自由电子进入导带，具有良好的电导率。

（4）多元氧化物透明导电薄膜

多元氧化物透明导电薄膜来源于对几类二元氧化物材料之间优化组合得到的一些新材料，设计初衷是通过不同二元化合物（即常见的 ZnO、In_2O_3、Ga_2O_3、SnO_2、CdO）之间的混合，力图发现新的相组成（有些相在块体中是亚稳相，但是以薄膜形式可以稳定存在），调整透明导电薄膜的性能，如电学性能、禁带宽度和功函数，以满足不同应用需要。代表性材料为 Cd_2SnO_4、$CdSnO_3$、$MgIn_2O_4$、$Ga_2In_2O_3$ 等三元化合物以及 $Zn_2In_2O_5$-$MgIn_2O_4$、$GaInO_3$-$Zn_2In_2O_5$ 等多元化合物。

镉锡酸盐有两种相，分别是 Cd_2SnO_4 和 $CdSnO_3$。Cd_2SnO_4 晶体具有斜方晶系结构，而 $CdSnO_3$ 晶体既可以是斜方晶系结构，也可以是斜方六面体晶系结构，它们分别属于钙钛矿型结构和钛铁矿型结构。对溅射 Cd_2SnO_4 薄膜的研究发现，薄膜具有立方尖晶石结构，一般具有 [100] 的择优取向。

通常情况下，用各种方法制备的 Cd_2SnO_4 薄膜是接近化学计量比的，具有较高的电阻率。溅射得到的薄膜一般由 CdO 和 $CdSnO_3$ 两相组成，并且很大程度上取决于溅射条件。但是对这些薄膜进行后热处理（温度 $600 \sim 700\,℃$，气氛 Ar-CdS），薄膜中的 CdO 含量都呈减少趋势，并伴随晶格常数升高，这是由于镉从 CdO 中分解出来又扩散到 Cd_2SnO_4 中。

利用射频反应溅射工艺制备 Zn_2SnO_4 和 Cd_2SnO_4 薄膜时发现，在相同工艺条件下，二者在 $400 \sim 850\,nm$ 波长范围内，透射率均大于 90%，显示出良好的光学性能。但是，Zn_2SnO_4 薄膜的最低电阻率只有 $10^{-2}\,\Omega \cdot cm$ 量级，而 Cd_2SnO_4 薄膜最低电阻率可达 $2 \times 10^{-2}\,\Omega \cdot cm$，可与 ITO 薄膜的性能相比拟。值得注意的是，$Cd_2SnO_4$ 薄膜除了具有低的电阻率外，它的自由载流子浓度较小，迁移率较大 [$80\,cm^2/(V \cdot s)$]，已成为透明导电薄膜的研究热点。

（5）p 型导电氧化物薄膜

绝大多数透明导电薄膜为 n 型。这是由于在众多氧化物中，本征施主杂质缺陷的形成能很低，在制备的薄膜中它们以高密度的自然形式存在而导致导电类型为 n 型。如果掺入受主杂质，薄膜中原本存在的本征的施主杂质缺陷所释放的自由电子就会与受主杂质释放的空穴相复合，从而使得受主掺杂失效，即所谓的自补偿效应。此外，大多数氧化物的价带顶部存在强的局域态，故而使大多数透明导电氧化物很难形成 p 型导电。

随着电子工业产业化进程的加速，越来越多的应用领域需要高性能的 p 型透明导电氧化物。它可以和 n 型透明导电氧化物一起构成透明氧化物 pn 结，使 TCO 薄膜摆脱只能作为单一涂层使用而无法构成有源器件的状况。此外，对于包含 p 型半导体工作区的器件，如有机发光二极管、太阳能电池等，也需要有性能良好的 p 型 TCO 电极与之形成欧姆接触，避免 n 型电极与器件中 p 型半导体接触时形成势垒以引起性能劣化。

目前已报道的 p 型 TCO 薄膜按材料的分类，主要可以分为铜铁矿系 AMO_2 化合物（A＝Cu、Ag，M＝Al、Ga、Sr）、层状结构的氧硫族化合物 LnCuOCh（Ln＝La、Ce、Pr 或 Nd，Ch＝S、Se 或 Te）以及掺杂的二元氧化物（N 掺杂 ZnO）等。目前关于 ZnO 薄膜 p 型掺杂的研究主要集中在 N、P、As 等 V 族元素以及施主-受主元素的共掺杂上。

10.6.2 透明导电薄膜制备

10.6.2.1 透明导电薄膜制备概述

透明导电薄膜主要的制备工艺包括蒸发、溅射、脉冲激光沉积、喷涂热分解等。透明导电薄膜的光学与电学性能受制备工艺影响较大，同时各种氧化物材料本身结构特性也不同，因此每种材料都有其适合的制备工艺。比如磁控溅射法工艺成熟，已用于 ITO 薄膜的大规模商业化生产，但也存在成本高、效率低的问题，因此主要用在平板显示器等光电器件上。喷涂热分解法则成本低廉，但性能不及磁控溅射制备的薄膜，可用于制备电学性能要求不高的反红外薄膜，如低辐射玻璃等，其成功的例子是 SnO_2：F 薄膜。

真空蒸发可以直接蒸发氧化物，如 In_2O_3、SnO_2、Cd_2SnO_4 等。但氧化物的分解，会存在氧含量不足，因而需要在氧气氛下蒸发，或者进行大气退火处理，以提高其光学性能。也可以采用反应蒸发，蒸发速率控制在 $10\sim30nm/min$，基片通常要加热到 400℃，以保证金属原子与氧分子在基片上反应生产氧化物。

磁控溅射是常用的薄膜制备手段，其中直流反应磁控溅射和中频溅射尤其适合工业化生产氧化物薄膜。溅射靶材采用 InSn 合金靶，Sn 的含量为 $10\%\sim15\%$。沉积速率与氧分压、溅射功率和基片温度密切相关。

喷涂热分解法装置如图 10-21 所示，化学溶液通过喷嘴，均匀喷射到加热的基片表面进行反应，由于喷射出的液滴速度很快，呈雾状，也叫喷雾热解。通过移动基片或喷嘴，可大面积地均匀成膜。喷嘴的几何形状会影响喷出液滴的形状、大小、速度及分布，液滴的动能变化则影响到薄膜的形成。除喷嘴外，溶液成分、气体与溶液流速、基片温度、喷嘴与基片间距离、喷涂时间等都会影响到薄膜的性能。

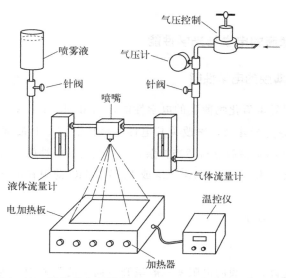

图 10-21　喷涂热分解法制备 SnO_2：F 透明导电薄膜装置

10.6.2.2　柔性透明导电薄膜的制备工艺

透明导电薄膜的基片一般是玻璃，而柔性基片（flexible substrate）有可挠曲、重量轻、不易破碎、可用卷绕式大面积生产、便于运输等优点，在柔性基片上制备的透明导电薄膜光学和电学性能也能保持较高水平。这种薄膜可广泛应用于制造柔性发光器件、柔性液晶显示器和柔性基片薄膜太阳能电池等。

选择有机柔性基片材料时，要求其透明性好（＞90％），与透明导电薄膜热膨胀系数匹配，黏附性好。常用材料有聚对苯二甲酸乙二醇酯（polyethylene terephthalate，PET）、聚碳酸酯（polycarbonate，PC）和聚酰亚胺（polyimide，PI）等。在柔性基片上沉积透明导电薄膜有两个缺点：柔性基片不耐高温；对氧气、水蒸气的阻隔性能差。低的基片温度和差的基片阻隔性不利于透明导电薄膜的成核与长大，并且薄膜与基片的附着力小，从而导致较强的边界散射，使薄膜的电阻率升高。因此在沉积前可对柔性基片进行处理，通过在柔性基片上沉积无机缓冲层，使柔性基片的阻隔性提高。通常沉积的无机缓冲层有 SiO_2、ZnO、Al_2O_3等，也可沉积聚酰亚胺、聚对二甲苯等有机缓冲层。另外，要控制沉积时基片温度，温度过高，有机基片受到高温损伤；温度过低，沉积上去的原子团没有足够的能量迁移、结晶，会增加薄膜中的缺陷，从而使获得的薄膜晶粒尺寸偏小、电阻率偏大、可见光透过率不高等。此外还有用紫外光取代传统的热处理对沉积的薄膜进行后处理以此降低薄膜的电阻率。

随着柔性透明导电薄膜应用领域的扩大，要求其具有更低的电阻率和更高的可见光透过率。一个方案采用电介质/金属/电介质多层导电薄膜结构，将金属层作为高反射层嵌入两个电介质层之间可使薄膜可见光透射率增加、电阻率降低。Choi 等用磁控溅射法制备了 ITO/Ag/ITO 多层膜，Ag 是一层厚度 14nm 的连续膜层，ITO 层厚度为 55～60nm，多层膜的最低表面电阻为 4Ω/□，550nm 处透过率为 90％。Sahu 等采用磁控溅射法制备了 ZnO/Ag/ZnO 多层膜，研究了薄膜溅射时间和基片温度对多层膜性能的影响，表面电阻为 3Ω/□，580nm 处透过率为 90％。

10.6.3　透明导电薄膜的电学与光学性能

10.6.3.1　透明导电薄膜的电学性能

掺杂可以提高透明导电氧化物薄膜的电学性能，如用 Sb、F、As、In、Ta、P、Te、W、Mo 等元素对 SnO_2薄膜进行掺杂，来改善其电性能，其中 Sb、F 最常用。采用 Sn、F、Ti、Pb、Zr、Sb 等元素对 In_2O_3薄膜进行适当掺杂，可以提高其电性能。其中，Sn 是 In_2O_3薄膜中最有效和常用的掺杂元素。而掺杂 Al、Ga 或 In 后，ZnO 薄膜在电学性能及其稳定性方面都有显著改善。

影响电学性能的因素如下。

（1）掺杂量

随着掺杂水平的提高，薄膜的电阻率一般呈开口向上的类抛物线规律。在一定范围内随着掺杂含量的增加，载流子浓度 N 不断增大，霍尔迁移率 μ 先增大后减小（由于离化杂质散射的作用），但是前者作用大于后者，因而电阻率呈单调减小，高价阳离子替位是提高本征透明导电薄膜电学性能的有效途径。但当到达某一临界值后，继续提高掺杂水平，电子浓度趋于一个饱和值，此时外来杂质在薄膜中与氧反应生成不导电的第二相，致使电子迁移率急剧下降，在 N 和 μ 的综合作用下（μ 起主导作用），电阻率呈升高的趋势。

（2）基片温度

随着沉积温度升高，电阻率变化呈开口向上的类抛物线规律，而对载流子浓度和迁移率的影响较为复杂。载流子迁移率的大小依赖于薄膜中存在的各种宏观和微观的缺陷。宏观缺陷包括晶界、残余应力和薄膜表面粗糙度等；微观缺陷则主要是离化杂质和中性杂质原子等。温度对 μ 的影响主要体现在它对于薄膜中形成的各种缺陷的影响。

（3）氧气分压

较低氧气分压时，薄膜内存在严重的氧空位使得薄膜呈现类金属的颜色而失去透明性，而且严重的氧空位扰乱了晶格排列的周期性从而恶化成膜质量；升高氧分压到一个临界最佳值，氧空位数量适当而且其它替位掺杂发挥了施主的作用，因而电阻率不断下降直至最低值；氧分压超过临界值后，随着薄膜中含氧量增加，多余氧占据氧空位的位置使得氧空位数量减少，或者使外来施主杂质失去掺杂效果，薄膜化学成分接近于计量比直至成为绝缘体。

（4）溅射功率

溅射功率对电阻率的影响呈开口向上的类抛物线规律，对于采用陶瓷靶磁控溅射制备的 ZnO：Al 薄膜，可分为三个阶段来描述。在低能量段，由于等离子中的能量较小而不足以把 Al_2O_3 的 Al—O 键打开。溅射粒子动能较小，发生表面扩散迁移和再结晶的可能性较小，薄膜中晶粒尺寸较小，而且相对于外来施主，间隙 Zn 原子和氧空位在导电机制方面居于主导地位。在中间能量段，氩离子有足够的能量把 Al—O 键打开，而且沉积到薄膜最表面处的吸附原子能够进行充分的迁移，相对于本征施主而言外来施主掺杂在导电机制方面居于主导地位，可进一步降低电阻率。在较高能量段，沉积速率较快，在高能粒子特别是氧离子、中性氧原子的过分轰击作用下，薄膜结晶质量显著下降，导致电阻率升高。

（5）膜厚

薄膜电阻率与膜厚有关。一般来说，当膜厚小于 100nm 时，电阻率比较大，而且随着薄厚的增加，电阻率急剧降低。在此范围内，薄膜由岛状的不连续生长转变为连续生长。随膜厚继续增加，电阻率减小的趋势变缓，直至趋于一个稳定值。

（6）退火

一般情况下，沉积态薄膜中存在非稳定相或非平衡组织结构，通过后续退火处理，可以改善显微组织结构，从而改变其物理性能。在不同气氛下退火，还可以改变薄膜的组分，改善其光学透射率或降低电阻率。

10.6.3.2　透明导电薄膜的光学性能

在不同波段内，透明导电薄膜的光学性质不同。

（1）紫外截止

当薄膜内载流子浓度大于导带的有效态密度，导带的低能级上将填充满电子，那些能量大于禁带宽度的光子被吸收，即具有紫外截止特性。吸收边位于紫外区，吸收波长由禁带宽度决定。

（2）可见光波段透明和近、中红外波段反射

根据德鲁特理论，等离子体频率

$$\omega_p = \sqrt{\frac{4\pi Ne^2}{\varepsilon_0 \varepsilon_\infty m^*}}$$

式中，ε_0 为真空介电常数；ε_∞ 为高频介电常数；m^* 为电子有效质量；e 为电子电荷；N 为载流子浓度；ω_p 对应的等离子波长为 λ_p。

当入射电磁波频率 ω 等于 ω_p 时，自由载流子作为整体与之发生共振，自由载流子吸收增大。对于 TCO 薄膜，频率低于 ω_p（近、中红外波段）的电磁波被屏蔽，表现为强反射，薄膜类似金属；频率高于 ω_p（可见光波段）的电磁波表现为透射，薄膜类似介质。因此，ω_p 确定了 TCO 薄膜透射区的频率下限。

（3）远红外区声子吸收

远红外区存在声子吸收，为极性光学声子与横向电场之间的耦合结果。在 6.5～13GHz 短波波段强反射。在 200～3000nm 波长范围内则存在三种类型的电子激发：禁带跃迁、从价带到导带的带间跃迁、在导带内部的电子跃迁。

等离子体频率 ω_p 与载流子浓度 N 的二分之一次方成正比，因此等离子波长 λ_p 的改变可由调节载流子浓度（掺杂）来实现。图 10-22 为不同载流子浓度的 ITO 薄膜的透射率和反射率曲线，可以看到，载流子浓度为 5×10^{20} 的 ITO 薄膜其等离子波长 λ_p 约在 $1.75\mu m$ 处，当载流子浓度增大到 13×10^{20} 后，等离子体频率 ω_p 也随之增大，等离子波长 λ_p 则蓝移到约 $1.1\mu m$ 处，在 $1～2\mu m$ 近红外波段反射率增大，透射率减小。

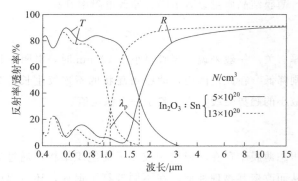

图 10-22　不同载流子浓度的 ITO 薄膜的透射率和反射率曲线

10.6.4　高价态掺杂透明导电氧化物薄膜

近年来，随着 TCO 薄膜的不断发展，复旦大学材料科学系章壮健课题组首先采用反应蒸

发法在350℃基片温度下制备了高载流子迁移率透明导电In_2O_3：Mo（IMO）薄膜。掺杂的Mo以Mo^{6+}代替In_2O_3中In^{3+}，Mo^{6+}和In^{3+}的价态差为3，使得薄膜在少量的掺杂条件下就可以获得较多的自由载流子，从而具有高的载流子迁移率和低的光学吸收。对一般固体而言，透明性与导电性似乎是永远的矛盾，而IMO薄膜却能够在不牺牲其光学性能的前提下提高自身的电导率。因此，IMO薄膜很快成为新型TCO薄膜中的研究热点。实际上能够作为掺杂元素的种类是有限的。首先，掺杂元素离子的尺寸不能大于被代替元素离子的尺寸；其次，掺杂元素不能与原金属氧化物发生化学反应而形成新的化合物；然后，还要有合适的工艺能够实现掺杂过程。In_2O_3中In^{3+}的离子半径为$8.1×10^{-11}$m，而Mo^{6+}的离子半径为$6.2×10^{-11}$m，故Mo^{6+}具有替代In_2O_3中In^{3+}的可能性。

IMO薄膜常见的制备方法有热反应蒸发法、直流磁控溅射法、射频磁控溅射法、脉冲等离子体沉积法、中空阴极溅射法、高密度等离子体蒸发技术以及热分解喷镀技术等。从不同沉积技术下制备的IMO薄膜的XRD谱可以看出，谱中的各个特征谱线都与方铁锰矿结构的In_2O_3晶体的标准衍射谱线相吻合。这表明，In_2O_3中掺入Mo^{6+}后未形成新的化合物，而且Mo^{6+}是取代了In_2O_3晶格中的In^{3+}而不是嵌在晶格之间形成间隙原子。因此可以认为，IMO是具有较高价态的掺杂良好的TCO薄膜。

（1）电学性能

在对TCO薄膜的研究中，过去通常采用提高载流子浓度的方法来提高TCO薄膜的电导率，而TCO薄膜对可见光的吸收随着自由载流子浓度的增大而增大。虽然有人已经意识到，增大载流子的迁移率不会恶化薄膜的光学性能，但如何有效提高载流子迁移率却一直是个难题。已经研究多年的In_2O_3：Sn、SnO_2：F和ZnO：Al等TCO薄膜的载流子迁移率一般在$20\sim60cm^2/(V·s)$之间，比电子工业中使用的常规半导体材料低1~2个数量级。而IMO薄膜的载流子迁移率高于$100cm^2/(V·s)$，远超过其它TCO薄膜的载流子迁移率。IMO薄膜的可见光平均透射率（含1.2nm厚玻璃基底）超过80%，电阻率低至$1.7×10^{-4}Ω·cm$，成功实现了利用提高载流子迁移率的方法来提高薄膜的电导率，解决了高透射率与高电导率之间的矛盾。

通常认为TCO薄膜的载流子迁移率主要受电离杂质散射的影响。孟扬等用复合效应对IMO薄膜和ITO薄膜的载流子迁移率进行分析后认为，IMO薄膜的高载流子迁移率得益于其高达3的价态差。对于较高温度下制备的IMO薄膜，对载流子迁移率起主要作用的散射机制是带电离子散射和电中性复合粒子散射。

在ITO薄膜中，每一个晶格间隙O^{2-}与Sn^{4+}结合成一个电中性复合粒子后，就会使两个掺杂的Sn^{4+}失去贡献载流子的电活性。而在IMO薄膜中，每个掺杂离子Mo^{6+}带有三个正有效电荷，即使一个Mo^{6+}与晶格间隙中的一个O^{2-}复合后，结合成的复合离子仍会贡献一个载流子，因此IMO薄膜中形成的电中性复合粒子数目较少。而电中性复合粒子散射强度与电中性复合粒子浓度成正比关系，导致价态差为3的IMO薄膜中的电中性复合粒子对载流子的散射较弱。

IMO薄膜从提高载流子迁移率方面提高了TCO薄膜的电导率，是TCO薄膜领域的一个突破。对于电子器件或导线，高迁移率形成高电流，从而可以使电容性负载快速充放电而获得高的运行速度，载流子迁移率成为确定器件响应速度和功耗的主要因素之一。提高 TCO 薄膜的载流子迁移率无疑对开发高性能透明电子器件具有重要的作用。

（2）光学性能

不掺杂的 In_2O_3 禁带宽度约为 3.75eV，这意味着 In_2O_3 薄膜对光波的吸收边缘短于 330nm，处于近紫外区，即 In_2O_3 薄膜在可见光区域是透明的。当 In_2O_3 中掺入 Sn^{4+} 或 Mo^{6+} 等高价阳离子后，会形成 n 型掺杂半导体。随着载流子浓度 N 的增大，其等离子频率 ω_p 随之增大，等离子吸收波长 λ_p 则移向可见光波段。

在同样的电阻率下，IMO 具有较低的载流子浓度，因此其等离子体吸收波长 λ_p 朝长波方向移动，表现为在近红外波段有较高的透射率。太阳光有近 50% 的能量集中在近红外波段。因此，如果使用宽透射波段的 IMO 薄膜作为太阳电池的透明电极，可以更充分地利用太阳能，从而有望进一步提高太阳电池的光电转换效率。

（3）其它高价态掺杂透明导电薄膜

W 的价态是 +6 价，如果在 In_2O_3 中掺入 W，也有 Mo 掺杂的类似作用。IWO 薄膜同样具有高迁移率 [$73cm^2/(V \cdot s)$] 与高近红外透射率。高价态掺杂的新型 TCO 薄膜 In_2O_3：Mo（IMO）和 In_2O_3：W（IWO），由于其较高的掺杂效率，相比于传统的商业 ITO 薄膜，具有高迁移率与近红外高透射率两大鲜明特色，这无疑有着更为广阔的应用前景。

高价态掺杂在 ZnO 基、SnO_2 基透明导电薄膜中也有作用。复旦大学材料科学系采用直流磁控反应溅射金属镶嵌靶 Zn/Mo 和 Zn/W 制备了高价态掺钼氧化锌（ZnO：Mo，ZMO）和掺钨氧化锌（ZnO：W，ZWO）透明导电薄膜，ZMO 和 ZWO 薄膜结晶性良好、载流子迁移率高。直流磁控反应溅射金属靶制备的 ZMO 透明导电薄膜为多晶的六角纤锌矿结构，最低电阻率为 $7.9 \times 10^{-4} \Omega \cdot cm$，相应载流子迁移率为 $27.3cm^2/(V \cdot s)$，载流子浓度为 $3.1 \times 10^{20} cm^{-3}$，在可见光区（400～700nm）的平均透射率为 85%。

此外，还研究了新型非晶和多晶掺钨氧化锡（SnO_2：W）透明导电薄膜，SnO_2：W 薄膜最低电阻率达到 $2.1 \times 10^{-3} \Omega \cdot cm$，对应的载流子浓度和载流子迁移率分别为 $9.6 \times 10^{19} cm^{-3}$ 和 $30cm^2/(V \cdot s)$，可见光区的平均透射率超过 80%，薄膜的均方根粗糙度和平均粗糙度分别为 15.7nm 和 11.9nm。为进一步降低薄膜的电阻率，采用 PPD 法（脉冲等离子体沉积技术，pulsed plasma deposition，PPD）在室温下纯氩气气体中沉积出 SnO_2：W 薄膜，后经退火处理，薄膜的电学和光学性质均得到明显提高，最低电阻率可达 $6.7 \times 10^{-4} \Omega \cdot cm$，对应载流子浓度和载流子迁移率分别为 $1.44 \times 10^{20} cm^{-3}$ 和 $65cm^2/(V \cdot s)$，薄膜在可见光和近红外区的透射率分别为 86% 和 85%。该薄膜可用于制备 NiO：Li/SnO_2：W 透明二极管。

10.6.5　透明导电薄膜的应用

（1）薄膜太阳电池

在薄膜太阳电池中，透明导电薄膜充当电极。在 α-Si 太阳电池制作过程中，透明导电薄膜将暴露在氢等离子体中，极易引起还原反应，导致光吸收的增加，最终降低电池转化效率。

因此对于 α-Si 太阳电池透明电极层材料的选择，AZO 比 ITO 化学稳定性更好。α-Si 太阳电池除了要求透明导电薄膜具有低的电阻率、高的透光性外，还要求有合适的表面粗糙度以保证入射的光能在吸收体内充分散射、捕集和吸收。电阻率和透光性可以通过优化薄膜制备工艺参数实现，而表面粗糙度则可以通过后处理（酸刻蚀）进行调整。当在柔性基片上制作非晶硅太阳电池时，应采用低温生长（＜200℃）ITO 或 ZnO 系薄膜的沉积工艺。

（2）显示器件

显示器件能客观地把外界事物的光、声、电以及化学等信息，经过变换处理，以图像、图形、数码、字符等适当形式加以显示。目前的平板显示器包括液晶显示（LCD）、等离子体发光显示（PDP）、有机发光二极管显示（OLED）等。

透明导电氧化物薄膜具有可见光透射率高、电阻率低、较好的耐蚀性和化学稳定性，因此被广泛用作平板显示器（FPD）的透明电极。在实际应用 TCO 材料的选择上，对于高分辨率的 FPD，要求 TCO 薄膜在可见光区透光率大于 85%，厚度通常小于 150nm，R_s＜15Ω/□，相应的电阻率为 $(1\sim3)\times10^{-4}\Omega\cdot cm$；并要保证其良好刻蚀性能和表面均匀性（±5%），对薄膜表面光滑度要求很高。目前普遍应用的 ITO 薄膜已满足现行显示器件制造的需要。

在多种显示器件上，透明导电氧化物薄膜的功能是用作透明电极，如液晶显示器、电致发光器件、基于多孔硅的图像传感器、发光二极管等。显示器件中的电极材料必须导电且光学上透明，还必须做成一定的电极形状，因此要求材料应容易刻蚀。ITO 薄膜因易于刻蚀而在显示装置上备受青睐。ITO 薄膜最常用的刻蚀剂是 5% H_2SO_4 或 5% HCl 水溶液或稀盐酸与硝酸的混合物。对于锡氧化物，由于它的化学稳定性很高，湿法化学刻蚀比较困难，而 ZnO 相对最易刻蚀。主要蚀刻方法是等离子刻蚀和激光刻蚀。对于等离子刻蚀，应用不同的气体源（电子回旋共振产生的激发氢气、氯气、CH_3OH、CF_2Cl_2、CF_3Cl、CF_4、CH_4/H_2 混合物）来刻蚀 ITO 和 SnO_2 薄膜。

利用 TCO 薄膜低电阻率和高透射率特性，触摸屏这类触摸控制面板已广泛应用于手机、平板电脑等。由直接接触或通过玻璃的电容性变化可感知手指的压力。一般情况下，为了获得所要求的高透射率（＞85%），TCO 薄膜的膜厚必须小于 150nm，应用于触摸屏的薄膜方块电阻大约为 100Ω/□；由于电阻或电容的变化反映触摸点的位置，所以薄膜的长期稳定性比方块电阻数值更为重要，无论是局域还是整体面电阻的变化都会引起触摸点位置的判断偏移。有些柔性触摸屏的薄膜基底要求能够形变，需使用不耐热的有机材料基片，要求使用的薄膜能够在基底温度较低的情况下沉积。薄膜的耐磨损性和成本也是重要的材料选择因素，通常使用 SnO_2 薄膜和 ITO 薄膜。

（3）电致变色窗和透明热镜

在不同地区、不同季节和不同时间，人们对窗玻璃的光学性能有不同的要求。如果窗户玻璃对可见光的透射率和对红外线的反射率可以用外加电压或电流来控制（电致变色），或者能够根据温度或入射光的变化自动调节（热致变色或光致变色），则这种窗户被称为智能窗（smart window），它能够极大地减少建筑物的加热、冷却和照明负荷。电致变色窗一般要由五层薄膜组成，按顺序分别为透明导电层、电致变色层、离子导体层、反电极层和透明导电层。对于大面积的电致变色窗，透明导电层的面电阻是影响其响应速度的重要因素之一。要达到可以接受的响应速度，透明导电层的面电阻要小于 $1\Omega/\square$。同时，它的可见光透射率要尽量地高，不能影响褪色状态下的透射率；此外其稳定性、附着力和硬度也都应当尽可能地高，以增加使用寿命；制造成本应当尽量低，以适应巨大的需求量。目前，电致变色窗中使用的 TCO 薄膜是 SnO_2：F 和 ITO 薄膜。

透明热镜是一种波长选择性薄膜，能透过太阳光而反射红外辐射，可用于建筑物窗的隔热。常见的一种结构为两层透明介质膜中间夹一层金属膜，一般称为"低辐射玻璃"。镀有透明导电膜的玻璃也是一种低辐射玻璃，它只需镀单层的透明导电膜，通常用喷雾热解法在生产浮法玻璃的最后冷却阶段进行，制备工艺简单，成本低廉。透明导电膜用于反红外的基本原理是在透明介质中引入了可移动的载流子，这种可移动的载流子提供了高的红外反射率，而并不影响这种材料对可见光的透射率。对远红外线的反射率由面电阻确定，面电阻越小，反射率越高。

（4）电磁防护

近年来环境中的电磁干扰日益增强，随之出现了一种逐渐增长的需求，就是要减少由外界电磁波对电子设备的干扰而出现的差错，以及由辐射出的电磁波而造成的机密信息泄露。TCO 薄膜可以用来制造透明的电磁屏蔽窗，主要是利用 TCO 薄膜的高可见光透射率和对无线电波的高反射率。TCO 薄膜对电磁波的屏蔽性能直接与它的面电阻有关，面电阻越小，对电磁波的反射就越高。例如，要达到 $-30dB$ 的屏蔽性能，需要 TCO 薄膜的面电阻小于 $5\Omega/\square$。发展趋势是要求面电阻越来越小，同时附加防静电和减反射功能。

10.7 光催化薄膜

10.7.1 半导体光催化概述

半导体光催化是指半导体在光的照射下激发电子空穴对，将光能转化为化学能，从而具有氧化还原能力，使化合物被降解的过程。1972 年，Fujishima 首先发现 n 型半导体 TiO_2 电极可光催化分解水制氢。1977 年，Frank 和 Bard 等发现光照条件下，TiO_2 对丙烯环氧化具有光催化活性，拓宽了光催化应用范围，为有机物氧化反应提供了一条新思路。1983 年，Pruden 等的实验结果表明 TiO_2 可以光催化氧化三氯乙烯成为 CO_2 和 HCl 等小分子。在多年来的发展历程中，研究的重点从以太阳能光解水制氢为主的新能源开发逐步转向消除空气、水中污染物的环境光催化。

光催化是涉及半导体物理、催化科学、电化学及环境科学等基础科学的一个多学科交叉的领域，在能源环保、卫生保健、有机合成等方面的应用研究发展迅速，半导体光催化成为国际上最活跃的研究领域之一。光催化除净化空气和水外，在杀灭细菌和病毒类微生物、癌细胞失活、消除异味、产氢、固氮、捕获石油泄漏等方面也有广泛的应用。利用纳米二氧化钛的光催化原理处理降解有机物，不仅可以直接利用太阳能，而且对有机物的降解比较彻底，不会带来新的污染源。

10.7.1.1 半导体光催化原理

光催化可定义为催化剂的存在使光诱导反应加速。这些反应都是通过吸收一个有足够能量（等于或大于催化剂的禁带宽度）的光子来激活。由于吸收了光子能量，一个电子从半导体催化剂的价带跃迁到导带，同时在价带上出现了一个空穴，从而促成了电荷的分离（分离过程见图 10-23）。

如图 10-23 所示，电子和空穴能够在电场作用下或通过扩散的方式运动，与吸附在半导体催化剂粒子表面上的物质发生氧化还原反应，或者被表面晶格缺陷俘获。空穴和电子在催化剂粒子内部或表面也可能直接复合。

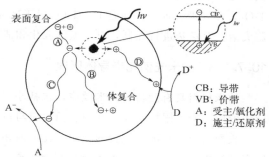

图 10-23　半导体表面吸收光子能量后光催化过程

紫外光激发后分离的电子和空穴各有几个可进一步反应的途径（包括它们退激发的途径）。电子和空穴向半导体表面迁移，通常在表面上，半导体能够提供电子以还原一个受主（在含空气的溶液中常常是氧）（途径 C），而空穴则能迁移到表面与施主给出的电子相结合，从而使施主氧化（途径 D）。和电荷向吸附物种转移进行竞争的是电子和空穴的复合过程。这个过程一般发生在半导体颗粒内（途径 B），或者表面（途径 A）。具体而言，空穴与吸附在催化剂表面的 OH^- 或 H_2O 作用生成 $OH\cdot$，$OH\cdot$ 作为一种活性很高的粒子，能够氧化多种有机物。$OH\cdot$ 和空穴被认为是光催化反应中的主要氧化剂。光生电子也能够与 O_2 发生作用生成 $HO_2\cdot$ 和 $O_2^-\cdot$ 等活性氧，这些活性氧自由基也能参与氧化还原反应。$OH\cdot$ 能氧化施主，e^- 能够还原受主，同时 h^+ 也能够直接氧化有机物。因此，在半导体表面光催化的反应式（以 TiO_2 为例）如下：

$$TiO_2 \xrightarrow{h\nu} TiO_2 + e^- + h^+ \tag{10-13}$$

$$h^+ + H_2O \longrightarrow H^+ + OH\cdot \tag{10-14}$$

$$h^+ + OH^- \longrightarrow OH\cdot \tag{10-15}$$

$$e^- + O_2 \longrightarrow O_2^-\cdot \tag{10-16}$$

$$OH\cdot + D \longrightarrow D^+\cdot + OH^- \tag{10-17}$$

$$h^+ + D \longrightarrow D^+\cdot \tag{10-18}$$

$$e^- + A \longrightarrow A^-\cdot \tag{10-19}$$

这里的 $h\nu$ 是激活半导体电子从价带到导带所需的光子能量，D 为还原剂（施主），A 为氧化剂（受主）。

10.7.1.2 半导体光催化材料

目前广泛研究的半导体光催化剂大多数都属于宽禁带的 n 型半导体，如 CdS、SnO_2、

TiO_2、ZnO、ZnS、PbS、MoO_3、$SrTiO_3$、V_2O_5、WO_3、$MoSi_2$ 等。这些半导体中 TiO_2、CdS 和 ZnO 的催化活性最高，但 CdS、ZnO 光照射下不稳定，因为光阳极腐蚀产生 Cd^{2+}、Zn^{2+}，有毒的 Cd^{2+} 会污染环境。

TiO_2 光催化材料是当前最有应用潜力的一种光催化剂，其优点包括：光照后无光腐蚀，耐酸碱性好，化学性质稳定，对生物无毒性；来源丰富，世界年消费量为 350 万吨；能隙较大，光生电子或空穴电势电位高，有很强的氧化性和还原性。所以半导体光催化主要集中于 TiO_2，在处理各种环境问题上，TiO_2 对于破坏微观的细菌和气味是很有用的，还可以使癌细胞失活，对臭味进行控制，对于氮的固化和清除油污染都十分有效。

10.7.1.3 纳米光催化半导体原理

纳米材料具有独特的纳米效应，包括小尺寸效应、表面效应、量子尺寸效应、宏观量子隧道效应、介电限域效应。其中表面效应与量子尺寸效应和半导体光催化性能密切相关。

表面效应是指随着粒径的减小，比表面积大大增加。纳米粒子表面原子与总原子数之比随着纳米粒子尺寸的减小而大幅度增加。粒径为 5nm 时，表面占 40%，粒径为 2nm 时，表面增加到 80%。由于比表面积变大，表面原子数增加，无序度增加，键态严重失配，出现许多活性中心，台阶和粗糙度增加，出现非化学平衡和非整数配位的化学价。导致纳米体系的化学性质和化学平衡体系出现很大差别。

量子尺寸效应是指当粒子尺寸下降到某一值时，金属费米能级附近的电子能级由准连续变为离散，半导体微粒中存在不连续的最高占据分子轨道和最低未被占据分子轨道能级，能隙变宽，由此导致不同于宏观物体的光、电、超导等性质。不同的半导体材料其量子尺寸是不同的，只有半导体材料的粒子尺寸小于量子尺寸，才能明显地观察到其量子尺寸效应。CdS 的量子尺寸为 5～6nm，而 PbS 的量子尺寸为 18nm。对于 TiO_2，实验表明，当粒径小于 10nm 时有明显的量子尺寸效应，光催化反应的量子产率迅速提高；锐钛矿相 TiO_2，粒径为 3.8nm 时其量子产率是粒径为 53nm 时的 27.2 倍。

纳米粒子的粒径显著地影响催化性能，一些纳米半导体粒子甚至能催化体相半导体所不能进行的反应。例如，Pt-TiO_2 纳米半导体复合粒子的量子尺寸效应强烈地影响其光催化甲醇脱氢活性。粒径为 3nm 的 ZnS 半导体粒子光催化还原 CO_2 效率达 80%，而相应的体材料却观察不到任何光催化活性。对于 TiO_2、TiO_2-Al_2O_3、CdS、ZnS、PbS 等纳米半导体粒子而言，其光催化活性均明显优于相应的体材料。

减小粒径通常可显著提高光催化效率，原因如下。

① 粒径小于临界值，量子尺寸效应显著，导带和价带变成分立能级，能隙变宽，光生电子与空穴能量更高，具有更强的氧化、还原能力。

② 粒径减小，光生电子从晶体内扩散到表面的时间缩短，光生电子和空穴的复合减少，提高光催化效率。计算表明在粒径 $1\mu m$ 的 TiO_2 粒子中，电子从体内扩散到表面的时间约为 100ns；而在粒径 10nm 的 TiO_2 粒子中该时间仅为 10ps。

③ 粒径减小，比表面积增大，吸附能力增强，促进光催化反应进行。

10.7.2 TiO_2 光催化薄膜

TiO_2 粉体催化剂存在的问题是：颗粒细微，水溶液中易凝聚、不易沉降；难以回收，催化剂活性成分损失大，无法再生和再利用。而将光催化剂固定化，可通过制备 TiO_2 薄膜来实现。TiO_2 薄膜优点包括：具有固定催化剂的优点；通过纳米化可提高光催化性能；薄膜的制备方法多样，结构和性能可以通过方法和工艺进行改进。此外还具有超亲水性，这是粉体材料所不具备的。

10.7.2.1　TiO_2 的结构与能带

（1）晶型

TiO_2 具有稳定的化学结构、生物适应性和光电特性，主要晶型有锐钛矿、金红石及板钛矿。锐钛矿 TiO_2 属于四方晶系，它在紫外光辐射下主要用作光催化剂。金红石 TiO_2 也属于四方晶系，它主要用作涂料中的白色材料。板钛矿 TiO_2 具有正斜方晶结构。锐钛矿相属于热力学亚稳态，而金红石相是热力学稳定态。用于光催化剂的主要为锐钛矿相、金红石相及二者的混合相。锐钛矿的禁带宽度较大，但晶格缺陷较多，同时具有更陡的能带弯曲而改善了空穴捕获，活性更高。相比之下，金红石相较浅的能带弯曲导致了快速的电荷复合和光催化活性的降低。大量的研究表明，混合相 TiO_2 的反应活性和可见光响应性能高于单一晶型。混合相性能的提升可能是由于电子从金红石相向锐钛矿相的转移促进了电子-空穴对的分离，抑制了载流子的复合，再加上金红石相的扩展光响应效应。此外，金红石相和锐钛矿相微晶之间的界面可以产生具有独特吸附和电荷俘获特性的缺陷中心，从而提高了这些界面的高反应活性。

（2）能带

TiO_2 为 n 型半导体，其价带（VB）和导带（CB）之间为禁带，有光催化性能的 TiO_2 主要是锐钛矿和金红石，其禁带宽度分别为 3.2eV（锐钛矿）和 3.0eV（金红石）。

当 TiO_2 受到能量大于或等于其禁带宽度的光激发时，表面上的电子会受到激发从价带跃迁到导带，从而在导带产生自由电子（e^-），在价带形成空穴（h^+），称为光生电子-空穴对。可激发的光波长与禁带宽度关系为 $\lambda = 1240/E_g$，λ 为光波长，单位为 nm，E_g 为禁带宽度，单位为 eV。由此可算得锐钛矿 TiO_2 的光吸收波长阈值为 387nm，位于紫外光波段。

10.7.2.2　TiO_2 光催化薄膜制备方法

（1）溶胶-凝胶法

溶胶-凝胶法是一种简单、经济、低温的合成方法，由于可以制备高纯度、均匀性、细尺度、可控形态的纳米材料，在催化剂制备中得到了广泛的应用。溶胶-凝胶法制备 TiO_2 主要包括水解和缩聚过程，钛醇氧化物（如异丙醇钛）、酒精和酸/水按比例混合均匀，搅拌几个小时后，密集交联的三维结构被建立，形成 TiO_2 凝胶，后经干燥、煅烧得到纳米 TiO_2 粒子。

（2）水热法

水热法是在特制的密闭反应容器（高压釜）里，采用水溶液作为反应介质，通过对反应容器加热，创造一个高温、高压反应环境，使得通常难溶或不溶的物质溶解并且重结晶。按研究对象和目的的不同，水热法可分为水热晶体生长、水热合成、水热反应、水热处理、水热烧结等，分别用来生长各种单晶，制备超细、无团聚或少团聚、结晶完好的陶瓷粉体，完成某些有机反应或对一些危害人类生存环境的有机废弃物质进行处理，以及在相对较低的温度下完成某些陶瓷材料的烧结等。水热法制备 TiO_2 粉体，避免了湿化学法需经高温热处理可能形成硬团聚的弊端，所合成的 TiO_2 粒子具有结晶度高、缺陷少、一次粒径小、团聚程度小、控制工艺条件可得到所要求晶相和形状的优点。水热法制备 TiO_2 薄膜的优点在于所有的工艺均在液相中一次完成，且不需要后期的晶化热处理，这就避免了薄膜在热处理过程中可能导致的开裂、卷曲、晶粒粗化、膜与气氛反应等缺陷，避免了因金属有机物分解而难以生成致密膜的缺点；所制得的薄膜均一性好，与基片结合牢固，不受基片形状和尺寸限制。水热法是以无机物为前驱物，水为反应介质，原料易得，降低了制膜成本。

（3）溅射法

溅射法是制备纳米薄膜的常用方法，分为直流磁控溅射法和射频磁控溅射法。溅射法制备 TiO_2 薄膜的优点在于所获得的薄膜纯度高，致密性好，且与基片结合较好，对于任何待镀材料均能做成靶材进行溅射，工艺重复性好，适合在大面积基片上获得厚度均匀的薄膜。

10.7.2.3　TiO_2 光催化薄膜性能改进

TiO_2 具有宽带隙（锐钛矿为 3.2eV）的特征，光吸收只限于波长较短的紫外区，仅在紫外线辐射（<387 nm）下才具有光催化活性，对太阳光的吸收尚达不到照射到地面太阳光的 3%～5%，此外光生载流子很容易重新复合，降低了光电转换效率，从而影响了光催化效率，这就大大地限制了太阳能的利用。

为了提高光催化剂对可见光的光敏感性，需对二氧化钛进行改性。通过改性的方法可以提高电子-空穴的分离效率，使其可以吸收利用的光的波长范围扩大，对太阳光的利用率就可以提高，增加了光催化反应的选择性或产率。

（1）贵金属沉积

通过改变电子在材料中的分布，来影响 TiO_2 的表面性能，就可以改善其光电性质，主要有浸渍还原、溅射等方法。将 Ag、Au、Pt、Ru、Pd 等惰性金属、贵金属原子簇沉积在 TiO_2 的表面上，既可以促进电子-空穴对的分离，又可以改变二氧化钛的能带结构，这更有利于对低能光子的吸收从而增加对太阳光的利用。其主要机理如图 10-24 所示。载流子在半导体和金属的接触面重新排布，空间电荷层中，电子较多附着在金属表面，半导体表面则存在有大量空穴，从而能带向上弯曲形成肖特基势垒（Schottky barrier），光生载流子得以分离。

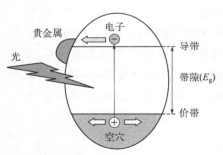

图 10-24　贵金属沉积改变光催化性机理

（2）金属离子掺杂

阻止电荷载流子复合可提高在可见光下光催化剂

活性，在 TiO_2 晶格中有选择性掺杂金属离子被证明是一种有效的方法。过渡金属掺杂能使 Ti^{3+} 增多，引得更多的氧空位，促使 TiO_2 表面更有效地吸附氧，导致光催化活性增强。过渡金属能促使 TiO_2 表面出现很多空位，化学吸附氧中的氧离子正好需要这些空位的存在。因为很多过渡金属离子的氧化还原能态处于 TiO_2 的带隙能态之间，引入 TiO_2 内部的金属粒子所形成的中间带隙接近其导带或价带边缘，从而有利于可见光的吸收。

Choi 报道了用 21 种不同的金属粒子掺杂的量子尺寸 TiO_2 对 CCl_4 还原和 $CHCl_3$ 氧化的光催化活性的系统研究。金属掺杂的 TiO_2 的光反应性受到很多因素影响，如掺杂浓度、TiO_2 晶格内的掺杂能级和它们的 d 轨道电子、掺杂物的分布以及光强等。具有闭合壳层电子的掺杂物，如 Li^+、Mg^{2+}、Al^{3+}、Zn^{2+}、Ga^{3+}、Zr^{4+}、Sn^{4+}、Sb^{5+} 和 Ta^{5+}，它们对加强 TiO_2 光催化反应的效果不明显。当然，也有例外，Co^{3+} 是部分填充电子结构但显示了很低的活性，而 Fe^{3+} 掺杂物是唯一具有半填充电子结构却增强了光催化活性的物质。当 Fe^{3+} 捕获电子和空穴的时候，它的氧化态就会发生变化，变成 Fe^{2+} 和 Fe^{4+}。根据晶体场理论，Fe^{2+} 和 Fe^{4+} 粒子相对 Fe^{3+} 来说不够稳定，因此能清除吸附氧和表面羟基群的电子和空穴，从而恢复其半充满电子结构，抑制了电子空穴对的复合。

（3）非金属离子掺杂

2001 年，Asashi 等报道了运用磁控溅射的方法制备 N 掺杂样品使得 TiO_2 能带变窄，继而发现 C、S、B、P、F 和 I 掺杂 TiO_2 也有类似效果。以 N 掺杂 TiO_2 为例，目前，对于非金属掺杂 TiO_2 的修饰机理有三种不同的观点。①使 TiO_2 能带变窄。Asashi 发现对于 N 掺杂来说，N 2p 轨道和 O 2p 轨道杂化使得 TiO_2 能带变窄，从而能吸收可见光。②出现了杂质能级。Irie 等认为 N 原子替代了 TiO_2 中的氧原子，并在价带上部形成了独立的杂质能级。紫外光可以同时激发价带和杂质能级中的电子跃迁，但是可见光就只能激发杂质能级中的电子跃迁。③形成了氧空位。Ihara 等认为颗粒晶界的氧空位对于可见光激发电子跃迁很重要，而掺杂的 N 填充在部分氧空位对于防止再氧化的发生也很重要。$C-TiO_2$ 由于带隙宽度更小，在光解水中显示了比纯 TiO_2 更强的光催化活性。Khan 等将 Ti 金属在天然气中燃烧使得碳取代 TiO_2 晶格部分氧，从而使 TiO_2 的带隙宽度缩减为 2.32eV，可以响应 535nm 以下的可见光，研究结果表明它分解水制氢的转化效率可达 11%。

（4）金属/非金属共掺

对 TiO_2 光催化剂进行金属/非金属共掺，目的是提高其在可见光下的光催化活性，特别是在污染物降解方面效果不错。Gai 等提出用电荷补偿型元素对 TiO_2 进行掺杂，如（N+V）、（Nb+N）、（Cr+C）和（Mo+C）。在这些掺杂体系中，（Mo+C）-TiO_2 在光催化分解水中有最明显效应，这是因为它能将能带减小到理想的可见光范围。当然，它对其导带位置没有造成太大影响。复旦大学材料科学系等通过磁控溅射及阳极氧化技术制备了 Mo、N 单独和共同掺杂 TiO_2 纳米管阵列薄膜，从化学成分和几何形貌两个方面入手，研究了掺杂浓度和纳米管形貌对 Mo/N 共掺 TiO_2 纳米管薄膜的结构形貌、元素组成、光吸收能力以及光电性能的影响，证明施主-受主能级构成协同作用的有效性，光生载流子浓度增加，并结合中空纳米管结构提升迁移率。

（5）形成复合半导体

在光能量转换系统中，由于半导体和半导体之间的异质结对电荷分离影响很大，所以半导体之间的制造、设计和裁剪引起了越来越多的关注。从热力学角度来看，如果两种半导体有合适的带边位置，则对于一个半导体到另一个半导体之间垂直的电荷传输能够延长电荷载流子寿命，从而促进界面电荷传输和催化效率。复合方式包括简单的组合、掺杂、多层结构和异相组合等。按照材料属性来看，TiO_2 半导体复合体系主要有两大类：金属硫化物/TiO_2（如 CdS/TiO_2、PbS/TiO_2、MoS/TiO_2）和金属氧化物/TiO_2（如 $FeTiO_3/TiO_2$、$AlFeO_3/TiO_2$、ZnO/TiO_2）。按照半导体结构来研究，TiO_2 主要复合的对象为宽禁带半导体材料和窄禁带半导体材料。

TiO_2 和窄禁带半导体复合所形成的异质结结构拓展了 TiO_2 对可见光的光敏性，如果要异质结半导体能够有效工作，必须满足以下两个条件：①充当光敏剂的半导体在可见光范围内应该有强烈的吸收阈值；②充当光敏剂的半导体的导带边缘电势应该比 TiO_2 的高，以便于电子的传输。其中，对 CdS/TiO_2 的研究十分广泛。CdS 的价带和导带边缘电位都比 TiO_2 更负，在可见光的照射下，CdS 被激发产生的电子迅速地转移到 TiO_2 上来，而光生空穴则留在 CdS 内部，这种结合方式有利于电子-空穴对分离，从而提高了光催化活性。

10.7.2.4 多层掺杂 TiO_2 光催化薄膜

相关研究表明，外加电场可以较好地抑制电子-空穴复合，但这些研究中所产生的电场基本都是来自外加阳极偏压，而不是来自薄膜自身，因此实际应用中作用有限。一层为掺金属 Ni、La、Mn 的 TiO_2 薄膜，另一层为纯 TiO_2 薄膜的双层薄膜结构，相对于均一的掺杂具有更好的光催化性能，同时也反映出可以凭借双层薄膜之间的内建电场来加速电荷分离这一构想。复旦大学材料科学系利用磁控溅射技术制备出一层为掺金属 Mo 的 TiO_2 薄膜、另一层为纯 TiO_2 薄膜的双层薄膜结构，并对所得的双层结构表现出的更好的光吸收与光电特性进行作用机制上的研究，发现在多层薄膜中，随着金属掺杂量的不断提高，金属基片与底层薄膜间形成的肖特基势垒会不断增强，从而成为阻碍光生载流子迁移的主要因素。不过当底层掺杂浓度达到足够大但底层厚度足够薄时，多层薄膜中的载流子会在内电场的作用下加速分离，利用隧穿效应穿过底层薄膜间的肖特基势垒抵达基片上，最终大幅度提高了载流子迁移速率。在此基础上制备出一种掺杂 TiO_2 三层结构薄膜，三层从上往下分别为：纯 TiO_2 顶层、低浓度掺杂的 TiO_2 中间层、高浓度掺杂的 TiO_2 底层。研究结果也表明多层薄膜结构的光电性能主要取决于多层薄膜之间由费米能级差形成的内建电场而不是某一层的载流子浓度。因此，通过构建多层不同掺杂浓度的掺杂 TiO_2 薄膜，利用多层膜结构形成的内建电场可以加速电荷分离，减少光生载流子的复合，从而可提高光催化性能。

上述多层膜结构如图 10-25 所示。图 10-25（a）为三层膜结构的 Mo 掺杂 TiO_2 薄膜，可见光下光电流比单层 Mo 掺杂 TiO_2 薄膜提高了约 3 倍。图 10-25（b）为在此基础上的改进，通过改变结构，可见光下光电流提高了约 80 倍。研究发现光电流大幅度地提高主要原因不是界面间接触面积的增大，而可能是横向的光生载流子迁移率比纵向要大很多。对结构的进一步优化，可望继续提高光电转换性能。

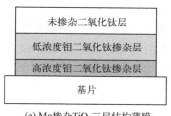

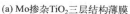

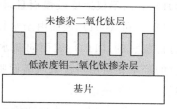

| (a) Mo掺杂TiO₂三层结构薄膜 | (b) 带有沟道层的TiO₂/Mo：TiO₂双层薄膜 |

图 10-25　不同结构的多层掺杂 TiO₂ 薄膜

10.7.3　超亲水 TiO₂ 薄膜

1997 年 Wang 等报道了 TiO₂ 薄膜在紫外光照射下，表面具有亲水亲油双亲特性。超亲水性使其具有防雾功能；双亲特性使建筑玻璃具有自清洁功能，并能应用于防雾玻璃、汽车后视镜等产品，进一步推动了有关 TiO₂ 的研究。

表面张力来源于分子间的相互作用，当一个液滴与固体表面接触时，固液气三相将达到一种平衡状态。对于不同液滴在同一固体表面上达到平衡时，液体的表面张力越大，即液体内部分子的相互作用越强，液体与固体表面的附着力越小，形成单位固液界面所做的功要求更高，这时相应的接触角较大；反之，接触角较小。因此可以用水滴在固体表面的接触角的大小来表征其亲水性能的强弱。

在紫外光照射下，水滴与 TiO₂ 表面的附着力将增大，液体更容易在表面上扩展开来，随着紫外光照射时间的延续，水滴在 TiO₂ 表面上的接触角逐渐变小，最终液滴扩展成为一层水膜，接触角变为零。这是从宏观的角度来看，而实际上宏观性能的变化是由微观结构所决定的。TiO₂ 的亲水性不仅是因为它的光催化性能将其表面的有机化合物分解，使具有光致特性的表面不被油污所覆盖，更主要的是光照后其晶体表面结构的变化。

TiO₂ 的金红石和锐钛矿结构均属于四方晶系，其体内的氧原子是三度配位的，但是当晶面解理形成表面或者是通过薄膜生长形成表面时，将会有两度配位的氧原子在表面上出现，这种氧原子突出于晶体表面，称为桥位氧原子，由于配位度较低，桥位氧原子的稳定性不如三度配位氧原子。

当 TiO₂ 被大于禁带宽度能量的光子激发产生电子-空穴对以后，空穴和桥位氧发生反应，导致 Ti—O 键断裂，使桥位氧脱离表面产生氧空位，同时四价钛 Ti^{4+} 变为三价钛 Ti^{3+}。随后水同氧空位反应形成羟基（OH），使表面亲水，并生成·OH，该自由基可以对水分子产生物理吸附，于是就形成了氧空位处的亲水区域。由于水滴尺寸远大于亲水区域的尺寸，故水滴会通过二维的毛细作用在表面上铺展开来，这就形成了所谓 TiO₂ 的超亲水特性。

当 TiO₂ 表面不再受到紫外光照射时，空穴电子的复合或者活泼的氢氧基与其它气体发生化学反应而逐渐失去活性，动态上表现为氧空位的产生速率低于空穴电子的复合速率或活泼的氢氧基的消失速率；同时 TiO₂ 表面上会吸附有机物，使 TiO₂ 表面受到沾污，宏观上就表现为水的接触角逐渐变大。即紫外光照射后的 TiO₂ 薄膜表面的亲水性能具有一定的寿命。

T. Watanabe 等测试了紫外光照射下金红石（110）和（001）表面的亲水性，发现具有桥位氧的（110）表面亲水性明显强于没有桥位氧的（001）表面，接触角迅速趋向于 0°，而没有桥位氧的（001）表面不仅速度较慢而且最终达到的亲水性能也明显不如（110）表面。黑暗中的金红石（110）和（001）表面由亲水性向疏水性的转变过程与疏水性向亲水性转化的过程相似，具有桥位氧的（110）表面向疏水性表面的转化过程也较慢，因为没有桥位氧的（001）表面吸收的羟基相对由桥位氧脱离而吸附的羟基来说要不稳定得多，这也说明了桥位氧在光致亲水过程中的关键地位。

A. Fujishima 等提出了另外一种验证桥位氧在光致亲水中重要性的方法。在氧气氛围中由桥位氧脱离所产生的空穴会比较迅速地被填补，亲水性能会较快变差，而如果在大气氛围中，填补桥位氧脱离引起的氧空位的速度相对比较慢，表面亲水性能会维持较长时间。通过比较（110）表面在紫外光照射下在氧气中和大气中由疏水性向亲水性变化过程以及在氧气中和大气中由亲水性向疏水性转化过程可知，（110）表面在由疏水性向亲水性转化的过程中，氧气氛围中的氧原子对氧空位的填补作用大于大气氛围，这使得氧气氛围中 TiO_2 膜宏观的光致亲水性不如大气氛围中的 TiO_2 膜。同样在由亲水性向疏水性转变的过程中，氧气氛围中氧原子对氧空位的迅速填补导致了其由亲水性表面迅速向疏水性表面转化。这个实验同样说明了桥位氧及其空缺在光致亲水中的关键作用。（100）表面在大气和氧气中的亲水性变化与（110）表面类似：大气中水滴接触角随光照时间迅速减小；在氧气中接触角随光照时间变化缓慢得多，而且最终在 38° 的时候达到饱和。而（001）表面则显示出和（110）与（100）表面完全不同的亲水性。在大气中，开始时表面显示出一种惰性，在一个较长时间的光照下才显示出亲水性，而在氧氛围中任凭光照多长时间都不表现出亲水性。

以上的实验结果均强有力地说明了桥位氧以及桥位氧与紫外光激发后形成的空穴之间反应产生的氧空位在光致亲水性中的关键作用。因此 TiO_2 薄膜的亲水性是由在紫外光照射下表面结构发生变化所致。

10. 7. 4　TiO_2 光催化薄膜的应用

基于 TiO_2 光催化衍生出的产品商业化开始于 20 世纪 90 年代的日本。这个行业发展非常迅速，市场上有 2000 多家公司加入了这一新兴行业，其产品主要分为外部建筑材料、室内装饰材料、道路建筑材料、净化设施和家居用品，如表 10-1 所示。

表 10-1　日本市场上出现的 TiO_2 光催化相关产品

类别	产品	用途
外部建筑材料	瓷砖，玻璃，帐篷，塑料薄膜，铝板，涂料	自清洁
室内装饰材料	瓷砖，壁纸，百叶窗	自清洁，抗菌
道路建筑材料	隔音墙，隧道墙，路障，涂料，交通标志和反射器，灯罩	自清洁，空气净化
净化设施	空气净化器，空调，废水和污水净化系统，泳池净化系统	空气清洁，水清洁，抗菌
家居用品	纤维，衣服，皮革，照明，喷雾剂	自清洁，抗菌
其它	农业设施	空气清洁，抗菌

（1）防雾及自清洁功能

TiO_2 薄膜在太阳光照下具有非常好的超亲水性，可应用于防雾功能上，就像在汽车的后视镜上覆盖一层二氧化钛膜一样，即使空气中的水蒸气凝结，冷凝水也不会形成滴状，而是会形成一层水膜均匀地分布在整个表面上，从而使雾气不会在表面上形成并扩散。当一滴雨落下时，附着在其表面的雨水将迅速扩散成均匀的一层水膜，而不会形成分散视线的水滴，这将使镜面保持原本的光泽并有助于驾驶安全。光催化玻璃在日本应用较为广泛，如日本中部国际机场、横滨市水道局、商场、住宅大楼等都有安装光催化玻璃的实例。中国国家大剧院的顶棚，也采用了光催化技术，具有很好的清洁、防污等功能，自净化效果非常明显。

（2）光催化降解污染物

用纳米 TiO_2 复合材料处理有机废水是一种非常有效的方法。通过使用 TiO_2 作为光催化剂，在光照条件下，光激发使得电子跃迁产生电子-空穴对，而具有氧化还原性的电子-空穴对会与水中的碳氢化合物、卤化物、羧酸等发生氧化还原反应，并逐渐氧化降解成对环境无害的 CO_2 和 H_2O 等物质。除了有机物质外，TiO_2 对许多无机物质也具有光学活性。比如废水中的 Cd^{6+} 会被 TiO_2 催化剂产生的电子还原，从而将其降解为毒性较小的 Cd^{3+}，其它一些重金属离子如 Pt^{3+}、Hg^{2+} 等被二氧化钛利用还原和沉淀反应进行光催化降解掉，从而达到从废水中回收无机重金属离子的效果。但是，有效除菌的水净化系统的开发较为困难，因为粉末状二氧化钛光催化遇水易分散，不利于回收。日本千叶大学研制开发的二氧化钛光催化薄膜小球，将粉末状二氧化钛成膜于球状金属氧化物表面，可以将其与水分离，有效回收再利用。在日本千叶公园使用光催化薄膜小球进行污水净化处理后，取得了较为明显的效果。

（3）抗菌杀菌

抗菌指的是在光照下抑制或破坏环境中微生物的一种作用，TiO_2 光催化剂对环境中很多细菌比如大肠杆菌等都具有很强的杀菌能力。在光照下，用 TiO_2 光催化剂深度处理自来水后，能够有效减少水中的细菌数量，而且不必担心饮用安全问题。另外在涂料中添加纳米二氧化钛可生产出抗菌、除臭、防污的涂料，能够用于细菌密集的地方和扩散场所，例如医院病房、手术室和家庭浴室，能够有效杀死大肠杆菌、金黄色葡萄球菌等有害细菌。近年，在抑制癌细胞的生长、假牙清洁和牙齿美白方面也有光催化的贡献。通过在患癌部位注入光催化微粒子，来抑制癌细胞的繁殖；在假牙中加入含光催化剂的溶液，被光源照射后，假牙上附着的污物被分解而变得干净；牙齿美白方面，主要通过 LED 灯的照射，去除牙齿上的牙垢，达到清洁牙齿、去除细菌的目的。

（4）气体净化

对环境有害的气体可分为室内有害气体和空气污染性气体。室内有害气体主要包括装饰材料释放的甲醛和生活环境中产生的硫化氢和氨气等。利用二氧化钛材料，可以将这些吸附在二氧化钛表面上的物质通过光催化分解和氧化，使得这些物质在空气中的浓度降低，再加上二氧化钛的抗菌杀菌作用，达到减轻或消除环境中污染物的效果。近年，日本新干线部分车厢也安装了光催化空气净化装置，空气净化装置内置二氧化钛涂层的多孔质陶瓷以及作为紫外光光源的黑光，通过将其交互式多层排列，达到杀菌除臭的效果。在中国，国家体育馆、鸟巢、上海世博馆等都通过喷涂光催化剂来净化室内环境和维护建筑设施的洁净。

思考题

1. 集成电路制造工艺有哪些？哪些工艺是和薄膜沉积有关的？

2. 集成电路中用了哪些介质薄膜？为什么要用低介电常数介质（low-k）？

3. 集成电路金属化用到哪些材料？使用了何种制备技术？

4. 简述铜的双大马士革工艺过程。

5. 画出几种不同结构的薄膜晶体管结构示意图。它们各有什么优缺点？

6. 简述薄膜晶体管的工作原理。

7. 什么是铁电性、热释电性和压电性？它们之间的相互关系是什么？

8. 铁电材料有哪些？铁电薄膜的主要制备技术是什么？

9. 薄膜太阳电池主要有哪几类？对其发展前景进行调研。

10. 比较非晶硅、铜铟镓硒、碲化镉太阳电池在结构和制备技术上的异同。

11. 简述三步法制备铜铟镓硒薄膜的工艺过程。

12. 透明导电氧化物薄膜有哪几类？通过掺杂实现导电的机理是什么？

13. 透明导电薄膜的电学性能受哪些因素影响？如何调控？

14. 解释透明导电薄膜在可见光波段透明和红外波段反射的原因。

15. 什么是光催化薄膜？简述光催化原理。

16. 为什么减小粒径使材料纳米化可显著提高光催化性能？

17. 有哪些措施可改进 TiO_2 薄膜的光催化性能？

18. 什么是光致超亲水性？产生光致超亲水性的原因是什么？

参考文献

[1] 埃克托瓦 L. 薄膜物理学[M]. 王广阳,张福初,梁民基,译. 北京:科学出版社,1986.

[2] 金原粲,藤原英夫. 薄膜[M]. 王力衡,郑海涛,译. 北京:电子工业出版社,1988.

[3] Ohring M. Materials science of thin films[M]. 2nd ed. Singapore:World Scientific,2006.

[4] George J. Preparation of thin films[M]. New York:CRC Press,1992.

[5] Wagendristel A,Wang Y. An introduction to physics and technology of thin films[M]. Singapore:
     World Scientific,1994.

[6] 沃森 J L. 薄膜加工工艺[M]. 北京:机械工业出版社,1987.

[7] 吴自勤,王兵. 薄膜生长[M]. 北京:科学出版社,2001.

[8] 薛增泉,吴全德,李浩. 薄膜物理[M]. 北京:电子工业出版社,1991.

[9] 方英翠,沈杰,解志强. 真空镀膜原理与技术[M]. 北京:科学出版社,2014.

[10] 唐伟忠. 薄膜材料制备原理、技术及应用[M]. 北京:冶金工业出版社,2005.

[11] 郑伟涛. 薄膜材料与薄膜技术[M]. 北京:化学工业出版社,2004.

[12] 杨邦朝,王文生. 薄膜物理与技术[M]. 成都:电子科技大学出版社,1994.

[13] 肖定全,朱建国,朱基亮,等. 薄膜物理与器件[M]. 北京:国防工业出版社,2011.

[14] 蔡珣,石玉龙,周建. 现代薄膜材料与技术[M]. 上海:华东理工大学出版社,2007.

[15] 王力衡,黄运添,郑海涛. 薄膜技术[M]. 北京:清华大学出版社,1991.

[16] 田民波,刘德令. 薄膜科学与技术手册[M]. 北京:机械工业出版社,1991.

[17] 曲喜新. 薄膜物理[M]. 上海:上海科学技术出版社,1986.

[18] 唐天同,王兆宏. 微纳加工原理[M]. 北京:电子工业出版社,2016.

[19] 田民波,李正操. 薄膜技术与薄膜材料[M]. 北京:清华大学出版社,2011.

[20] Wei H Y,Guo H G,Sang L J,et al. Study on deposition of Al_2O_3 films by plasma-assisted atomic
     layer with different plasma sources [J]. Plasma Science & Technology,2018,20(6):065508.

[21] George S M. Atomic layer deposition:An overview [J]. Chemical Reviews,2010,110(1):111-131.

[22] 苗虎,李刘合,韩明月,等. 原子层沉积技术及应用[J]. 表面技术,2018,47(9):163-175.

[23] Potts S E,Keuning W,Langereis E,et al. Low temperature plasma-enhanced atomic layer deposition
     of metal oxide thin films[J]. Journal of The Electrochemical Society,2010,157(7):66-74.

[24] Profijt H B,Potts S E,Van De Sanden M C M,et al. Plasma-assisted atomic layer deposition:
     Basics,opportunities,and challenges [J]. Journal of Vacuum Science & Technology A,2011,29(5):
     050801.

[25] Poodt P,Illiberi A,Roozeboom F. The kinetics of low-temperature spatial atomic layer deposition of
     aluminum oxide [J]. Thin Solid Films,2013,532:22-25.

[26] Poodt P,Knaapen R,Illiberi A,et al. Low temperature and roll-to-roll spatial atomic layer deposition
     for flexible electronics [J]. Journal of Vacuum Science & Technology A,2012,30(1):01A142.

[27] Innocenti M,Bencista I,Bellandi S,et al. Electrochemical layer by layer growth and characterization
     of copper sulfur thin films on Ag(111)[J]. Electrochimica Acta,2011,58:599-605.

[28] Kowalik R. Electrodeposition of cdse by ecald from citric buffer [J]. Journal of the Electrochemical

Society，2016，163(7)：D282-D286.

[29] Wang H，Hendrix B C，Baum T H. Selective ALD of SiN using SiI$_4$ and NH$_3$：The effect of temperature，plasma treatment，and oxide underlayer [J]. Journal of Vacuum Science & Technology A，2020，38(6)：062410.

[30] Liu J W，Liao M Y，Imura M，et al. Deposition of TiO$_2$/Al$_2$O$_3$ bilayer on hydrogenated diamond for electronic devices：Capacitors，field-effect transistors，and logic inverters [J]. Journal of Applied Physics，2017，121(22)：224502.

[31] Zhang Z W，Deng L J，Zhao Z，et al. Nickel nanograins anchored on a carbon framework for an efficient hydrogen evolution electrocatalyst and a flexible electrode [J]. Journal of Materials Chemistry A，2020，8(6)：3499-3508.

[32] Verstraete R，Rampelberg G，Rijckaert H，et al. Stabilizing fluoride phosphors：Surface modification by atomic layer deposition [J]. Chemistry of Materials，2019，31(18)：7192-7202.

[33] Liu J，Yoon B，Kuhlmann E，et al. Ultralow thermal conductivity of atomic/molecular layer-deposited hybrid organic-inorganic zincone thin films [J]. Nano Letters，2013，13(11)：5594-5599.

[34] Zhao Z，Kong Y，Zhang Z W，et al. Atomic layer-deposited nanostructures and their applications in energy storage and sensing [J]. Journal of Materials Research，2020，35(7)：701-719.

[35] Suntola T，Anston J. Method for producing compound thin films[P]：US，US4058430. 1997.

[36] Ding S J，Wu X H. Superior atomic layer deposition technology for amorphous oxide semiconductor thin-film transistor memory devices [J]. Chemistry of Materials，2020，32(4)：1343-1357.

[37] Zhao Z，Zhang Z W，Zhao Y T，et al. Atomic layer deposition inducing integration of Co，N codoped carbon sphere on 3d foam with hierarchically porous structures for flexible hydrogen producing device [J]. Advanced Functional Materials，2019，29(48)：1906365.

[38] Zhao Z，Kong Y，Lin X Y，et al. Oxide nanomembrane induced assembly of a functional smart fiber composite with nanoporosity for an ultra-sensitive flexible glucose sensor [J]. Journal of Materials Chemistry A，2020，8(48)：26119-26129.

[39] Zhao Z，Kong Y，Huang G S，et al. Area-selective and precise assembly of metal organic framework particles by atomic layer deposition induction and its application for ultra-sensitive dopamine sensor [J]. Nano Today，2022，42：101347.

[40] Huang G S，Mei Y F. Assembly and self-Assembly of nanomembrane materials——from 2D to 3D [J]. Small，2018，14(14)：1703665.

[41] Huang G S，Mei Y F. Thinning and shaping solid films into functional and integrative nanomembranes [J]. Advanced Materials，2012，24(19)：2517-2546.

[42] Liu M J，Huang G S，Feng P，et al. Nanogranular SiO$_2$ proton gated silicon layer transistor mimicking biological synapses [J]. Applied Physics Letters，2016，108(25)：253503.

[43] Li W M，Huang G S，Wang J，et al. Superelastic metal microsprings as fluidic sensors and actuators [J]. Lab on a Chip，2012，12(13)：2322-2328.

[44] Guo Q L，Zhang M，Xue Z Y，et al. Deterministic assembly of flexible Si/Ge nanoribbons via edge-cutting transfer and printing for van der Waals heterojunctions [J]. Small，2015，11(33)：4140-4148.

[45] Guo Q L，Zhang M，Xue Z Y，et al. Three dimensional strain distribution of wrinkled silicon nano-membranes fabricated by rolling-transfer technique [J]. Applied Physics Letters，2013，103

(26):264102.

[46] Tian Z A, Zhang L, Fang Y F, et al. Deterministic self-rolling of ultra-thin nanocrystalline diamond nanomembranes for three-dimensional tubular/helical architecture [J]. Advanced Materials, 2017, 29 (13):1604572.

[47] Li G J, Ma Z, You C Y, et al. Silicon nanomembrane phototransistor flipped with multifunctional sensors towards smart digital dust [J]. Science Advances, 2020, 6(18):eaaz6511.

[48] Song E M, Guo Q L, Huang G S, et al. Bendable photodetector on fibers wrapped with flexible ultra-Thin single crystalline silicon nanomembranes [J]. ACS Applied Materials & Interfaces, 2017, 9 (14):12171.

[49] Li J X, Zhang J, Gao W, et al. Dry-released nanotubes and nanoengines by particle-assisted rolling [J]. Advanced Materials, 2013, 25(27):3715-3721.

[50] Xu B R, Mei Y F. Tubular micro/nanoengines: Boost motility in a tiny world [J]. Science Bulletin, 2017, 62(8):525.

[51] Huang T, Liu Z Q, Huang G S, et al. Grating-structured metallic microsprings [J]. Nanoscale, 2014, 6(16):9428-9435.

[52] Chen Z, Huang G S, Trase I, et al. Mechanical self-assembly of a strain-engineered flexible layer: Wrinkling, rolling, and twisting [J]. Physical Review Applied, 2016, 5(1):017001.

[53] Xu B R, Zhang X Y, Tian Z A, et al. Microdroplet-guided intercalation and deterministic delamination towards intelligent rolling origami [J]. Nature Communications, 2019, 10(1):5019.

[54] Li J X, Liu W J, Wang J Y, et al. Nanoconfined atomic layer deposition of TiO_2/Pt nanotubes: Towards ultra-small highly efficient catalytic nanorockets [J]. Advanced Functional Materials, 2017, 27(24):1700598.

[55] Guo Q L, Wang G, Chen D, et al. Exceptional transport property in a rolled-up germanium tube [J]. Applied Physics Letters, 2017, 110(11):112104.

[56] Fang Y F, Li S L, Kiravittaya S, et al. Exceptional points in rolled-up tubular microcavities [J]. Journal of Optics, 2017, 19(9):095101.

[57] Wang J, Song E M, Yang C L, et al. Fabrication and whispering gallery resonance of self-rolled-up GaN microcavities [J]. Thin Solid Films, 2017, 627:77.

[58] Fang Y F, Li S L, Mei Y F. Modulation of high quality factors in rolled-up microcavities [J]. Physical Review A, 2016, 94(3):033804.

[59] Tian Z A, Li S L, Kiravittaya S, et al. Selected and enhanced single whispering-gallery mode emission from a mesostructured nanomembrane microcavity [J]. Nano Letters, 2018, 18(12):8035.

[60] Xu B R, Tian Z A, Wang J, et al. Stimuli-responsive and on-chip nanomembrane micro-rolls for enhanced macroscopic visual hydrogen detection [J]. Science Advances, 2018, 4(4):eaap8203.

[61] 尹树百. 薄膜光学——理论与实践[M]. 北京:科学出版社, 1987.

[62] 林永昌, 卢维强. 光学薄膜原理[M]. 北京:国防工业出版社, 1990.

[63] 唐晋发, 郑权. 应用薄膜光学[M]. 上海:上海科技出版社, 1984.

[64] Quirk M, Serda J. 半导体制造技术[M]. 韩郑生, 等译. 北京:电子工业出版社, 2009:239-305.

[65] 箫宏. 半导体制造技术导论[M]. 北京:电子工业出版社, 2013, 365-499.

[66] 浦海峰. 新型氧化物薄膜晶体管材料及工艺研究[D]. 上海:复旦大学, 2014.

[67] Thomas S R, Pattanasattayavong P, Anthopoulos T D. Solution-processable metal oxide semiconductor for thin-film transistor applications [J]. Chemical Society Reviews, 2013, 42(16): 6910-6926.

[68] Hong D, Yerubandi G, Chiang H Q, et al. Electrical modeling of thin-film transistor [J]. Critical Reviews in Solid State and Materials Science, 2008, 33(2): 101-132.

[69] Nomura K, Kamiya T, Hirano M, et al. Origins of threshold voltage shifts in room-temperature deposited and annealed a-In-Ga-Zn-O thin-film transistors [J]. Applied Physics Letters, 2009, 95 (1): 013502.

[70] Kamiya T, Nomura K, Hosono H. Present status of amorphous In-Ga-Zn-O thin-film transistors [J]. Science and Technology of Advanced Materials, 2010, 11(4): 044305.

[71] Hong D, Yerubandi G, Chiang H Q, et al. Electrical modeling of thin-film transistors [J]. Critical Reviews in Solid State and Materials Sciences, 2008, 33(2): 101-132.

[72] Shur M S. SPICE models for amorphous silicon and polysilicon thin film transistors [J]. Journal of The Electrochemical Society, 1997, 144(8): 2833-2839.

[73] Lin C C. Effects of contrast ratio and text color on visual performance with TFT-LCD [J]. International Journal of Industrial Ergonomics, 2003, 31(2): 65-72.

[74] Fei Z Y, Zhao W J, Tauno A, et al. Ferroelectric switching of a two-dimensional metal[J]. Nature, 2018, 560: 336-339.

[75] Valasek J. Piezo-electric and allied phenomena in rochelle salt[J]. Physical Review, 1921, 17: 475-481.

[76] 张良莹, 姚熹. 电介质物理[M]. 西安: 西安交通大学出版社, 1991.

[77] Jiang A, Geng W, Lv P, et al. Ferroelectric domain wall memory with embedded selector realized in LiNbO$_3$ single crystals integrated on Si wafers[J]. Natural Materials, 2020, 19: 1188.

[78] Yu R L, Tran Q T, Byeong U H, et al. A flexible artificial intrinsic-synaptic tactile sensory organ[J]. Nature Communications, 2020, 11: 2753-2764.

[79] Hu J, Zhang J, Fu Z, et al. Fabrication of electrically bistable organic semiconducting/ferroelectric blend films by temperature controlled spin coating[J]. ACS Applied Materials & Interfaces, 2015, 7: 6325-6330.

[80] Yuan Y B, Timothy J R, Pankaj S, et al. Efficiency enhancement in organic solar cells with ferroelectric polymers[J]. Nature Materials, 2011, 10: 296-302.

[81] Ribeiro C, Sencadas V, Correia D M, et al. Piezoelectric polymers as biomaterials for tissue engineering applications[J]. Colloid Surfaces B: Biointerfaces, 2015, 136: 46-55.

[82] Ning C Y, Zhou Z N, Tan G X, et al. Electroactive polymers for tissue regeneration: Developments and perspective[J]. Progress in Polymer Science, 2018, 81: 144-162.

[83] Wang Y, Wen X R, Jia Y M, et al. Piezo-catalysis for nondestructive tooth whitening[J]. Nature Communications, 2020, 11: 1328-1339.

[84] Zhu P, Chen Y, Shi J L. Piezocatalytic tumor therapy by ultrasound-triggered and BaTiO$_3$-mediated piezoelectricity[J]. Advanced Materials, 2020, 32: 2001976.

[85] 张传军, 褚君浩. 薄膜太阳电池研究进展和挑战[J]. 中国电机工程学报, 2019, 39(9): 2524-2530.

[86] 熊绍珍, 朱美芳. 太阳能电池基础与应用[M]. 北京: 科学出版社, 2009.

[87] 陈光华, 邓金祥. 新型电子薄膜材料[M]. 北京: 化学工业出版社, 2002.

[88] Chitick R C, Alexander J H, Sterrting H F. The preparation and properties of amorphous silicon[J]. Journal of the Electrochemical Society,1969,116(1):77-81.

[89] Yang J, Banerjee A, Guha S. Triple-junction amorphous silicon alloy solar cell with 14.6% initial and 13.0% stable conversion efficiencies [J]. Applied Physics Letters,1997,70:2975-2977.

[90] Markvart T, Castaner L. 太阳电池:材料、制备工艺及检测[M]. 梁骏吾,等译. 北京:机械工业出版社,2009:217-220.

[91] 杨德仁. 太阳电池材料[M]. 北京:化学工业出版社,2009:282-293.

[92] 姜辛,孙超,洪瑞江,等. 透明导电氧化物薄膜[M]. 北京:高等教育出版社,2008:2-22,211-233,248-285,296-310.

[93] 张凤,陶杰,董祥. 柔性透明导电薄膜及其制备技术[J]. 材料导报,2007,21(3):119-122.

[94] 刘静,刘丹,顾真安,等. 介质/金属/介质多层透明导电薄膜研究进展[J]. 材料导报,2005,19(8):9-12.

[95] Choi K H, Kim J Y, Lee Y S, et al. ITO/Ag/ITO multi-layer films for the application of a very low resistance transparent electrode[J]. Thin Solid Films,1999,341:152-155.

[96] Sahu D R, Huang J L. Design of ZnO/Ag/ZnO multilayer transparent conductive films[J]. Materials Science & Engineering B,2006,130:295-299.

[97] 杨铭. NiO 基 p 型透明导电氧化物薄膜及其二极管的研究[D]. 上海:复旦大学,2011.

[98] Meng Y, Yang X L, Chen H X, et al. A new transparent conductive thin film In_2O_3:Mo[J]. Thin Solid Films,2001,394(1/2):218-222.

[99] Meng Y, Yang X L, Chen H X, et al. Molybdenum-doped indium oxide transparent conductive thin films[J]. Journal of Vacuum Science & Technology A,2002,20(1):288-290.

[100] Li X F, Miao W N, Zhang Q, et al. Preparation of molybdenum-doped indium oxide thin films using reactive direct-current magnetron sputtering [J]. Journal Materials Research, 2005, 20 (6): 1404-1408.

[101] Yoshida Y, Gessert T A, Perkins C L, et al. Development of radio-frequency magnetron sputtered indium molybdenum oxide [J]. Journal of Vacuum Science & Technology A, 2003, 21 (4): 1092-1097.

[102] Yoshida Y, Wood D M, Gessert T A, et al. High-mobility, sputtered films of indium oxide doped with molybdenum[J]. Applied Physics Letters,2004,84(12):2097-2099.

[103] Hest M F A M V, Dabney M S, Perkins J D, et al. High-mobility molybdenum doped indium oxide [J]. Thin Solid Films,2006,496:70-74.

[104] Elangovan E. Effect of base and oxygen partial pressures on the electrical and optical properties of indium molybdenum oxide thin films[J]. Thin Solid Films,2007,515(24):8549-8552.

[105] Elangovan E. Preliminary studies on molybdenum-doped indium oxide thin films deposited by radio-frequency magnetron sputtering at room temperature[J]. Thin Solid Films,2007,515(13):5512-5518.

[106] Elangovan E. Some studies on highly transparent wide band gap indium molybdenum oxide thin films rf sputtered at room temperature[J]. Thin Solid Films,2008,516(7):1359-1364.

[107] Ginley D, Roy B, Ode A, et al. Non-vacuum and PLD growth of next generation TCO materials[J]. Thin Solid Films,2003,445(2):193-198.

[108] Warmsingh C, Yoshida Y, Readey D W, et al. High-mobility transparent conducting Mo-doped In$_2$O$_3$ thin films by pulsed laser deposition[J]. Journal of Applied Physics, 2004, 95 (7): 3831-3833.

[109] Sun S Y, Huang J L, Lii D F. Effects of H$_2$ in indium-molybdenum oxide films during high density plasma evaporation at room temperature[J]. Thin Solid Films. 2004, 469: 6-10.

[110] Dong J S, Sun H P. Structural, electrical and optical properties of In$_2$O$_3$: Mo films deposited by spray pyrolysis[J]. Physica B, 2005, 357: 420-427.

[111] Rauf I A. The dominant scattering mechanisms in tin-doped indium oxide thin-films[J]. Journal of Physics D, 1994, 27(5): 1083-1084.

[112] Wager J F. Transparent electronics[J]. Science. 2003, 300(5623): 1245-1246.

[113] Selvan J A A, Delahoy A E, Guo S, et al. A new light trapping TCO for nc-Si : H solar cells[J]. Solar Energy Materials & Solar Cells, 2006, 90: 3371-3376.

[114] Abe Y, Ishiyama N. Polycrystalline films of tungsten-doped indium oxide prepared[J]. Material Letters, 2007, 61: 566-569.

[115] Wu C G, Shen J, Ma J, et al. Electrical and optical properties of molybdenum-doped ZnO transparent conductive thin films prepared by dc reactive magnetron sputtering[J]. Semiconductor Science & Technology, 2009, 24(12): 2557-2560.

[116] Wu C G, Shen J, Li D, et al. Terahertz transmission properties of transparent conducting molybdenum-doped ZnO films[J]. ACTA Physica Sinica, 2009, 58: 8623-8629.

[117] Huang, Y W, Li G, Feng J, et al. Investigation on structural, electrical and optical properties of tungsten-doped tin oxide thin films [J]. Thin Solid Films, 2010, 518(8): 1892-1896.

[118] Fujishima A, Honda K. Electeochemical photolysis of water at a semiconductor electrode[J]. Nature, 1972, 238: 37-38.

[119] Frank S N, Bard A J. Heterogenorous photocatalytic oxidation of cyanide ion in aqueous solutionds at titanum dioxide powder[J]. Journal of the American Chemical Society, 1977, 99(1): 303-304.

[120] Pruden A L, Ollis D F. Photoassisted heterogeneous catalysis, the degradation of triehloroethylene in water[J]. Journal of catalysis, 1983(82): 404-408.

[121] 高濂, 郑珊, 张青红. 纳米氧化钛光催化材料及应用[M]. 北京: 化学工业出版社, 2002.

[122] Schulte K L, DeSario P A, Gray K A. Effect of crystal phase composition on the reductive and oxidative abilities of TiO$_2$ nanotubes under UV and visible light [J]. Applied Catalysis B-Environmental, 2010, 97: 354-360.

[123] 李忠. TiO$_2$ 纳米管的修饰及其光电化学性能研究[D]. 上海: 复旦大学, 2018.

[124] Ng J W, Zhang X W, Zhang T, et al. Construction of self-organized free-standing TiO$_2$ nanotube arrays for effective disinfection of drinking water [J]. Journal of Chemical Technology & Biotechnology, 2010, 85(8): 1061-1066.

[125] Choi W, Termin A, Hoffmann M R. The role of metal ion dopants in quantum-sized TiO$_2$: correlation between photoreactivity and charge carrier recombination dynamics[J]. The Journal of Physical Chemistry, 1994, 98(51): 13669-13679.

[126] Asahi R, Morikawa T, Ohwaki T, et al. Visible-light photocatalysis in nitrogen-doped titanium dioxide[J]. Science, 2001, 293(5528): 269-271.

[127]   Khan S U M, Al-Shahry M, Ingler W B. Efficient photochemical water splitting by a chemically modified n-TiO$_2$[J]. Science, 2002, 297(5590):2243-2245.

[128]   Gai Y, Li J, Li S S, et al. Design of narrow-gap TiO$_2$: A passivated codoping approach for enhanced photoelectrochemical activity[J]. Physical Review Letters, 2009, 102(3):036402.

[129]   Xue D N, Luo L, Li Z, et al. Enhanced photoelectrochemical properties from Mo-doped TiO$_2$ nanotube arrays film[J]. Coatings, 2020, 10(1):75.

[130]   Hirai T, Suzuki K, Komasawa I. Preparation and photocatalytic properties of composite CdS nano-particles-titanium dioxide particles[J]. Journal of Colloid and Interface Science, 2001, 244(2): 262-265.

[131]   Baker D R, Kamat P V. Photosensitization of TiO$_2$ nanostructures with CdS quantum dots: Particulate versus tubular support architectures[J]. Advanced Functional Materials, 2009, 19(5): 805-811.

[132]   颜秉熙. 磁控溅射制备多层钼掺杂 TiO$_2$ 薄膜的光电性能[D]. 上海:复旦大学,2013.

[133]   罗胜耘. 磁控溅射制备多层 TiO$_2$ 薄膜的光电化学特性研究[D]. 上海:复旦大学,2014.

[134]   Yan B X, Luo S Y, Mao X G, et al. Unusual photoelectric behaviors of Mo-doped TiO$_2$ multilayer thin films prepared by RF magnetron co-sputtering: effect of barrier tunneling on internal charge transfer [J]. Applied Physics A,110(1):129-135.

[135]   Luo S Y, Yan B X, Shen J. Direction-regulated electric field implanted in multilayer Mo-TiO$_2$ films and its contribution to photocatalytic property[J]. Superlattices and Microstructures, 2014, 75:927-935.

[136]   Luo S Y, Yan B X, Shen J. Intense photocurrent from Mo-doped TiO$_2$ film with depletion layer array[J]. ACS Applied Materials & Interfaces, 2014, 6(12):8942-8946.

[137]   Wang R, Hashimoto K, Fujishima A. Light-induced amphiphilic surfaces[J]. Nature. 1997, 388: 431-432.

[138]   Sakai N, Wang R, Fujishima A, et al. Effect of ultrasonic treatment on highly hydrophilic TiO$_2$ surfaces[J]. Langmuir, 1998, 14:5918-5920.

[139]   Takeda S, Fukawa M, Hayashi Y, et al. Surface OH group governing adsorption properties of metal oxide films[J]. Thin Solid Films, 1999, 339(1/2):220-224.

[140]   Watanabe T, Nakajima A, Wang R, et al. Photocatalytic activity and photoinduced hydrophilicity of titanium dioxide coated glass[J]. Thin Solid Films, 1999, 351(1/2):260-263.

[141]   Wang R, Sakai N, Fujishima A, et al. Studies of surface wettability conversion on TiO$_2$ single crystal surfaces[J]. The Journal of Physical Chemistry B, 1999, 103(12):2188-2194.

[142]   Fujishima A, Zhang X. Titanium dioxide photocatalysis: Present situation and future approaches[J]. Comptes Rendus Chimie, 2006, 9(5/6):750-760.